防汛抢险技术系列丛书

防汛指挥调度

山东黄河河务局　编

黄河水利出版社
·郑州·

内 容 提 要

本书共分为八章,分别介绍了洪水及其灾害、防汛指挥机构与工作制度、防汛准备与检查、预案编制与法规建设、防汛队伍组织与建设、防汛物资与抢险设备、防洪调度、防汛指挥决策与抢险指挥等。本书编写立足于实用性,可作为各级防汛业务人员及行政首长的培训教材。

图书在版编目(CIP)数据

防汛指挥调度/山东黄河河务局编. —郑州:黄河水利出版社,2015.4

(防汛抢险技术系列丛书)

ISBN 978 - 7 - 5509 - 1073 - 7

Ⅰ.①防⋯ Ⅱ.①山⋯ Ⅲ.①防洪 - 指挥②防洪 - 调度 Ⅳ.①TV87

中国版本图书馆 CIP 数据核字(2015)第 068812 号

出 版 社:黄河水利出版社

      地址:河南省郑州市顺河路黄委会综合楼14层　邮政编码:450003

发行单位:黄河水利出版社

      发行部电话:0371 - 66026940、66020550、66028024、66022620(传真)

      E-mail:hhslcbs@126.com

承印单位:河南省瑞光印务股份有限公司

开本:787 mm×1 092 mm　1/16

印张:17

字数:261 千字　　　　　　　　印数:1—3 000

版次:2015 年 4 月第 1 版　　　印次:2015 年 4 月第 1 次印刷

定价:42.00 元

序 言

人类的发展史,究其本质就是人类不断创造发明的进步史,也是人与自然灾害不断抗争的历史。在各种自然灾害中,洪水灾害以其突发性强、破坏力大、影响深远,成为人类经常遭受的最严重的自然灾害之一,古往今来都是人类的心腹大患。我国是洪水灾害多发的国家,严重的洪水灾害对人民的生命财产构成严重威胁,对社会生产力造成很大破坏,深深影响着社会经济的稳定和发展,特别是大江大河的防洪,更是关系人民生命安危和国家盛衰的大事。

我国防汛抗洪历史悠久,远古时代就有大禹治水的传说。几千年来,治河名家、学说不断涌现,各族人民前赴后继,和洪水灾害进行了持续不懈的抗争,取得了许多行之有效的宝贵经验,也经历过惨痛的历史教训,经不断地探索和总结,逐步形成了较为完善的防汛抗洪综合体系。特别是新中国成立后,党和政府高度重视江河治理和防汛抗洪工作,一方面通过加高加固堤防、河道治理、修建水库、开辟蓄滞洪区等工程措施,努力提高工程的抗洪强度;另一方面,大力加强防洪非工程措施建设,搞好防汛队伍建设,落实各项防汛责任制,严格技术培训,狠抓洪水预报、查险抢险和指挥调度三个关键环节,战胜了一次又一次的大洪水,为国民经济的发展奠定了坚实基础。但同时也应看到,我国江河防御洪水灾害的整体水平还不高,防洪工程存在着不同程度的安全隐患和薄弱环节,防洪非工程措施尚不完善,防洪形势依然严峻,防汛抗洪工作仍需常抓不懈。

历史经验告诉我们,防御洪水灾害,一靠工程,二靠人防。防洪工程是防御洪水的重要屏障,是防汛抗洪的基础,地位十分重要;防汛抢险则是我们对付洪水的有效手段,当江河发生大洪水时,确保防洪安全至关重要的一个环节是能否组织有效防守,认真巡堤查险,及早发现险情、及时果断抢护,做到"抢早、抢小",是对工程措施的加强和补充。组织强大的防汛抢险队伍、掌握过硬的抢险本领和先进的抢险技术,对于夺取抗洪抢险的胜利至关重要。

前事不忘,后事之师。为全面系统地总结防汛抗洪经验,不断提高防汛抢险技术水平,山东黄河河务局于2010年10月成立了《防汛抢险技术系列丛书》编辑委员会,2013年6月、2014年6月又根据工作需要进行了两次调整和加强,期间多次召开协调会、专家咨询会,专题研究丛书编写工作,认真编写、修订、完善,历经4年多,数易其稿,终于完成编撰任务,交付印刷。丛书共分为《堤防工程抢险》《河道工程抢险》《凌汛与防凌》《防汛指挥调度》四册。各册分别从不同侧面系统地总结了防汛抗洪传统技术,借鉴了国内主要大江大河的成功经验,同时吸纳了近期抗洪抢险最新研究成果,做到了全面系统、资料翔实、图文并茂,是一套技术性、实用性、针对性、可操作性较强的防汛抗洪技术教科书、科普书、工具书。丛书的出版,必将为各级防汛部门和技术人员从事防汛抗洪工作,进行抗洪抢险技术培训、教学等,提供有价值的参考资料,为推动防汛抗洪工作的开展发挥积极作用。

2015年2月

前　言

洪水灾害历来是中华民族的心腹之患,关系到社会稳定和国民经济的持续发展。新中国成立以来,党和政府把兴修水利作为一项重要任务,领导全国人民进行了大规模的水利建设,有效地提高了抗御水旱灾害的能力。各主要江河基本形成了以水库、堤防、蓄滞洪区或分洪河道为主题的拦、排、蓄、滞、分相结合的防洪工程体系,防洪非工程措施也得到了重视和加强,我国主要江河的防洪减灾能力有了明显的提高,有效地保障了人民的生命财产安全和社会稳定。

尽管新中国成立以来,我国在水利建设方面取得了很大的成就,但由于自然、社会和经济条件的限制,我国现有的防洪减灾能力仍较低,江河和城市防洪标准普遍偏低,不能适应社会、经济迅速发展的要求,防洪减灾仍是我国一项长期而艰巨的任务。60余年来,全国主要江河都先后发生过超标准的大洪水,在充分发挥现有防洪工程作用的同时,通过有效的防汛抢险斗争,大大减轻了洪灾损失,取得了抗旱抢险救灾的全面胜利,也积累了丰富的防汛与抢险经验。但鉴于目前干部年轻化、轮岗、交流以及换届等实际情况,再加上有些地方多年没来大水,使得防洪一线的指挥员没有经过防汛指挥实践。因此,编写本书的目的,旨在向各级行政首长、各级参谋以及防汛业务人员介绍防汛工作程序,普及防汛基本知识,以提高指挥、决策、参谋与防汛业务能力。

为编好本书,山东黄河河务局主要领导和分管领导多次主持召开协调会、咨询会,制订编写大纲,明确责任,落实分工,并多方面征求专家的意见。本书由张仰正担任主编,由梁建锋担任副主编。全书共分为八章,分别介绍了洪水及其灾害、防汛指挥机构与工作制度、防汛准备与检查、预案编制与法规建设、防汛队伍组织与建设、防汛物资与抢险设备、防洪调度、防汛指挥决策与抢险指挥等。第一、三、七章由杨俊编写;第二章第二、三节,第四、八章由梁建锋编写;第二章第一节,第五、六章由李文义编写。本书编写过程中,石德容、王曰中、张明德、姚玉德、李祚谟、刘洪才、

刘恩荣、高庆久、王志远、刘衍杰专家对书稿进行了认真审阅,提出了许多宝贵的意见,在此一并向他们表示衷心的感谢。

本书编写立足于实用性,可作为各级防汛业务人员及行政首长的培训教材。

在编写过程中,尽管做了多方面的努力,但由于编者水平有限,书中不妥之处在所难免,恳请读者给予批评指正。

编　者

2015 年 2 月

目 录

第一章　洪水及其灾害

我国属季风气候区,暴雨洪水十分频繁,洪涝灾害不仅给人民生命财产造成巨大损失,而且严重影响社会稳定和经济发展。自古以来,洪涝灾害就是中华民族的心腹之患。自公元前206年到1949年的2 000多年间,我国共发生较大的洪涝灾害1 000余次。新中国成立后,我国对主要江河进行了大规模的治理,构成了较完整的现代防洪系统。但是,由于气候的异常变化,人类活动的频繁和环境的影响,我国防洪形势仍十分严峻,洪水灾害仍时有发生。

第一节　洪　水

"洪水"一词的来源,有一种说法称是大禹所治之水,即在今河南省辉县境内,大概以当时的人力、物力尚不能治理江河。因此,"洪"一字即源自辉县旧称"共","洪水"也就是"共地之水"。

在《中国水利百科全书》中,定义"洪水"为:河流中在较短时间内发生的水位明显上升的大流量水流。

一、洪水的类型

洪水的分类方法很多。如按洪水发生的季节、洪水发生的地区、洪水发生的流域范围、防洪设计要求、洪水重现期、洪水成因等进行分类。在这些分类方法中,最常用的方法是按洪水成因分类。现就各类洪水情况分别介绍如下。

(一)暴雨洪水

暴雨洪水是由暴雨引起的江河水量迅增、水位急涨的水文现象。我国伏秋季节发生的大洪水多为暴雨洪水。我国的暴雨洪水,主要为季风暴雨洪水和台风暴雨洪水。此外,山洪、泥石流也由暴雨引发,故列为暴雨洪水的一些特例。

1. 季风暴雨洪水

季风是指大范围盛行的、风向随季节而显著变化的风系。有季风的地区,都可出现雨季和旱季等季风气候。夏季风自海洋吹向大陆,将湿润的海洋空气输进内陆,在陆地被迫上升成云致雨,形成雨季;冬季风自大陆吹向海洋,空气干燥,伴以下沉,天气晴好,形成旱季。

我国大部分地区处于季风气候区,降水主要集中在夏季。夏季风主要有东南季风和西南季风两类。若以东经 105°～110° 为界,东南季风和西南季风分别影响其东部和西部地区。东南季风一般于 5、6 月间,带进大量暖湿空气和北方南下冷空气先交绥于华南一带,引起华南地区时降暴雨;6、7 月间向北推进,多雨区随之北移到长江中下游、淮河流域(通称江淮地区),引起该地区较长时间的连绵阴雨天气;7、8 月间进一步向北推进,多雨区移至华北、东北地区,即为北方暴雨季节。西南季风一般在5 月底开始北进,西藏东部、四川西部和云南等地降水迅速增加,直到 10月前后撤退,雨季才告以结束。

2. 台风暴雨洪水

台风是发展强盛的热带气旋。热带气旋属气象学上的专业术语,是指在热带洋面上生成发展的低气压系统。国际上,热带气旋以其中心附近的最大风力来确定强度并进行分类。我国规定,热带气旋按其强度分为六个等级。

我国位于太平洋西岸,是世界上受台风影响最多、最严重的国家之一。靠近我国的西太平洋每年生成台风约 30 次,占全球台风总数的38%。台风的发生有明显的季节性。登陆我国的台风中,以 7～9 月最多。台风登陆也有明显的区域性。在我国沿海各省、市、区登陆的台风中,登陆广东的台风最多。

台风登陆后,其强度虽有减弱,速度变慢,但大多数还能进入我国内陆,甚至深入到腹地省份。台风所到之处风大雨急,往往会发生强暴雨过程,以致发生灾害性暴雨洪水,严重威胁所经地区人民生命财产的安全。1975 年 8 月,7503 号强台风在福建晋江登陆后,向西北方向经湖南、湖北直达河南省。受其影响,河南伏牛山区和鄂西北发生特大暴雨,即"75·8"大暴雨,造成河南省板桥、石漫滩等水库垮坝失事。

3. 山洪

山洪是指山区溪沟中发生的雨洪。山洪多由暴雨引起,其历时不过数十分钟到数小时,很少持续一天或数天。其特点是历时短、流速快、冲刷力强、破坏力大等。影响山洪形成的因素有水文气象因素(暴雨)、流域地形因素、地质条件及人为因素。

我国半数以上的县(市、区)都有山区,山洪现象颇为普遍。山洪几乎每年都要造成人民生命财产的严重损失。如2007年8月17日,山东省新汶地区突发暴雨山洪,冲毁汶河支流柴汶河堤防,造成山东华源公司(原张庄煤矿)重大溃水事故。

4. 泥石流

泥石流是指山地溪沟中突然发生的含大量泥沙、石块的洪流,多由暴雨山洪引起。泥石流的特点是暴发突然、运动快速、历时短暂、破坏力极大,常造成人民生命财产的重大损失。

灾害泥石流不仅毁坏山坡,使其变成基岩裸露的破碎土地,而且谷底被砾石或石块泥沙物质淤埋,同时毁坏、堵塞穿越区的铁路、公路、桥涵等,或堵塞河沟,形成堰塞湖,衍生次生灾害,对当地居民的生命、财产和生产、生活危害极大。我国泥石流易发地区主要分布在青藏高原及西南山区,华北和东北的部分山区及台湾、海南等地亦有零星分布。

(二) 暴潮洪水

暴潮洪水发生于沿海地区,主要包括风暴潮和天文潮。此外,海啸也常给沿海地区造成一定的危害。

1. 风暴潮

风暴潮属气象潮(又称气象海啸),是由气压、大风等气象因素急剧变化造成的沿海海面或河口水位的异常升降现象。由风暴潮引起的水位升高称为增水,水位降低称为减水。风暴潮增水若与天文高潮或江河洪峰遭遇,则易造成堤岸漫溢,出现风暴潮洪水灾害。

我国是频受风暴潮影响的国家之一。在南方沿海,夏、秋季节受热带气旋影响,多台风登陆;在北方沿海,冬、春季节,冷暖空气活动频繁,北方强冷空气与江淮气旋组合影响,易引起风暴潮。风暴潮具有很强的破坏力,受其影响地区的堤坝、农田、水闸及港口设施易遭毁坏。

2. 天文潮

天文潮是地球上海洋受月球和太阳引潮力作用所产生的潮汐现象。月球距地球较近，其引潮力为太阳的 2.17 倍，故潮汐现象主要随月球的运行而变。

潮汐类型按周期不同，可以分为日周潮、半日周潮和混合潮。由于月球以一月为周期绕地球运动，随着月球、太阳和地球三者所处相对位置不同，潮汐除周日变化外，并以一月为周期形成一月中两次大潮和两次小潮。每年春分和秋分时节，如果适逢朔、望日，日、月、地三者位置均接近于直线，则形成特大潮（分点大潮）。此外，潮汐还具有 8.85 年和 18.61 年的长周期变化规律。

潮汐生生息息和出现时间具有一定的规律。天文大潮特别是特大潮的出现，常常给沿海地区人民的生产、生活甚至生命财产造成严重损失。若在天文大潮到来之时，又恰遇台风暴潮，则会造成更高的增水现象，这时沿海地区的严重灾难往往难以避免。

3. 海啸

海啸是由海域地震、海底火山爆发或大规模海底塌陷和滑坡所激起的巨大海浪。史料记载的由大地震引起的海啸，80%以上发生在太平洋地区。在环太平洋地震带的西北太平洋海域，更是发生地震海啸的集中区域。历史上的海啸，主要分布在日本太平洋沿岸，太平洋的西部、南部和西南部，夏威夷群岛，中南美和北美。

震惊世界的一次特大海啸是 2004 年 12 月 26 日发生在印度洋海域的地震海啸。据不完全统计，这次海啸共造成 27.3 万人死亡或失踪，以及难以估计的经济损失。

（三）冰雪洪水

冰雪洪水是指冰川或积雪消融引发的洪水。以冰川和永久积雪为主要水源引发的洪水称为冰川洪水，以季节积雪融水为主要水源引发的洪水称为融雪洪水。

冰川洪水又分为两类：冰川融水型洪水和冰湖暴发型洪水。冰川融水型洪水是冰川和永久积雪的正常融化而形成的洪水。冰湖暴发型洪水又称冰湖溃决型洪水。这类洪水是冰川洪水的特例，即当冰湖坝体突然溃决或其他原因引起冰湖水体集中排放而形成的峰高时短的突发性洪

水。我国冰川洪水主要分布在天山中段北坡的玛纳斯地区,天山西段南坡的木扎特河、台兰河、昆仑山喀拉喀什河、喀喇昆仑山叶尔羌河、祁连山西部的昌马河、党河和喜马拉雅山北坡雅鲁藏布江部分支流。

融雪洪水发生的时间比冰川洪水早,一般发生在4~6月间。这种洪水若与冰凌洪水叠加,则易形成春汛。特大融雪洪水可以导致洪灾。我国的融雪洪水灾害常见于新疆北部的一些小河流及山前平原。

(四)冰凌洪水

冰凌洪水是指河流中因冰凌阻塞造成的水位壅高或因槽蓄水量骤然下泄而引起的水位急涨现象。冬、春季节常发生在我国的北方河流,如黄河上游宁蒙河段、下游山东河段,以及松花江等河流。冰凌洪水按其成因不同,可以分为冰塞洪水和冰坝洪水两类。

冬季河流封冻时期,冰盖下大量冰花、碎冰积聚,堵塞河道部分过水断面,形成冰塞,泄流不畅,壅高上游河段水位,严重时可能造成堤防决口,这种现象称为冰塞洪水。冰塞通常发生在河流纵比降由陡变缓之处或泄流不畅的河段。

春季开河时期,大量流冰在河道中受阻,堆积形成横跨河流的坝状冰体,叫作冰坝。冰坝上游水位不断壅高,下游水位明显下降,坝体在上、下游压力差作用下,一旦猛然溃开,则易出现冰凌洪峰。我国河流的冰坝多发生在南北流向的河段,如黄河的宁蒙河段和山东河段。

(五)溃口洪水

溃口洪水是指拦河坝或堤防在挡水状态下突然崩溃而形成的特大洪流。溃口洪水的形成往往突发性强、峰高量大、洪流汹涌,破坏力极大。溃口洪水包括溃坝洪水和溃堤洪水两类。

引发溃坝洪水的原因主要有大坝防洪标准偏低、工程质量差、管理运行不当,以及突发事件如地震、战争等。溃坝洪水一旦发生,其后果往往是毁灭性的。如河南省"75·8"大水,板桥、石漫滩水库溃坝失事,夺走了数以万计的生命并造成了巨大的经济损失。

导致河道堤防溃口引发洪水的险情有漫溢、管涌、漏洞等十余种。究其原因,大致为:洪水超出堤防设计标准,堤基透水、堤身隐患或施工质量问题等。如1998年,长江九江干堤溃口,虽经奋力抢堵成功,但仍造成巨大经济损失。此外,溃堤洪水的一个特例是,地质或地震引起山体滑坡,

堵江断流后形成堰塞湖,继而堰塞体突然溃决释放的巨大洪流现象。这类洪水在我国主要发生在西南山区。

(六)扒口洪水

扒口洪水由人为原因造成。有两类情况:一类情况是在大洪水时期为确保重要河段的防洪安全,牺牲局部保大局,有意扒开一些沿江洲滩民垸蓄滞洪水。如长江1998年大水,中下游共溃决洲滩民垸1975座,其中有一部分为主动扒口弃垸蓄洪、行洪。另一类情况是利用扒口洪水作为战争武器。如1938年国民党为阻止日军西犯,扒开河南中牟县赵口和郑州花园口黄河大堤,造成洪水泛滥,黄河改道历时9年。

二、我国江河洪水的特点

我国地域辽阔,地形复杂,气候差异较大,洪水种类很多。就同一河流来说,不同季节发生的洪水,其成因与特点均不尽相同。如黄河下游一年中的洪水有桃汛、伏汛、秋汛和凌汛之分,其中伏汛与秋汛往往前后相连,形成伏秋大汛或称主汛期。就其发生的范围、强度、频次和对人类的威胁程度而言,我国大部分地区的灾害性洪水主要是发生在主汛期的暴雨洪水。因此,这里所述的洪水特点主要针对暴雨洪水而言。我国江河暴雨洪水的一般特点如下。

(一)季节性明显

我国的暴雨洪水具有明显的季节性。各地出现洪水的时间基本上与气候雨带的南北推移相吻合。一般年份,4月至6月上旬,雨带主要分布在长江以南地区,华南出现前汛期暴雨洪水。6月中旬至7月上旬,是江淮地区和太湖流域的梅雨期。梅雨期暴雨的强度虽不太大,但因其持续时间较长,雨区分布较广,若再与后期暴雨洪水相衔接,则容易在前期河湖水位较高的基础上造成大范围内的洪涝灾害。7月中旬至8月,雨带从江淮北移到华北和东北地区。这一阶段正值热带海洋台风生成与活动最盛时期,台风登陆带来的强暴雨虽主要影响东南沿海地区,有时也会深入腹地影响内陆省份。登陆后的台风北上时,若遇北方冷空气,则易形成大面积的暴雨。在北方地区大暴雨中,这类受台风影响的暴雨居多。例如海河1956年8月暴雨和河南1975年8月暴雨均受台风影响。

进入9月之后,副热带高压南撤,雨带随即也相应南撤,有些地区的

河流也可能引发洪水。汉江、嘉陵江、黄河等河流由"华西秋雨"引起的秋汛,以及通常所说的"巴山夜雨"都是指这个时期内发生的洪水。

我国不同地区的河流,每年入汛时间早晚不一,汛期历时长短有别。一般情况下,南方河流入汛时间早,汛期历时长;北方河流入汛时间晚,汛期历时短。具体地讲,长江以南丘陵地区湘江、赣江、瓯江等一些河流,是全国汛期出现最早的地区;汉江、嘉陵江等河流,是全国汛期终止最晚的地区。全国大部分河流的汛期长达 3~4 个月,每年 7、8 月,全国七大江河均可能发生洪水。因此,这段时期常被认为是我国防汛的关键时期。

(二)年际变化大

我国河流洪水年际变化很大。同一河流、同一站点的洪峰流量各年相差甚远,北方河流更为突出。如长江以南地区河流,大水年的洪峰流量一般为小水年的 2~3 倍,而海河流域大水年和小水年的洪峰流量之比,则可能相差数十倍甚至数百倍。历史最大流量(调查或实测)与年最大流量多年平均值之比,长江以南地区河流比值一般为 2~3 倍;淮河、黄河中游地区可达到 4~8 倍;海河、滦河、辽河流域高达 5~10 倍。

(三)地域分布不均衡,来源和组成复杂

我国暴雨洪水的地域分布不均衡。一般来说,东部多,西部少;沿海地区多,内陆地区少;平原地区多,高原山地少。两广大部,苏、浙、闽沿海和台湾省,长江中下游,黄河中游,淮河流域和海河流域是受暴雨洪水影响最大的地区。

河流洪水的来源与组成复杂。其主要影响因素是流域的自然地理环境和气候条件。特别是流域面积大,支流众多,各支流自然地理环境和气候条件差异较大的河流,更是如此。

(四)洪水峰高量大,峰型"瘦、胖"有别

我国的地形特点是东南低、西北高,有利于东南暖湿气流与西北冷空气的交绥;地面坡度大,植被条件差,汇流速度快,洪水量级大。与世界相同流域面积的河流相比,我国河流暴雨洪水的洪峰流量量级接近最大纪录。我国几条主要河流流域面积均较大,支流众多。干支流洪水遭遇频繁,区间来水多,极易形成峰峰相叠的峰高量大型洪水。

江河某断面的洪水流量(或水位)过程线的形状有尖瘦与肥胖之分。一般来说,小河流域面积小,集流时间短,调蓄能力小,一次暴雨形成一次

洪峰,洪水涨落较迅猛,过程线形状尖瘦单一;大河流域面积大,洪水来源多,不同场次的暴雨在不同支流所形成的多次洪峰先后汇集到大河时,各支流的洪水过程往往相互叠加,加之受河网调蓄作用的影响,洪水历时延长,涨落速度平缓,过程线肥胖,有的年份形成一峰接一峰的多峰形态。如长江流域1998年汛期,连续出现八次大面积暴雨,致使干支流洪水相遇,洪峰叠加,高水位持续时间很长。

(五)灾害性大洪水的重复性、阶段性和连续性

灾害性大洪水的出现周期极不稳定,一些河流往往在某一个时期没有大洪水出现;而在另一个时期,可能多次出现。因此,大洪水的发生年份似乎无规律可循。

但通过对大量历史洪水资料的调查研究发现,我国主要河流的重大灾害性洪水在时间上具有一定的重复性、阶段性和连续性。

所谓重复性,是指在相同流域或地区,重复出现雨洪特征相类似的特大洪水。如长江1998年大洪水类似于1954年大洪水;黄河上游1904年与1981年洪水的气象成因和暴雨洪水的分布有相似之处。纵观全国,近年来发生的重大灾害性洪水,历史上几乎都曾发生过。通过对这种重复性现象的认识,可以预示今后可能再次发生的重大灾害性洪水的基本情势。

阶段性的意思是,一个流域何时出现大洪水虽难以准确预测,但从较长时间观察发现,不少河流大洪水的发生频率存在高发期和低发期。例如海河流域,19世纪后半叶进入频发期,50年中出现5次大洪水,平均10年出现1次。

连续性是指在高发期内大洪水往往连年出现。如长江中下游1995年、1996年、1998年、1999年、2002年连续发生大洪水。大洪水的这种连续性现象,在防洪中不可轻视,特别是大洪水过后的年份,防汛工作更是不可松懈。

第二节　洪水灾害

洪水灾害是主要自然灾害之一。洪灾的发生,一般以人员伤亡、财产损失和生态环境受害为标志。人类早期面对洪水主要采取消极的逃离态

度,择丘陵而居,洪水所淹之处往往是荒无人烟的洪泛区,这时的洪水自然不能成灾。随着社会的发展、人口的增加,人类不断向洪泛平原迁移并逐渐定居下来,侵占、垦殖原本就属于洪水的空间,从而导致洪水常常反过来侵犯人类的利益而成灾。

一般说来,洪水致灾是下面三个因素综合作用的结果:

(1)存在致灾洪水,即诱发洪灾的自然因素。

(2)存在洪水危害的对象,即洪泛区有人居住或分布有社会财产,并因被洪水淹没而受到损害。

(3)人为因素,即人在潜在的或现实的洪灾威胁面前,或逃避,或忍受,或作出积极抗御的对策反应。

因而可以说,洪水成灾是人与自然不相协调的结果。

洪灾虽起因于自然,但其成灾则在很大程度上与人为因素有关。人类在洪水威胁面前,既要主动适应洪水,协调人与洪水的关系,又要积极采取必要的对策、措施,最大限度地减轻洪灾造成的损失,这是防洪减灾工作的基本指导思想。

一、洪水灾害的成因

洪水致灾是一系列自然因素和社会因素综合作用的结果。自然因素是产生洪水和形成洪灾的主导因素,而洪水灾害的不断加重却是人口增多和社会经济发展的结果。因此,研究洪灾成因,在关注自然因素作用的同时,着重分析人类活动对洪水成灾规律和防洪安全的影响,以便总结经验教训,寻求对策办法,以防止洪灾的发生和减轻洪水灾害损失。人类活动的影响主要表现在以下几个方面。

(一)植被破坏,水土流失加剧,入河泥沙增多

地面植被起着拦截雨水、调蓄径流、固结土体、防止土壤侵蚀的作用。随着我国人口的不断增多,人口与土地、资源的矛盾日益突出。山地过垦、林木过伐、草原过牧,以及开矿、修路等人类社会经济活动,造成地面植被不断被破坏,水土流失加剧,大量雨水裹着泥沙直下,使江河、湖泊、水库淤积,洪水位抬高,给周边地区造成很大危害。

我国是世界上水土流失最严重的国家之一,目前水土流失面积为367 万 km²,占国土总面积的39%,每年流失土壤达50 亿 t。水土流失现

象各大江河流域都不同程度地存在,其中以黄河、长江流域最为严重。黄土高原区每年进入黄河的泥沙多达16亿t,黄河滩面比开封地面高约13m,比济南高约5 m。长江流域年土壤流失总量为24亿t,长江河床也有不断淤高的迹象。

(二)围湖造田,与河争地,河湖调蓄洪水能力降低

河流中下游两岸的湖泊及洼地,自然情况下起着自动调蓄江河洪水的作用。但随着社会发展和人口的增长,在一个时期内,围湖造田、与河争地现象曾一度四起。在一些地区,江与湖的关系变复杂,人与水的和谐局面被破坏,人们居住和耕耘着原本就不属于自己的土地。

湖泊的萎缩和消失,使其调蓄洪水能力大为减弱。与以往相比,现在湖泊的洪水涨速要快得多,以致在同样来水情况下,现在的最高湖面水位要比过去显著抬高。与此同时,垦占河滩现象也很严重。河道滩地本是洪水季节或大洪水年的行洪空间,但不少河道的河滩被人为垦殖和设障。例如,在河滩上擅自围堤,种植成片阻水林木或芦苇等高秆植物,筑台建房,修筑高路基、高渠堤,修建工厂、桥梁、码头、临时仓库,煤渣、垃圾随意堆积,等等。人类与水争地的这些行为,减小了河道的行洪断面,增大了水流阻力,影响了泄洪能力,加重了堤防的防洪压力。

(三)防洪工程标准低,病险多,抗洪能力弱

堤防和水库是对付常遇洪水的两大主要防洪工程设施。堤防是平原地区的防洪保护屏障。目前,全国已建江河堤防27万余km。尽管国家已投入大量资金进行除险加固,但主要江河堤防的防洪标准仍然偏低。

我国江河堤防历史悠久,主要江河堤防大部分是在老堤防基础上逐渐加高培厚形成的。由于种种原因,堤防存在许多问题。如堤身内存在古河道、老口门、残留建筑物、透水层等隐患,施工质量较差,生物破坏,堤龄老化,堤基没有处理或处理不当,重要堤防没有进行渗流稳定分析和采取抗震措施,等等。所有这些,都严重影响着堤防安全,遇到高洪水位,存在引发堤防失事酿灾的危险。

水库可有效地拦蓄洪水。全国已建成大、中、小型水库8万多座。其中不少水库是在20世纪50年代"大跃进"时期和70年代大搞农田基本建设时期建成的。这批水库在施工质量和管理维护方面存在诸多问题。许多病险水库带病运行,一旦垮坝失事,将对下游造成灭顶之灾。从

1998 年开始,水利部加大投入在全国范围内对重点中小型病险水库进行除险加固。

(四)非工程防洪措施不完善,难以适应新时期防洪减灾的要求

非工程防洪措施是一种新的防洪减灾概念,其减灾效益可观,发展前景无量。我国引进非工程防洪措施观念相对发达国家较晚。从我国防洪减灾体系现状来看,工程防洪措施与非工程防洪措施相比较来说,前者较"硬",后者则较"软"。非工程措施的防洪观念,尤其是其最本质的调整社会发展以适应洪水方面的问题,至今尚未得到全社会的普遍认同,例如洪水保险就难以像其他保险险种那样易被人们自愿接受和乐于参与。

在非工程防洪措施中,现阶段我们所吸收的多只限于针对洪水的技术方面的措施,如建立水文气象测报系统、防汛通信系统、决策支持系统等。即使是这些项目,也还主要是基于为已建重要防洪工程的运行、调度、管理和防护等方面服务而建设的,同时还存在因起步较晚、投入不足,建设跟不上需要,以及设备效能的进一步开发等问题。当前需要统一认识的是,非工程防洪措施的建设不仅是水利部门的事,而且是一项跨部门、跨行业、跨地区的工作,涉及许多学科技术的交叉融合,需要多方面专业人员的协同努力,需要各级政府都将其摆上议事日程,综合协调和分工实施。

治水法制不健全。在社会主义市场经济条件下,用法律来规范、约束社会和个体行为尤为重要。值得注意的是,在我国不少地方,群众法律意识淡薄,执法部门有法不依或执法不严现象依然存在。

综合来看,我国现阶段的非工程防洪措施还很难满足新时期防洪减灾的要求。只有相关部门的高度重视和通过全社会的共同努力,才能适应防洪减灾的需要。

(五)蓄滞洪区安全建设不能满足需要,运用难度大

蓄滞洪区是江河防洪体系中不可缺少的组成部分。国家为解决蓄滞洪区内人员的分洪保安问题,已开展了一些蓄滞洪区群众安全救生的规划与建设。但由于人口增加和盲目开发建设,蓄滞洪区内的安全建设设施远不能满足需要,已建成的安全救生设施仅能低标准解决部分群众的临时避洪问题,大部分人员需要在分洪时临时转移。此外,大部分蓄滞洪区缺乏进洪设施,只得依靠临时爆堤分洪,能否及时、足额地分滞洪水可

想而知。因此,许多蓄滞洪区在紧要关头需要作出运用决策时,往往举棋难定,甚至被迫冒险行事。

就长江的荆江分洪区而言,1954年区内共有人口17万,分洪时只需搬迁1万人即可。而今日的分洪区再也不是1954年的景象了。分洪区内到处是工厂、高效农业区。1998年长江大水,8月6日晚8时接上级分洪命令,分洪区内33万人在24 h内撤离转移到邻近4县,道路车水马龙、拥挤不堪。后因国家防汛抗旱总指挥部在综合考虑各方面因素之后,最终决定不分洪,外迁人员重返家园,仅此造成直接经济损失20亿元;若是分洪,损失将更大。

（六）城市化发展加快,城市洪涝灾害频繁

城市化是现代社会发展的必然产物。改革开放以来,我国城市化进程发展迅猛,到2012年,全国城镇人口比例已超过50%。在城市化进程中,城市防洪遇到一些新情况、新问题,主要有城市人口急剧增加,经济发达,财富集中,各种生产、经营活动以及诸多配套设施高度集中,一旦受灾,损失严重。城市范围不断扩大,城市洪水环境发生变化。大量土地甚至河道被占用,众多湖泊、洼地、池塘等被填平,洪水调蓄功能下降。城市化导致城市雨洪。城市路面大面积硬化,不透水地面面积增多,地表雨水入渗率下降,暴雨洪水汇流加快,洪水入河时间提前,河道洪峰流量增大,内涝外洪矛盾突出,水灾频发,损失严重。

二、洪水灾害的影响

洪水灾害对人类造成的损失和不利影响是多方面的,概括起来主要是对经济发展、生态环境、社会生活和国家事务四个方面的影响。

（一）洪水灾害对经济发展的影响

洪水一旦泛滥成灾,将给地区和国家的经济发展带来巨大的破坏作用及消极影响。主要表现为:严重的洪涝灾害,常常造成大面积农田受淹,粮、棉、油等作物和轻工原料严重减产,甚至绝收;铁路、公路的正常运输和行车安全受到威胁,运输中断可能影响到全国各地许多部门;各项市政建设和水利工程设施被毁坏;工厂、企业停产,机关、学校、医院、商店等单位关门,水、电、气、通信、道路等城市生命线告急;在抗洪抢险过程中,造成人力、物力和资金上的巨大消耗;洪泛区大量人员的转移及生活安排,以及灾后重建和恢复生产、生活,也将耗费巨资。此外,洪灾造成的上述影响和经济损失,不只限于洪灾发生的地区,还可能影响到相邻地区甚至整个国家的经济稳定。

(二)洪水灾害对生态环境的影响

洪水灾害发生后,将对自然生态环境造成严重危害。主要表现如下:

(1)洪泛区内的居民住所、旅游胜地、自然景观、文物古迹、祠堂庙宇、古建筑等遭到毁坏。

(2)暴雨洪水引起水土流失,造成大量土壤及其养分流失,致使植被遭到破坏,土地贫瘠,入河泥沙增加,湖泊萎缩失调,河流功能退化,洪水不能正常排泄。

(3)洪水泛滥以后,耕地遭受水冲沙压,使土壤盐碱化或沙化,给农业生产和居民生活环境带来严重危害。

(4)洪水的淹没与冲击,威胁到各种动植物的生死存亡,影响着动植物种群的数量与多样性,尤其是对珍稀或濒危动植物来说,影响更为严重。

(5)洪水冲毁堤坝,将改变天然的河渠网络关系和水利系统,造成排水不畅、取水不便、饮水不洁,生态环境和居住环境严重恶化,而河流一旦决口改道,原有水系格局彻底改变,对诸多方面的影响将是深远的。

(6)洪水泛滥引起水环境污染,包括病菌蔓延和有毒物质扩散,直接危及人民健康。

所有这些变化,都将对灾区人民的生产和生活造成严重的不良后果,并由此引发一系列的社会问题。

(三)洪水灾害对社会生活的影响

洪水灾害对社会的影响是多方面的。其中最主要的是人口死亡、灾民流离、疫病蔓延与流行等问题。

1.人口死亡

据相关资料统计,全世界每年在自然灾害中死亡的人数约有3/4是死于洪灾。我国历史上发生的几次大水灾,都有严重的人口死亡。人口的大量死亡,不仅给人们心理上造成巨大创伤,而且给社会生产力带来严重破坏。新中国成立以后,因水灾死亡的人数大幅度下降,但遇到特大暴雨洪水,人员死亡仍很严重。

2. 灾民流离

洪泛平原地势一般较低,泛洪后原赖以生存的环境被水淹没,大量人群不得不流离失所,转移他乡。

3. 疫病蔓延与流行

水灾之后常易引发疫病蔓延与流行。即便在分蓄洪区或一些条件较好的洪泛地区,通常也只有少数人可以转至附近的安全区或其他暂时避水之处,大多数人都得临时转移到堤上。堤上人员密集,饮水困难,人、畜、野生动物共居,粪便难以管理,生存环境恶劣,极易造成疫病暴发与流行。瘟疫的暴发和流行给社会带来的冲击与影响,有可能超过水灾本身。因此,灾后防疫工作万万不可轻视。

(四)洪水灾害对国家事务的影响

洪灾影响国家的财政预算和经济生活。洪水灾害的发生,一方面导致国家经济收入减少,另一方面需要政府投入大量财政经费用于抗洪抢险和灾区的恢复生产与重建家园。这势必打乱整个国民经济的部署,迫使政府改变资金投向,影响国民的经济生活。

洪灾引起国家领导人费尽心机和举国上下的关注。洪灾期间,抗洪救灾成为一切工作的中心,无论是中央领导还是广大人民群众,都心系灾区。1998年长江大洪水,全国各界纷纷相助,数百万军民参加抗洪抢险;党和国家领导人多次亲临抗洪前线,视察灾情,慰问军民,指导抗洪。洪水期间,荆江分洪区曾准备启用,组织了三次大规模的迁安转移。长江若再遇到类似1998年的大洪水,因分洪要转移大量人员,除巨大的经济耗费外,整个国家领导机构都将不得不付出巨大精力来处理相关事务,这必将影响到国民经济其他方面事务的处理。

洪灾可能导致政府的决策行为作出某些调整。如正是长江1998年大洪水的灾害教训,才引起人们对过去与自然抗争的无节制做法的深刻反思,引起防洪治水思路的战略调整。

严重的洪水灾害的发生,不仅会给整个国家的政治生活带来巨大影响,而且会打乱整个国民经济的战略部署,延误国家经济建设的发展步伐。

三、我国主要江河的洪水灾害

洪水灾害历来是我国最严重的自然灾害之一。历史上有关水灾的描述,可以追溯到传说中的夏禹治水。据相关资料统计,自公元前 206 年至公元 1949 年的 2 155 年中,我国共发生较大洪水灾害 1 029 次,平均每两年一次。

新中国成立以来,经过 60 多年的防洪建设,修建了大量的堤防、水库、分蓄洪工程及河道整治工程,江河防洪标准有了很大提高,主要江河常遇洪水基本得到控制。

但随着人口的增加,山区毁林垦荒,水土流失加剧,中下游围湖造田、与水争地,每年仍不免发生一定程度的水灾。据 1950 ~ 2000 年资料统计,全国年平均受灾面积 973.5 万 hm²,其中成灾面积 542.4 万 hm²,成灾率为 55.7%。

下面就我国主要江河的洪水灾害情况扼要说明如下。

(一)黄河流域

自公元前 602 年(周定王五年)至公元 1938 年的 2 540 年间,黄河共决溢 1 590 次,改道 26 次,其中大改道 5 次。黄河下游改道迁徙的范围,西起孟津,北抵天津,南达江淮,纵横 25 万 km²。黄河决溢,给下游人民生命财产造成重大灾难。其中几次历史大洪水灾害情况如下:

(1)1761 年洪水。该年洪水主要来源于三门峡至花园口区间。经调查估算,花园口洪峰流量为 32 000 m³/s。黄河下游南北两岸决口 26 处,洪水于中牟县志桥夺溜南泛,河南、山东、安徽 3 省 28 县遭受严重灾害。

(2)1843 年洪水。发生于黄河干流潼关至孟津河段的罕见特大洪水。据调查测算,花园口站洪峰流量 33 000 m³/s。洪水在中牟县溃口,主流经中牟口门向东南漫流,经贾鲁河入涡河、大沙河夺淮抵洪泽湖,河南、安徽等 40 余州县受灾。

(3)1933 年洪水。该年洪水系河口镇至三门峡区间发生的最大洪水。陕县站洪峰流量为 22 000 m³/s。下游黄河南北两岸决口几十余处,河北、山东、河南、江苏 4 省 30 个县受灾,受灾人口 273 万,死亡 1.27 万人。

(4)1938 年郑州花园口扒口。国民党军队为阻止日军南下,在郑州

花园口扒开黄河大堤,造成黄河水泛滥,历时9年,直到1947年决口才堵合。河南、安徽、江苏3省44县市、5.4万km²土地、1 250万人受灾,391万人外逃,89万余人死亡。

(5)1958年洪水。花园口站洪峰流量22 300 m³/s。京广线老铁路桥被洪水冲断。东平湖蓄滞洪水。黄河下游不少堤段洪水位与黄河大堤堤顶相平,在河南、山东两省200万防汛大军的奋力防守下才转危为安。据不完全统计,河南、山东两省的黄河滩区和东平湖湖区,淹没耕地20.3万hm²,受灾人口74.08万。

(6)1982年洪水。8月,黄河三花间发生洪水,花园口站洪峰流量15 300 m³/s。下游滩区除原阳、中牟、开封三处部分高滩外,其余滩区全部被淹,共淹没滩区村庄1 303个,耕地217.44万亩❶,倒塌房屋40.08万间,受灾人口93.27万。

(7)1996年洪水。8月,黄河花园口发生了两次洪峰,1号洪峰流量为7 860 m³/s,2号洪峰流量为5 560 m³/s,此次洪水虽然从流量上看属于中常洪水,但其洪水位高,演进速度慢,漫滩范围广,偎水堤段长,工程险情多,滩区灾情重,是近些年来所罕见的。洪水造成河南、山东两省黄河滩区几乎全部进水,甚至1855年铜瓦厢决口改道后溯源冲刷形成的原阳、封丘、开封等高滩也大面积上水。共淹没耕地301万亩,241.2万人受灾,倒塌房屋22.65万间,其灾害严重程度超过了1958年、1982年。

(二)长江流域

长江流域洪水灾害,以荆江、皖北沿江、汉江中下游、洞庭湖和鄱阳湖区等地区最为严重。

据史料记载,从公元前206年至公元1911年的2 117年中,长江共发生洪灾214次,平均每10年一次。19世纪中叶,连续发生了1860年和1870年两次特大洪水。20世纪,长江流域又发生了1931年、1935年、1954年和1998年等多次特大洪水,历次大洪水都造成了重大的灾害损失。

几次典型历史大洪水的灾情如下:

(1)1870年洪水。该年洪水主要来源于长江上游,宜昌、枝城江段的

---

❶ 1亩=1/15 hm²。

洪峰流量分别达 105 000 m^3/s 及 110 000 m^3/s。荆江南岸堤防溃决形成松滋河;北岸监利以下堤防多处溃口。两湖平原一片汪洋,武汉及其周边地区大部分被淹,受淹面积 3 万 km^2。

(2)1931 年洪水。该年洪水属全流域性特大洪水。长江宜昌站出现 63 600 m^3/s 的洪峰,洪灾殃及长江中下游 8 省(市)的 205 个县,受灾面积达 13 万 km^2,灾民 2 855 万人,死亡者达 14.5 万人。

(3)1935 年洪水。湖南、湖北、江西、安徽 4 省淹没农田 150.9 万 hm^2,受灾人口达 1 000 余万,死亡 14.2 万人。

(4)1954 年洪水。该年洪水属全流域性特大洪水。长江中下游干流武汉站洪峰流量 76 100 m^3/s,汉口至南京段超警戒水位历时 100~135 d,中下游洪水位全线突破当时的历史最高值。长江干堤和汉江下游堤防溃口 61 处,扒口 13 处,支堤、民堤溃口无数。淹没农田 317 万 hm^2,受灾人口达 1 800 余万,被淹房屋 427 万余间,死亡 33 169 人,受灾县市 123 个。

(5)1998 年洪水。该年洪水仅次于 1954 年,为 20 世纪第二位全流域型洪水。长江中下游干流、洞庭湖区累计 4 909 km 水位超历史最高水位。湖南、湖北、江西、安徽、江苏 5 省共 8 411 万人受灾,农作物成灾面积 652.5 万 hm^2,倒塌房屋 329 万间,死亡 1 562 人。

(三)淮河流域

历史上淮河流域的洪水灾害很严重。其中安徽、江苏两省因位居淮河中下游,灾害最为频繁,其次为河南、山东。据史料统计,公元前 252 年至公元 1948 年的 2 200 年中,淮河流域每 100 年平均发生水灾 27 次。在 1400~1855 年的 456 年间,淮河流域大范围的洪涝灾年有 45 年,其间以 1593 年和 1730 年灾情最重。1855 年黄河北徙以后,在 1856~1911 年的 56 年中,黄河洪水仍向南决口成灾的有 9 年。1935 年和 1938 年黄河洪水两次造成淮河流域大水灾。

1949 年以来,淮河流域先后发生了 1950 年、1954 年、1991 年、2003 年全流域性大水。淮河水系发生过 1968 年淮河上游洪水,1969 年淮河中游淠史河洪水,1975 年洪汝河、沙颍河洪水,1965 年下游洪涝等。沂沭泗水系发生过 1957 年、1974 年洪水。这些洪水年均造成严重的洪涝灾害。数次历史大洪水灾害情况如下:

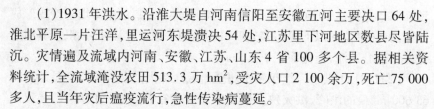

（1）1931年洪水。沿淮大堤自河南信阳至安徽五河主要决口64处，淮北平原一片汪洋，里运河东堤溃决54处，江苏里下河地区数县尽皆陆沉。灾情遍及流域内河南、安徽、江苏、山东4省100多个县。据相关资料统计，全流域淹没农田513.3万 hm^2，受灾人口2 100余万，死亡75 000多人，且当年灾后瘟疫流行，急性传染病蔓延。

（2）1975年8月上旬，受台风影响，淮河上游山丘区发生了历史罕见的特大暴雨，淮河支流洪汝河、沙颍河下游造成极为严重的洪灾。据相关资料统计，河南省有23个县市，820万人口，106.7万 hm^2 耕地遭受严重水灾，其中遭受毁灭性和特重灾害的地区约有耕地73.3万 hm^2，人口550万，倒塌房屋560万间，死伤牲畜44万余头，冲走和水浸粮食近10亿 kg，淹死2.6万人。板桥、石漫滩2座大型水库、2个滞洪区、2座中型水库和58座小型水库垮坝失事，损失惨重。

（3）1991年洪水。沿淮及里下河地区蒙受巨大损失。据相关资料统计，全流域受灾耕地551.7万 hm^2，受灾人口5 423万，倒塌房屋196万间，损失粮食66亿 kg。

（4）2003年洪水。该年洪水量级大、持续时间长，给河南、安徽、江苏三省沿淮地区造成较为严重的洪涝灾害。据初步统计，三省洪涝受灾面积384.7万 hm^2，受灾人口3 728万，因洪灾死亡29人，倒塌房屋74万间。

（5）2007年洪水。该年洪水仅次于1954年。据初步统计，截至7月31日，淮河流域四省农作物洪涝受灾面积3 748万亩，受灾人口2 474万，倒塌房屋11.53万间，因灾死亡4人。

（四）海河流域

海河流域在1368～1948年的580年间共发生较大洪灾387次。20世纪，1939年洪水、1963年洪水造成了严重的灾害。几次历史大水灾情如下：

（1）1939年洪水。淹没面积4.9万 km^2，受灾耕地333.3万 hm^2，受灾人口886万，死亡1.3万人，冲毁铁路160 km。天津市区大部分面积被淹，80万人受灾，时间长达一个半月。

（2）1963年洪水。1963年8月上旬，海河流域南部地区发生罕见特大暴雨洪水。据相关资料统计，淹没农田440万 hm^2，受灾人口2 200余

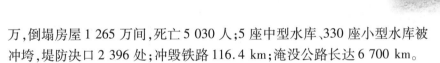

万,倒塌房屋 1 265 万间,死亡 5 030 人;5 座中型水库、330 座小型水库被冲垮,堤防决口 2 396 处;冲毁铁路 116.4 km;淹没公路长达 6 700 km。

（五）松花江流域

在 1901～1985 年的 85 年中,松花江流域有 44 次水灾记录,约每两年有一次。其中,1932 年洪水、1957 年洪水、1998 年洪水造成的灾害尤其突出。

（1）1932 年洪水。该年洪水系松花江流域史无前例的特大洪水,干流哈尔滨站洪峰流量 16 200 m³/s（还原）,为 1898 年有实测资料以来的最大值。嫩江干流自齐齐哈尔市以下堤防多处决口,嫩江中下游及松花江干流沿岸形成大范围洪泛区,64 个县（旗）市受灾,淹没耕地约 200 万 hm²。哈尔滨市灾情最重,全市 30 万居民中有 23.8 万人遭灾,12 万人流离失所,死亡 2 万多人。

（2）1957 年洪水。该年洪水主要来自嫩江。据相关资料统计,黑龙江省受灾人口约 370 万,农田受灾面积 93 万 hm²,冲毁房屋 22 878 间,死亡 75 人。吉林省第二松花江流域受灾农田 10.2 万 hm²,受灾人口 36 万,死亡 6 人,冲毁房屋 1 980 间。

（3）1998 年洪水。该年洪水主要来自嫩江。嫩江江桥站洪峰流量 17 500 m³/s。据相关资料统计,黑龙江省受灾县市 52 个,受灾人口 850 多万,农田受灾面积 309 万 hm²,倒塌和损坏农房 157 万间。

（六）辽河流域

辽河流域近百年来共发生洪水灾害 50 多次。主要有:1861 年辽河下游决口,洪水冲入双台子潮沟,遂形成双台子河;1894 年西拉木伦河在台河口以上决口,形成了新开河,辽河水系发生了明显变化;1886 年、1888 年、1917 年、1923 年、1930 年辽河干流东侧主要支流和大凌河等河流发生的大洪水,每次都造成 10 余州县水灾。1949 年以来也发生过几次大洪水,如 1951 年洪水、1960 年洪水和 1985 年洪水。几次灾害情况如下:

（1）1951 年洪水。该年洪水相当于 100 年一遇。干流及主要支流决口 419 处。洪水波及 38 个县（市）,受灾农田 43.4 万 hm²,受灾人口 87.6 万,死亡 3 100 多人。沈山、长大铁路干线中断行车 40 多天。

（2）1960 年洪水。该年洪水主要发生于辽河支流浑河、太子河。浑

河、太子河及主要支流决口 300 多处,辽宁省 7 个地(市)22 个县受灾,受灾耕地 28.7 万 hm²,受灾人口 140 万,死亡 730 人。长大、沈吉、沈丹等铁路线一度中断。

(3)1985 年洪水。辽河铁岭站洪峰流量只有 1 750 m³/s,仅相当于 5 年一遇,但由于河道严重阻水,泄洪不畅,洪水水位长时间居高不下,形成大范围内涝,辽宁省农田受灾面积达 84.6 万 hm²,受灾人口 533 万。

(七)珠江流域

据史料粗略统计,珠江流域自汉代以来 2 000 多年中发生较大范围的洪灾有 408 次。历史上主要水灾年份情况如下:

(1)1915 年洪水。1915 年 7 月,西江、北江同时发生特大洪水,相当于 200 年一遇,西江梧州站洪峰流量 54 500 m³/s,北江横石站洪峰流量 21 000 m³/s,东江、西江、北江三江洪水同时遭遇,又逢大潮顶托,三角洲堤圩绝大部分溃决。两广耕地受淹 93.3 万 hm²,受灾人口约 600 万。仅珠江三角洲受淹农田 43.2 万 hm²,受灾人口 378 万,死伤逾 10 万人。广州市区被淹 7 天,损失惨重。

(2)2005 年洪水。该年洪水主要来自西江,广东、广西两省(区)均遭重大灾害。西江干流梧州站 6 月 22 日相应流量 53 300 m³/s,达到 100 年一遇。洪水漫过梧州市河东城区防洪大堤,进入城区,梧州告急,损失严重。

总之,我国的气候特点决定了发生洪水的必然性,为减轻甚至防止洪涝灾害造成的损失,我们就必须在搞好防洪工程建设、不断提高工程抗洪能力的同时,下大力气做好防汛抗洪工作。

第二章　防汛指挥机构与工作制度

防汛是人们同洪水灾害做斗争所组织实施的一项社会活动。由于我国独特的自然气候条件,决定了我国水旱灾害频繁发生,且危害程度严重,防汛抗洪不仅关系到国家经济建设和人民生命财产的安全,而且关系到社会稳定。《中华人民共和国防洪法》(简称《防洪法》)规定,各级人民政府应当组织有关部门、单位,动员社会力量,做好防汛抗洪和洪涝灾害后的恢复与救济工作。任何单位和个人都有保护防洪工程设施和依法参加防汛抗洪的义务。还规定县级以上地方人民政府水行政主管部门在本级人民政府的领导下,负责本行政区域内防洪的组织、协调、监督、指导等日常工作,并对县级以上各级人民政府防汛指挥机构的组成与职责权限等作出原则规定。为加强防汛工作,国务院还颁发了《中华人民共和国防汛条例》(简称《防汛条例》),对防汛工作的任务、方针、组织、职责等都作了明确规定。实践证明,建立强有力的防汛指挥机构和制定严格的责任制度是做好防汛抢险工作的保证。

第一节　防汛的任务与方针

一、防汛任务

防汛的基本任务是积极采取有力的防御措施,最大限度地减轻洪涝灾害的影响和损失,保障人民生命财产安全和经济建设的顺利进行。为完成这一任务,各级人民政府、防汛指挥机构、水行政主管部门、水管单位及所有参加防汛工作的人员都应各司其职、各负其责、密切合作、全力配合。主要的防汛工作包括:

(1)做好组织宣传工作,提高广大群众防汛减灾的意识。

(2)有计划、有组织地协同有关部门推进防汛工作。

(3)完善防洪工程措施和非工程措施。

（4）制订防御不同类型洪水的预案，研究洪水调度和防汛抢险最优决策方案。

（5）掌握洪水规律和汛情信息。

（6）探讨和研究应用现代防汛抢险技术。

（7）发生洪水时，采取相应措施，做好抗洪抢险工作，减少灾害损失，确保安全度汛。

汛期灾害性洪水除暴雨洪水外，还有融雪、冰凌产生的洪水，山区暴发的山洪泥石流、滑坡，沿海地区热带气旋、台风引起的风暴潮等，这都是人类经常遭受的自然灾害。因此，各地应根据所处的地理环境、气候条件、工程设施及社会经济条件的不同，确定不同的防汛任务。

防汛工作是我国面临的一项长期的任务。这主要是因为：

（1）我国地域辽阔，跨越寒、温、热三带，受季风影响强烈，降水的时空分布和年际之间量级极不均匀，各地均具有产生不同类型洪水和出现洪水灾害的自然条件。

（2）从总体上看，我国江河防洪标准不高，防洪工程还存在薄弱环节。当前主要江河只能防御中常洪水，对于历史上曾经发生过的特大洪水，还缺乏有效的减灾控制措施。虽然国家在不断加强江河防洪建设，但在一定时期内尚难做到有效控制洪水，只得依赖于汛期加强防守，采取各种防御措施。

（3）随着人口的不断增加和经济的发展，今后洪水灾害造成的经济损失和人员伤亡将更加严重，对防洪减灾则不断提出更高的要求。因此，保障社会安定、减轻洪水灾害的任务日益加重。

二、防汛工作方针

当前我国防汛工作的方针是"安全第一，常备不懈，以防为主，全力抢险"。防汛工作方针是根据不同时期国家经济状况、防洪工程建设状况以及防洪任务的要求而提出的。我国防汛工作方针发展变化大体经历了三个阶段。第一个阶段是在新中国成立初期，面临江河防洪工程的残破局面，洪水灾害威胁严重，为了社会安定，恢复生产，当时提出"防治水患，兴修水利"，作为水利建设各项工作的基本方针。第二个阶段是20世纪60年代，随着水利建设的迅速发展，对大量堤防进行了整修加固，防

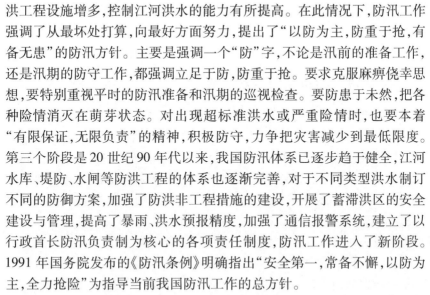

洪工程设施增多,控制江河洪水的能力有所提高。在此情况下,防汛工作强调了从最坏处打算,向最好方面努力,提出了"以防为主,防重于抢,有备无患"的防汛方针。主要是强调一个"防"字,不论是汛前的准备工作,还是汛期的防守工作,都强调立足于防,防重于抢。要求克服麻痹侥幸思想,要特别重视平时的防汛准备和汛期的巡视检查。要防患于未然,把各种险情消灭在萌芽状态。对出现超标准洪水或严重险情时,也要本着"有限保证,无限负责"的精神,积极防守,力争把灾害减少到最低限度。第三个阶段是 20 世纪 90 年代以来,我国防汛体系已逐步趋于健全,江河水库、堤防、水闸等防洪工程的体系也逐渐完善,对于不同类型洪水制订不同的防御方案,加强了防洪非工程措施的建设,开展了蓄滞洪区的安全建设与管理,提高了暴雨、洪水预报精度,加强了通信报警系统,建立了以行政首长防汛负责制为核心的各项责任制度,防汛工作进入了新阶段。1991 年国务院发布的《防汛条例》明确指出"安全第一,常备不懈,以防为主,全力抢险"为指导当前我国防汛工作的总方针。

防汛工作方针"安全第一"是"纲",是整个防汛工作的总目的,其他的是"目",是确保防汛安全的重要手段。保障人民生命财产安全和经济建设的顺利进行,保证主要防洪工程的安全运行,是防汛工作的目的,因此防汛工作必须坚持安全第一。"常备不懈"是指为了确保安全,就必须常年保持高度警惕,精心准备。我国自然地理气候条件的特殊性,决定了洪涝灾害的频发、多发性,加之目前科学技术水平所限,还不能完全掌握自然界的规律,对洪水发生的地区、时间和大小不能准确预报。以防(预防、防守)为主是指在我国防洪现状情况下,除进一步加强防洪工程措施和非工程措施外,把主要精力、财力、物力放到防止灾害发生上。面对我国现有防洪工程防洪标准偏低,不少工程年久失修、病患多的现实,为确保防洪安全,在平时充分做好防洪抢险的各项准备工作的基础上,一旦发生险情,全力投入抢险,力争化险为夷,所以"全力抢险"成为防汛方针的重要组成部分。

第二节　防汛指挥机构

为有效地组织、开展全国的防汛抗旱工作,《防洪法》规定,有防洪任

务的县级以上各级人民政府,都要成立防汛指挥机构,在上级防汛指挥部和同级人民政府的领导下,负责组织、领导本地区的防汛工作。各级防汛抗旱指挥部的指挥长,由当地人民政府行政领导担任。

一、防汛指挥机构设置和组成

我国有防汛任务的县级以上人民政府均设立防汛抗旱指挥部(由于地区、气候不同,有的设三防,即防汛、防旱、防台风指挥部),指挥部一般由指挥1人、副指挥2~3人、秘书长1人、成员若干人组成。指挥由同级政府的主要领导或分管领导担任,副指挥一般由政府秘书长、水行政主管部门的领导担任,秘书长一般由水行政主管部门的分管领导担任,成员由各成员单位(政府有关部门、人民解放军和武警部队)负责人担任。其办事机构设在同级水行政主管部门,负责指挥部日常工作。

我国现行的防汛机构设置由国家防汛抗旱总指挥部、七大流域防汛抗旱总指挥部、省(市、自治区)、市、县(市、区)防汛抗旱指挥部组成。

国务院设立国家防汛抗旱总指挥部(简称国家防总),是我国最高防汛抗旱指挥机构,负责组织领导全国的防汛抗旱工作,总指挥由国务院副总理担任,成员由国务院有关部委和解放军总参谋部、武装警察部队的负责人组成,其办事机构设在水利部。办事机构的主要职责是组织全国防汛抗旱工作,承办国家防汛抗旱总指挥部的日常工作;按照国家防总的指示,统一调控和调度全国水利、水电设施的水量。国家防汛抗旱组织机构见图2-1。

跨省(市、自治区)的重大江河、湖泊(长江、黄河、淮河、海河、珠江、松花江与辽河、太湖)的防汛抗旱指挥机构,由相关省(市、自治区)人民政府和该江河、湖泊的流域管理机构、有关部队负责人等组成,在国家防总的领导下,负责本流域内的防汛抗旱工作。办事机构设在流域管理机构,负责日常工作。如黄河流域设立黄河防汛抗旱总指挥部(简称黄河防总),由河南省省长担任总指挥,黄河水利委员会主任担任常务副总指挥,青海、甘肃、宁夏、内蒙古、山西、陕西、河南、山东各省(自治区)副省长(副主席)和兰州、北京、济南军区副参谋长担任副总指挥,其办事机构设在水利部黄河水利委员会。黄河防汛抗旱组织体系见图2-2。

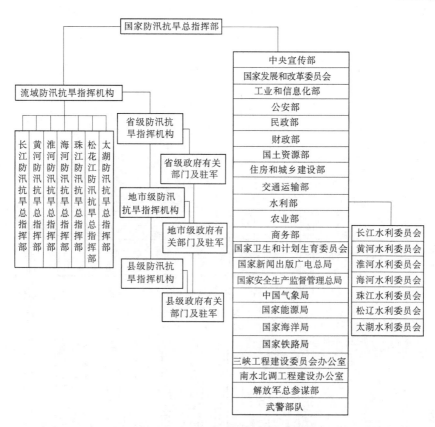

图 2-1　国家防汛抗旱组织机构示意图

省级防汛抗旱(总)指挥部负责组织领导全省(市、自治区)防汛抗旱工作,由一位省(市、自治区)领导任指挥长。省级防汛抗旱(总)指挥部由省军区及省政府有关部门组成,其日常工作由防汛抗旱指挥部办公室承担,办公室设在省(市、自治区)水行政主管部门。如山东省防汛抗旱总指挥部,由省政府主要负责同志任总指挥,省政府分管水利工作的负责同志、省水利厅主要负责同志任常务副总指挥,省政府各有关部门、中央驻鲁有关单位、驻鲁人民解放军、武警部队等负责同志任副总指挥或成员,省水利厅分管负责同志任秘书长。其办事机构设在省水利厅,山东黄河防汛办事机构设在山东黄河河务局。

市、县两级人民政府均成立相应的防汛抗旱指挥部,由同级人民政府

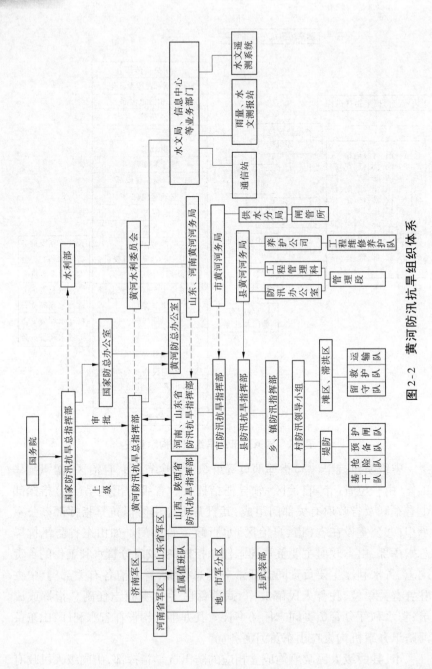

图 2-2 黄河防汛抗旱组织体系

及有关部门、当地驻军和人民武装部门组成,各级人民政府主要领导任指挥长,其日常办事机构设在同级水行政主管部门,负责辖区内的防汛抗旱工作。

在防汛抗旱实际工作中,针对重大突发事件,重大险情、灾情,可组建前线指挥部,具体负责现场应急处理工作,前线指挥部主要职责是迅速落实指挥部的各项部署,现场统一组织指挥突发事件处置,并服从上级指挥机构的统一领导。此外,汛期有的乡(镇)也建立防汛指挥部,组织动员群众参加防汛抢险。

建设、电力、铁路、交通、电信以及所有有防汛抗旱任务的部门和单位,均应建立相应的防汛抗旱职能部门,在当地政府防汛抗旱指挥部的领导下,负责好本行业的防汛抗旱工作。

综上所述,各级防汛抗旱指挥机构,在国家防总的领导下,形成了一个统一领导、上下贯通、左右联系、部门协调、分工明确、各负其责、高效完善的防汛指挥体系,为夺取防汛抗旱胜利奠定了组织基础。

二、防汛指挥机构的职责和权限

(一)防汛指挥机构的职责

各级防汛抗旱指挥部在同级人民政府和上级防汛抗旱指挥部的领导下,具有行使政府防汛抗旱指挥和监督防汛抗旱工作的职能。根据统一指挥、分级分部门负责的原则,各级防汛抗旱机构的职责是:

(1)贯彻执行国家有关防汛抗旱工作的方针、政策、法规和法令。

(2)组织制订并监督实施各种防御洪水方案、洪水调度方案和抗旱工作预案。

(3)及时掌握汛期雨情、水情、险情、旱情、灾情和天气形势,了解长、短期水情和天气分析预报,必要时启动应急防御对策。

(4)组织检查防汛抗旱准备工作。

(5)负责防汛抗旱物资的储备、管理和防汛抗旱资金的计划管理。资金包括列入各级财政年度预算的维修养护经费、特大防汛抗旱补助费以及受益单位缴纳的河道工程修建维护管理费、防洪抗旱基金等。防汛抗旱物资要制订国家储备和群众筹集计划,建立保管和调拨使用制度。

(6)负责统计掌握洪涝和干旱灾害情况。

(7)负责组织抗洪抢险,调配抢险劳力和技术力量。

(8)督促蓄滞洪区安全建设和应急撤离转移准备工作。

(9)组织防汛抗旱通信和报警系统的建设管理。

(10)组织汛后检查、防汛工程水毁修复情况等。

(11)开展防汛抗旱宣传教育和组织培训、推广先进的防汛抢险和抗旱新技术、新产品。

(二)防汛指挥部各成员单位的职责

防汛工作是社会公益性事业,任何单位和个人都有参加防汛的义务。防汛抗旱指挥部各成员单位应按照《防洪法》和《防汛条例》的有关规定和各个阶段的工作部署,在本级政府和防汛抗旱指挥部的统一领导下,共同做好防汛工作。防汛抗旱指挥部各成员单位的职责分工一般如下:

(1)宣传部门。正确把握防汛抗旱宣传工作导向,及时协调、指导新闻宣传单位做好防汛抗旱新闻宣传报道工作。

(2)发展和改革部门。指导防汛抗旱规划和建设工作。负责防汛抗旱设施建设、重点工程除险加固、水毁工程修复计划的协调安排和监督管理。

(3)工业和信息化部门。负责指导协调公共通信设施的防洪保安和应急抢护,做好防汛抗旱通信保障工作。根据汛情需要,协调调度应急通信设施。协助征调防汛抗旱应急物资,协调有关工业产品应急生产组织。

(4)公安部门。维护灾区社会治安秩序,依法打击造谣惑众和盗窃、哄抢防汛抗旱物资以及破坏防洪抗旱设施的违法犯罪活动,协助有关部门妥善处置因防汛抗旱引发的群体性事件,协助组织群众从危险地区安全撤离或转移。

(5)民政部门。组织、协调水旱灾害的救灾工作。组织核查灾情,统一发布灾情,及时向防汛指挥部门提供重大灾情信息。负责组织、协调水旱灾区救灾和受灾群众的生活救助。管理、分配救助受灾群众的款物,并监督使用。组织、指导和开展救灾捐赠等工作。

(6)财政部门。负责防汛抗旱和救灾经费预算安排、拨付和监督管理。

(7)国土资源部门。指导地质灾害应急处置,组织、协调、指导和监督地质灾害防治工作,拟订并组织实施突发地质灾害应急预案和应急处

置。

(8)住房和城乡建设部门。协助做好城市防洪抗旱规划制订工作的指导,指导城镇排水防涝工作,配合有关部门组织、指导城市市政设施和民用设施的防洪保安工作。

(9)交通运输部门。协调做好公路、水运设施的防洪安全工作,组织做好海上搜救工作;配合水利部门做好通航河道的堤岸保护;协调组织公路、水运等运力,做好防汛抗旱和防疫人员、物资及设备的运输工作。

(10)水行政主管部门。负责组织、协调、监督、指导防汛抗旱的日常工作,对大江大河和重要水利工程实施防汛抗旱调度。负责组织、指导防汛抗旱工程的建设与管理,督促完成水毁水利工程的修复。负责组织江河洪水的监测、预警和旱情的监测、管理。负责防洪抗旱工程安全的监督管理。做好防汛抗旱期间水量优化调度,保障生活、生产用水需求。

(11)农业部门。及时收集、整理和反映农业旱、涝等灾情信息。指导农业防汛抗旱和灾后农业救灾、生产恢复及农垦系统、乡镇企业、渔业的防洪安全。协调组织台风影响区域渔船回港避风和人员避险。指导灾区调整农业结构、推广应用节水农业技术和动物疫病防治工作。研究提出农业生产救灾资金的分配建议,负责救灾备荒种子、种畜禽、饲草料、动物防疫物资的储备、调剂和管理。

(12)商务部门。加强对灾区重要商品市场运行和供求形势的监测,负责协调防汛抗旱救灾和灾后恢复重建物资的组织、供应。

(13)卫生计生部门。负责水旱灾区疾病预防控制和医疗救护工作。灾害发生后,及时向防汛抗旱指挥部门提供水旱灾区疫情与防治信息,组织相关人员赶赴灾区,开展防病治病,预防和控制疫情的发生和流行。

(14)新闻出版广电部门。组织指导电台、电视台开展防汛抗旱宣传工作。及时报道防汛抗旱指挥部门发布的汛旱情通报和防汛抗旱重要信息。

(15)安全生产监督管理部门。负责监督、指导汛期安全生产工作,重点加强对矿山、危险化学品等行业领域安全度汛工作的督查和检查,防范自然灾害引发生产安全事故。

(16)气象部门。负责天气气候监测和预报预测工作以及气象灾害形势分析和评估,从气象角度对汛情、旱情形势作出分析和预测,及时发

布预报预警,参与重大气象灾害应急处置,并向防汛抗旱指挥部门及有关成员单位提供气象信息。

(17)能源部门。负责电力安全生产监督管理和电力应急管理工作,负责电力建设工程和电力设施的防洪安全监督管理,协调保障防汛抗旱电力应急供应工作。

(18)海洋部门。负责海浪、潮位等监测和预测预报工作,对海洋灾害形势作出分析和预测预报,发布海洋预报、海洋灾害警报,参与重大海洋灾害应急处置。从海洋角度对汛情、旱情形势进行预测研判。及时向防汛抗旱指挥部及有关成员单位提供重大海洋灾害信息。

(19)铁路部门。监督检查铁路防洪设施的安全、维护、管理和保安工程建设。对铁路防洪工作进行检查指导。督促相关单位清除铁路建设中的碍洪设施。协调组织运力运送防汛抗旱和防疫人员、物资及设备。

(20)部队、武警、人武部门。负责组织指挥军队和武警部队抗洪抢险、抗旱救灾等重大抢险救灾行动,参加重要工程和重大险情的抢险工作。协助当地政府转移危险地区的群众、维护抢险救灾秩序和灾区社会治安。

由于各级、各地抗灾救灾的重点不同,防汛抗旱指挥部的组成单位也不同,当地人民政府可按照实际情况,因地制宜地确定防汛抗旱指挥部的成员单位及其职责。

(三)防汛指挥机构的权限

防汛工作具有战线长、任务重、突发性强、情况变化复杂等特点,为了在紧急情况下确保国家和人民生命财产的安全,防汛指挥部除履行前边所讲的职责外,必须确立高度的权威性。

《中华人民共和国水法》(简称《水法》)和《防洪法》赋予防汛指挥机构在紧急防汛期的权力,主要有以下内容:

一是在紧急防汛期,防汛指挥机构有权在其管辖范围内调用所需的物资、设备和交通运输车辆,事后应当及时归还或者给予适当补偿。

防汛指挥机构的管辖范围是指有防汛任务的地区。在该范围内的党政机关、企事业单位、部队、学校、乡村都必须服从防汛指挥机构的统一指挥、统一调动。在汛情紧急的情况下,按照法律规定,防汛指挥机构根据需要调用上述单位的物资、设备和人员时,应对借用物资、设备和人员情

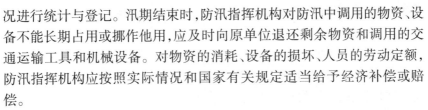

况进行统计与登记。汛期结束时,防汛指挥机构对防汛中调用的物资、设备不能长期占用或挪作他用,应及时向原单位退还剩余物资和调用的交通运输工具和机械设备。对物资的消耗、设备的损坏、人员的劳动定额,防汛指挥机构应按照实际情况和国家有关规定适当给予经济补偿或赔偿。

二是在紧急防汛期,各级防汛指挥机构可以在其管辖范围内,根据经批准的分洪、滞洪方案采取分洪、蓄滞洪措施。

在河流上的适当地点,建造分洪闸、分洪道等,将洪水期间河槽不能容纳的水量,由此分往其他河流、湖泊,以减轻洪水对原河道下游的威胁,不致漫溢成灾,称为分洪。滞洪是指利用河流附近的湖泊、洼地或规定的蓄滞洪区,通过节制闸,暂时停蓄洪水,当河槽中水的流量减少到一定程度后,再经过泄水闸将水放归原河槽。河流上的水库蓄水也有滞洪作用。通过滞洪,可以降低河道洪峰水位高度,降低洪水对堤防的威胁。

分洪和滞洪是抗御洪水的重要手段。但是,由于采用分洪和滞洪手段,洪水将淹没一部分地区,危及该地区人民生命的安全,造成行蓄洪区内国家和人民财产的损失。因此,各级防汛指挥机构应根据气象、水文资料及历史上的洪水情况,在其管辖范围内,必须先制订分洪、滞洪方案。分洪、滞洪方案的重要内容之一是在确保能够做好分洪、滞洪的前提下,以把经济损失减到最低。分洪、滞洪方案必须报请上级主管部门审核批准后,方可纳入防汛抗洪计划,并依方案实施。实施运用蓄滞洪区分蓄洪水,必须由有管辖权的防汛抗旱指挥部下达命令,并提前做好蓄滞洪区内居民的转移安置工作。

在紧急防汛期,各级防汛指挥机构认为有必要采取分洪、滞洪措施减缓洪水威胁时,法律规定,防汛指挥机构可以当机立断,在其管辖范围内,按照经批准拟订的分洪、滞洪方案,采取分洪、滞洪措施。

如果采取的分洪、滞洪措施,在某种情况下有可能使洪水漫出分洪、滞洪方案中规定的区域,波及其他地区,分洪、滞洪措施应采取慎重态度。《水法》规定,采取分洪、滞洪措施对毗邻地区有危害的,必须报经上一级防汛指挥机构批准,并事先通知有关地区。按照法律规定,各级防汛指挥机构应该严格执行分洪、滞洪方案,如果采取的分洪、滞洪措施对周邻地区产生威胁,应立即把采取分洪、滞洪措施的情况及影响报告上一级防汛

指挥机构,上报的分洪、滞洪措施经批准后方可实施。在实施批准的分洪、滞洪措施时,防汛指挥机构必须将采取分洪、滞洪措施的时间及地点等情况通报有关地区,以便这些地区做好各方面准备。

蓄滞洪区分洪运用后,应按照《蓄滞洪区运用补偿暂行办法》的规定,及时对区内居民的财产损失给予补偿。

第三节 防汛责任制

防汛工作责任重大,必须建立健全各种防汛责任制度,实现防汛工作正规化、规范化,使各项工作有章可循,各司其职。防汛责任制主要包括各级人民政府行政首长负责制、分级分部门负责制、分包责任制和岗位责任制、技术责任制、班坝责任制、值班工作制度等防汛工作制度。按照《防洪法》规定,防汛抗洪工作实行各级人民政府行政首长负责制,统一指挥、分级分部门负责,行政首长负责制是各种防汛抗旱责任制的核心,对夺取防汛工作的胜利起着决定性的作用。同时,各地也根据实际情况和工程项目,建立了一些单项防汛责任制,确保防汛工作各个环节都有人抓、落到实处。

一、行政首长负责制

行政首长负责制是整个防汛责任制体系的核心,是取得防汛抢险胜利的重要保证。防汛工作需要动员各部门、各方面的力量,党、政、军、民全力以赴,发挥各自的职能优势,同心协力,共同完成。因此,防汛指挥机构需要政府主要负责人亲自主持,全面领导和指挥防汛抢险工作,实行行政首长负责制。《防洪法》和《防汛条例》都明确防汛抗洪工作由各级人民政府行政首长负总责。作为各级政府的行政首长,为保障人民生命财产的安全和国民经济持续、快速、健康发展和社会稳定,对本地区的防汛工作负总责,责无旁贷。

为进一步加强防汛抗旱工作,全面落实各级地方人民政府行政首长防汛抗旱工作责任制,经国务院领导同意,国家防汛抗旱总指挥部2003年印发了《各级地方人民政府行政首长防汛抗旱工作职责》(国汛〔2003〕1号),规定地方各级行政首长防汛抗旱的主要职责有:

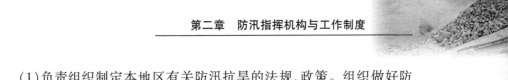

（1）负责组织制定本地区有关防汛抗旱的法规、政策。组织做好防汛抗旱宣传和思想动员工作，增强各级干部和广大群众对水的忧患意识。

（2）根据流域总体规划，动员全社会的力量，广泛筹集资金，加快本地区防汛抗旱工程建设，不断提高抗御洪水和干旱灾害的能力。负责督促本地区重大清障项目的完成。负责督促本地区加强水资源管理，厉行节约用水。

（3）负责组建本地区常设防汛抗旱办事机构，协调解决防汛抗旱经费和物资等问题，确保防汛抗旱工作顺利开展。

（4）组织有关部门制订本地区的防御江河洪水、山洪和台风灾害的各项预案（包括运用蓄滞洪区方案等），制订本地区抗旱预案和旱情紧急情况下的水量调度预案，并督促各项措施的落实。

（5）根据本地区汛情、旱情，及时作出防汛抗旱工作部署，组织指挥当地群众参加抗洪抢险和抗旱减灾，坚决贯彻执行上级的防汛调度命令和水量调度指令。在防御洪水设计标准内，要确保防洪工程的安全；遇超标准洪水，要采取一切必要措施，尽量减少洪水灾害，切实防止因洪水而造成人员伤亡事故；尽最大努力减轻旱灾对城乡人民生活、工农业生产和生态环境的影响。重大情况及时向上级报告。

（6）水旱灾害发生后，要立即组织各方面力量迅速开展救灾工作，安排好群众生活，尽快恢复生产，修复水毁防洪和抗旱工程，保持社会稳定。

（7）各级行政首长对本地区的防汛抗旱工作必须切实负起责任，确保安全度汛和有效抗旱，防止发生重大灾害损失。因思想麻痹、工作疏忽或处置失当而造成重大灾害后果的，要追究领导责任；情节严重的，要绳之以法。

二、分级、分部门责任制

分级责任制是指，根据江河、水库及其堤防、闸坝等防洪工程所处的行政区域、工程等级和重要程度以及防洪标准等，确定由省（市、自治区）、市（地）、县各级管理运用、指挥调度的权限责任区分，并按责任区分实行分级管理。分部门责任制是指，防汛指挥机构组成部门、单位，按照防汛指挥机构责任分工，结合本部门的工作特点，做好防汛工作。目的是把防汛工作任务落实到各级，分解到各部门、单位，不留空白点，统称分级

分部门责任制。

三、分包责任制

为加强领导,确保重点地区和主要防洪工程的汛期安全,各级政府行政负责人和防汛指挥部领导成员,除完成本职工作,还分工负责本辖区内江河、湖泊、水库及其工程的度汛安全,例如包水库、包堤段、包蓄滞洪区、包地区等,称分包责任制。为了"平战"结合,全面熟悉工程情况,把同一河段的维修养护、清障、防汛三项任务,实行"三位一体"纳入分包责任内,做到一包到底。分包责任人的主要内容是:

(1)常年负责检查、督促责任区,贯彻落实上级政府与防汛抗旱指挥部关于防汛、抗洪、抢险、救灾工作各项决策的执行情况。

(2)协同当地政府抓好汛前准备工作,及时处理险工隐患,完善调度方案。

(3)发生暴雨、洪水、险情和灾情,及时上岗到位,与当地政府一起组织好防汛抢险和救灾工作。

(4)督促执行防御特大洪水方案,发生特大洪水需要分蓄洪或溃垸时,做好安全转移工作。

(5)灾后要千方百计帮助灾区恢复生产,妥善安置灾民,修复水毁工程。

(6)及时协调处理有关防汛抗旱方面的问题,帮助当地政府总结和交流防汛抗旱的经验教训。

为保证落实各级防汛抗旱责任制,我国各地经过长期防汛抗旱工作的实践,探索了一些落实各项责任制的办法,其中省(市、区)与市(地)、市(地)与县(市、区)、县(市、区)与乡(镇)层层签订责任状,是较好的形式之一。责任状的签订,确保了责任到人,明确了奖罚措施,促进了防汛抗旱工作的开展。

四、防汛工作制度

广大防汛工作者,在多年的防汛工作实践中,进一步总结探索,建立了一些行之有效的防汛工作制度,这些制度的建立并实施,为各项防汛工作有条不紊地开展并落到实处提供了保证。根据各地经验和防汛工作的

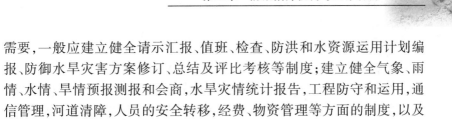

需要,一般应建立健全请示汇报、值班、检查、防洪和水资源运用计划编报、防御水旱灾害方案修订、总结及评比考核等制度;建立健全气象、雨情、水情、旱情预报测报和会商,水旱灾情统计报告,工程防守和运用,通信管理,河道清障,人员的安全转移,经费、物资管理等方面的制度,以及防汛联系汇报、巡堤查险、险工坝岸根石探摸、河势观测、险情抢护制度等。重点介绍以下几项制度。

(一)值班工作制度

防汛值班是防汛抗洪工作的一项最基本的工作,做好防汛值班工作,时刻掌握汛情信息,及时上传下达,是取得防汛抗洪工作胜利的先决条件。防汛值班工作责任重大,为了使防汛工作进一步规范化、制度化,更好地满足防汛工作的需要,各级防汛抗旱指挥部办公室均制定了防汛值班工作制度,作为日常工作的准则。汛期防汛值班一般每天由两人以上担任 24 小时值班等。汛期的起止时间因河流、水库等所处的地理位置不同而不同。黄河伏秋大汛值班时间为每年的 6 月 15 日至 10 月 31 日。凌汛期值班时间为河道出现淌凌至全部开河或淌凌结束止。遇特殊汛情,可临时调整值班时间。

汛期值班主要职责是:

(1)了解掌握汛情。汛情一般指水情、工情、灾情。具体内容是:①水情。按时了解雨情、水情实况和水文、气象预报。②工情。当雨情、水情达到某一数值时,要主动向所辖单位了解河道堤防、水库、闸坝等防洪工程的运用和防守情况。③灾情。主动了解受灾地区的范围和人员伤亡情况以及抢救措施。

(2)按时请示、传达、报告。发生汛情及灾情一定要及时向上级报告,对需要采取防洪措施的要及时请示,必要时边汇报、边抢护或采取其他措施。对授权传达的指挥调度命令及意见,要及时准确传达。

(3)熟悉所辖地区的防汛基本资料和主要防洪工程的防御洪水方案及调度计划,对所发生的各种类型洪水要根据有关资料进行分析研究。

(4)了解掌握各地防洪工程设施发生的险情及其处理情况。

(5)对发生的重大汛情要整理好值班记录,以备查阅,并归档保存。

(6)严格执行交接班制度,认真履行交接班手续。

(7)做好保密工作,严守国家机密。

（二）岗位责任制

汛期管理好水利工程特别是防洪工程，对做好防汛工作、减少灾害损失至关重要。岗位责任制一般是指工程管理单位根据所辖工程对管理人员以及护堤员、抢险队等定岗定责，落实到人。对岗位责任制的范围、项目、责任时间等，要做出具体规定，一目了然。要制定评比、检查制度，发现问题及时纠正，以期圆满完成岗位任务。在实行岗位责任制的同时要加强政治思想教育，调动职工的积极性，强调严格遵守纪律。

（三）技术责任制

在防汛抢险中为充分发挥工程技术人员的技术专长，实现优化调度，科学抢险。提高防汛指挥的准确性和科学性。凡是有关预报数值、评价工程抗洪能力、制订调度方案、采取抢险措施等有关技术问题，应由专业技术负责人员把关，建立技术负责制。关系重大的技术决策，要组织相当技术级别的人员进行会商，博采众长，以防失误。

（四）班坝责任制

班坝责任制是指专门从事险工、控导工程坝岸日常管理和汛期防守的工程班组和个人分工管理与防守的责任制度。根据工程长度与坝垛多少及防守力量等情况，把管理和防守任务落实到班组和个人，每处工程由固定的工程班组负责，每段坝岸由固定的人员负责。明确任务要求，由班组制订实施计划，责任落实到人，确保工程完整与安全。

防汛抢险责任重于泰山，各地汛情、工情等情况不同，应结合当地实际，不断总结经验，不断完善各种规章制度，使防汛工作"时时、事事有人管"，进一步促进防汛工作的正规化、规范化、制度化。

第三章 防汛准备与检查

防汛工作的成败,首先取决于"防"。每年汛期到来之前,要充分做好各项防汛准备。没有汛前周密的计划和准备,就不能保证防汛的胜利。同时,要做好防汛检查工作,以确保将各项防汛工作落到实处。

第一节 汛前准备

做好防汛准备工作是贯彻落实"以防为主"的防汛方针,是夺取抗洪抢险斗争胜利的前提和基础。各级政府、防汛指挥机构和承担防汛任务的单位及部门,在每年汛期到来之前,必须按照可能出现的情况,充分做好各项防汛抢险准备。为此,要切实做好迎战洪水的思想、组织、工程、物料、通信、预案、宣传等各项准备,切实做到有备无患,为战胜洪水打下可靠的基础。

汛前准备工作内容归纳起来主要有以下几方面。

一、思想准备

防汛抢险工作是长期的任务,要年年抓。防汛的思想准备是各项准备工作的首位。思想准备工作是否充分,直接影响到各项防汛工作的落实。各级防汛部门每年汛前要采取多种形式,广泛开展防汛宣传发动,从而使广大干部和群众切实克服麻痹思想和侥幸心理,坚定抗洪保安全的信心,增强防汛减灾意识,树立起顾全大局、团结协作的思想。同时要加强法制宣传,印发张贴有关防汛工作的法规、办法,增强人们的法制观念,坚持依法防汛,自觉履行法律赋予的防汛抢险义务,抵制一切有碍防汛工作的不良行为。

防汛抢险工作是非常艰巨和紧迫的,愈是恶劣的条件,愈是防汛人员紧张工作的关头。因此,参加防汛抢险的人员必须做好吃大苦、耐大劳、连续作战的思想准备。"千里之堤,溃于蚁穴"。任何工程的破坏都是从

小到大，从量变到质变的。因此，查险人员也必须谨慎从事，勤于用脑、用眼、用手、用脚，不放过任何细微的险情征兆。

二、完善组织机构与工作部署

按照《防洪法》《防汛条例》的要求和防汛工作实际的需要，我国有防汛任务的县级以上地方人民政府均设立由有关部门、当地驻军、人民武装部负责人等组成的防汛指挥机构，领导指挥本地的防汛抗洪工作，并在历年的防汛抗洪工作中发挥了关键作用。

每年汛前，各地要根据防汛指挥机构组成人员的动态变化情况，对防汛指挥机构组成人员进行充实调整，我国防汛抗旱指挥机构人员组织及其职责任务等，以正式文件印发。同时，各级防汛指挥机构要根据防汛工作的实际需要，对各部门的职责任务进行明确分工。每年汛前要做好的各项组织准备工作主要有：

（1）建立健全防汛常设机构。各级政府由有关部门和单位组成防汛指挥机构，并在年初及时明确防汛指挥长和指挥部组成人员，完善指挥机构，汛前召开指挥长会议，充实防汛抗旱办公室力量。

（2）做好水情测报传输组织准备工作。

（3）做好各部门协作配合的组织准备，完善汛期互通信息网络。

（4）各级有防汛岗位责任的人员，要做好汛期上岗到位的准备。

（5）各级防汛部门要做好防汛队伍的组织准备。

（6）做好当地驻军和武警部队投入防汛工作的部署准备。

汛前防汛工作部署一般有两种形式：一是召开防汛会议，二是印发防汛文件。每年汛前，各级政府与防汛指挥部门都必须召开专门的防汛会议，一般是逐级召开，上级召开后下级再组织召开，传达上级会议精神，并对本级工作进行部署。防汛文件部署主要是明确全面的防汛任务，并提出要求。各级都要按照防汛会议精神及文件部署内容进行防汛准备，并确保将各项工作落到实处。

三、技术准备

汛前，要对河道排洪能力进行分析测算，确定防洪特征水位。收集整理历年的险情资料，进行归纳整理，掌握上一年度及往年的河道整治情况,根据上述资料,对有可能出险的河段进行初步判断,并制订相应的措施。举办由防汛指挥人员、防汛指挥成员单位负责人参加的防汛抢险技术研讨班,重点学习和研讨防汛责任制、水文气象知识、防汛抢险预案、防洪工程基本情况、抗汛抢险技术知识等,使防汛抢险指挥人员能够科学决策,指挥得当。要对专业抢险队伍和群众队伍进行技术培训,请有实践经验的专家传授抢险技术,并通过实战演习和抢险实践提高抢险技术水平。对专业抢险队的干部和队员,每年汛前要举办抢险技术学习班,进行轮训,集中学习防汛抢险知识,并进行模拟演习,利用旧堤、旧坝或其他适合的地形条件进行实际操作演练,增强抗洪抢险实战能力。对群防队伍一般采取举办短期培训班或到村宣传防汛抢险常识,并辅以抢险挂图和模型、幻灯片、看录像等方式进行直观教学,便于群众领会掌握。

四、防汛队伍组织

防洪工程是抗御洪水的屏障,但为了取得防汛抢险斗争的胜利,必须要有坚强有力的防汛抢险队伍。长期与洪水灾害斗争的经验教训告诉人们,每年汛前必须组织好人员精干、组织严密、责任分明的防汛抢险队伍。

防汛抢险队伍的组建要坚持专业队伍与群众队伍相结合,实行军、警、民联防。做到组织严密、调度灵活、听从指挥、服从命令、行动迅速,并建立技术培训、抢险演练制度。达到"召之即来,来之能战,战之能胜"的目的。

五、防汛抢险物资储备

防汛物料是防汛抢险的重要物质条件,是防汛准备工作的重要内容。汛期在防洪工程发生险情时,要根据险情的种类和性质尽快选定合适的抢险材料进行抢护。这就要求抢险物料必须品种齐全,保证足够的数量,并且迅速运送到抢险现场。

每年汛前,各级防汛部门要核查防汛物料库存情况,根据防汛任务的大小,下达防汛物料储备计划,落实采购任务。汛前还要对防汛物资进行检查,检查所备防汛物料品种是否齐全,数量定额是否达标,储放分布是否合理,调运计划是否落实,料堆、库房是否安全等。汛前要对照明、救生、机械设备等进行检修和测试。对于用量多的防汛物料应采取依靠群

众就地取材的办法进行筹集和储备,或者在所辖区内的工商企业等单位筹集,但应在汛前预估可用数量,进行登记造册,制订调运计划。运送抢险物料的交通道路要保持畅通。

由于防汛抢险物料一般需求数量大,品种繁多,常用的防汛物料除由防汛部门储备外,还有相当的大宗物料需要各地因地制宜,就地定点储存。国家防总制定了《中央级防汛物资储备及其经费管理办法》,对不同地区防汛抢险物料的储备品种和数量做出了规定。近年来,各地采取地方定点储备、社会团体储备和群众储备相结合,实物储备和资金储备相结合的方式,形成了行之有效的防汛物资储备管理体制,基本满足了防汛抗洪抢险需要。

六、防汛预案修订

各级防汛指挥部门要把防汛预案编制作为防汛工作的一项重要内容,抓好落实。只有制订详尽全面、可操作性强的防洪预案,才能保证抗洪抢险工作有条不紊、忙而不乱。汛前,要根据流域内经济社会状况、工程变化等因素,对防洪预案进行全面修订完善。江河、水库、蓄滞洪区等单项工程的防洪运用方案,要随情况的变化予以补充完善,并按照有关规定分级审批执行。水库和水电站汛前要制订调度运用计划和度汛计划,确定汛期限制水位,并报上级批准实施。防汛预案制订后,要按照《防洪法》规定的权限审批,一经审批,就具有法律效力,一般不得随意改变。如有重大改变,则要上报原审批部门重新审批。对防洪预案要做好宣传教育工作,做到统一思想,统一认识。

七、防洪工程准备

汛前,各级防汛指挥机构要督促加快防洪工程建设、除险加固进度,达到安全度汛的要求。应对各类防洪设施组织检查,发现影响防洪安全的问题,责成责任单位在规定的期限内处理,不得贻误防汛抗洪工作。暂时无法处理的,要制订相应的度汛措施。要加大水行政执法力度,对破坏防洪工程设施的要依法处理。对在河道内设置行洪障碍的,要坚决清除;造成危害的,要依法追究其责任。

八、通信联络及水文测报准备

汛前,通信管理部门要组织专门力量,对防汛通信设备、网络设施等进行全面检查、保养和维修。对值机人员要组织培训,建立话务值班制度,保证汛期通信畅通。要向通信管理部门通报防汛情况,建立好联系制度,做好应急通信准备工作,保障防汛抢险现场通信。通信管理部门要做好排除汛情传递障碍,保证防汛信息畅通的各项准备。

蓄滞洪区应按照预报时限、转移方案和安全建设情况,布置配备通信报警系统。做好通信人员的培训,建立管理使用制度,防止发生破坏和不正确的使用。

汛前,应根据历史暴雨洪水记载,研究水情测报站点的布设,下达水情测报计划和委托报汛任务通知。明确暴雨、水位、流量加报标准。熟练水情拍报办法。检查测报的通信设施、传输系统、自动测报设备以及计算机收译程序等,确保传输畅通。做好暴雨、洪水预报方案的编制,做好水文考证资料、各种预报相关数据和预报图标的补充校正。

第二节　防汛检查

防汛工作的关键在于"防","防重于抢,抢重于救"。认真进行防汛检查,是提前发现和处理隐患,把不安全问题解决在大水到来之前,确保防洪安全的关键性措施。

《防汛条例》规定,各级防汛指挥部应当在汛前对各类防汛设施组织检查,发现影响防洪安全的问题,责成责任单位,在规定的期限内处理,不得贻误防汛抗洪工作。各级各部门,特别是防汛指挥机构和防洪工程管理单位,必须依法进行防汛检查。

一、检查分类

检查一般分为汛前检查、汛期检查、汛后检查三类,汛前检查是重点。检查方法是以管理单位自查为主,与主管部门核查、上级防汛部门抽查相结合。同时还要分级、分部门、分单位进行检查。

(1)分级检查。国家防总,省、市、县各级防汛指挥机构分别组织检

查。国家防总对影响大局的工程和涉及省(市、区)间的边界工程进行重点检查与指导;省防指(总)主要检查重点防洪工程,并抽查各市汛前防汛准备工作落实情况。各市、县级防指检查是对辖区工程进行全面细致的普查,并对防汛准备工作进行检查。

(2)分部门检查。主要是有防汛任务的部门对本部门、本系统的防洪自保能力进行自查。如水利、气象、交通、物资、通信、铁路、建设、国土、电力、石油等部门,根据本系统的工程特点进行检查,发现问题提前排除,力保本系统、本单位安全度汛。

(3)分单位检查。凡是有防洪保安任务的单位都要进行全面自查。如水利部门的河道、水库、堤防、涵闸等;铁路交通部门的桥涵、路基;电信管理单位的路线、设备等,都要详细认真地进行检查,及时维护保养,消除隐患,保证安全度汛。

(一)汛前检查

汛前检查的目的是发现问题,消除隐患,确保防洪工程设施汛前安全运行,保障安全度汛。汛前,各级防汛指挥部门要及早发出通知,对各级、各部门汛前大检查工作提出具体要求,自下而上组织汛前大检查,发现影响防洪安全的问题,责成责任单位在规定的期限内处理,不得贻误防汛抗洪工作。

在汛前检查过程中,要制定检查工作制度,实行检查工作登记表制度,落实检查人和被检查人的责任。对检查中发现的问题,将任务和责任落实到有关单位及个人,明确责任分工,限汛前完成任务,堵塞不安全漏洞,消除安全度汛隐患。

各有关部门和单位要按照防汛指挥部的统一部署,对所管辖的防洪工程设施进行汛前检查后,必须将影响防洪安全的问题和处理措施报有管辖权的防汛指挥部与上级主管部门,并按照防汛指挥部门的要求予以处理。

每年汛前各级防汛抗旱指挥部都要组织工作组,对防汛准备工作进行大检查。针对黄河流域,国家防总,黄河防总,省、市、县等各级防汛指挥机构以及水主管部门都要组织综合检查。检查的主要内容包括:水利防洪工程建设进展情况;重点水利防洪工程及水毁工程修复的质量和进度情况;防汛抢险队伍的组建与抢险技术培训情况;防汛思想准备及防汛工作部署情况;防汛信息系统、防汛通信、水文设施的运行状况;堤防、水库等防洪工程除险加固情况;各类防汛物资器材储备及防汛除险资金落实情况;各类防汛预案的修订及蓄滞洪区蓄洪安全转移预案的修改完善情况;在建水利工程的安全度汛预案制订情况、水文测报及通信预警设施运行情况等。同时,水行政主管部门还要组织进行工程普查、河势查勘、根石探测等,为拟订维修养护和应急度汛工程计划、河道整治、编制整修加固计划提供基本资料。

（二）汛期检查

为切实做好汛期安全隐患排查整治工作,防止各类责任事故发生,确保安全度汛,汛期检查分为来水前的临战检查、行洪期的昼夜巡查、行洪后的查险修复三类,目的是确保防洪工程安全运行,安全行洪。

各级水管单位对各项工程都应制定汛期安全检查制度,包括检查标准划分,检查内容,检查路线、程序、方法,责任制,交接班规定,报告制度和险情处理措施等。

汛期重点检查包括:检查应急度汛工程施工情况及计划完成进度,汛前检查所发现问题的处理情况;检查边界防洪矛盾的解决落实情况;按岗位责任制对工程进行巡查,发现问题及时报告;值班及交接班制度、报警制度落实情况等。同时,汛期发生洪水时要进行河势查勘,一般在洪峰期间和发生重大险情时进行,据以指导防汛抗洪工作。行洪后,要对各类工程设施进行检查,对水毁工程进行修复,做好下次洪水到来的准备。

（三）汛后检查

汛后检查的目的,是查清洪水工程设施的毁坏情况,为编制除险加固计划和应急度汛工程计划做好准备。

汛后,基层水管理单位应按有关规定对防洪工程进行全面检查,要填写定期检查记录,写出报告报上级主管部门,并对防洪工程及其设施进行定期检查。重点堤段的检查,必要时可请上级主管部门派人员参加。汛后和洪峰后应着重检查工程变化和损坏情况,据以拟订工程水毁修复计划。一般来讲,定期检查主要采取工程普查、河势查勘、根石探测等方式进行。

二、防洪工程检查

防洪工程检查主要是掌握工程防洪能力,为除险加固和制订防守方案,提供翔实的材料,检查的对象主要有堤防、河道、水闸以及蓄滞洪区等。

(一)堤防检查

堤防是抗御洪水的主要设施。但是,堤防工程受大自然和人类活动的影响,工作状态和抗洪能力都会有不断的变化,出现一些新的情况,若汛前未能及时发现和处理,一旦汛期情况突变,往往会措手不及造成被动局面。因此,每年汛前对所有堤防工程必须进行全面的检查。对于影响安全的问题,要制订度汛措施和处理方案,务必使工程保持良好状态投入汛期运用。堤防工程重要程度不同,防洪设计标准、结构性能及工作条件也不相同,应针对每段堤防情况,具体分析,认真检查。堤防的主要检查内容如下。

1. 堤防的类别及要求

堤防工程大多为土或土石混合堤防,具有就地取材、修筑简易的特点,发挥着约束水流和抗御洪水、风浪侵袭等重要作用。但是由于堤防战线长,经常暴露于野外,受风蚀雨淋,虫兽危害,极易发生破坏,甚至汛期还可能导致溃堤事故,有"千里之堤,溃于蚁穴"之虑。因此,对堤防的防汛任务和工程结构要有明确的要求。

1)堤防的类别

堤防工程按其修筑的位置不同,分为河堤、江堤、湖堤、海堤以及水库、蓄滞洪区堤防等;按其功能可分为干堤、支堤、子堤、遥堤、隔堤、行洪堤、防潮堤、围堤、防浪堤等;按其建筑材料可分为土堤、石堤、土石混合堤和混凝土防洪墙等;按其管理状况可分为设防大堤和不设防大堤等。

2)堤防的基本要求

(1)防汛水位。每段堤防工程应根据防洪规划和堤防工程现状,确定防汛水位。防汛水位一般分为三级:

警戒水位:是根据堤防质量以及历年防汛情况确定的。到达该水位,要进行防汛动员,进行巡堤查险。

保证水位:又叫设计防洪水位。是指防洪工程所能保证安全泄洪流

量相应的水位。接近或达到该水位时,防汛进入全面紧(危)急状态。

设防水位:为确保堤基和滩区安全,当水位漫滩以后,堤防开始临水时的水位确定为设防水位。到达该水位时,要做好防汛准备。

(2)安全超高。堤防在保证水位或设计洪水位以上要有足够的安全超高,安全超高除考虑风浪爬高外,还要有一定的富余。

(3)稳定和安全要求。堤防工程汛期高水位时,一般背水堤坡不应出现渗水,或虽有渗透现象,但不得发生流土或管涌;洪水期间,一般水流速度和水位骤降的情况下,临水堤坡不致发生坍塌险情;要符合堤坡稳定和渗流稳定的要求;堤身土体应密实,不得有塌陷、断裂、缝隙等隐患;堤防工程顶部要有足够的宽度,应当满足车辆通行和防汛抢险的需要;堤线应与河势流向相适应,并与大洪水的主流大致平行,应力求平顺,各堤段平缓连接,不得用折线和急弯。

2. 检查的主要内容

1)堤防外部检查

堤身表面应保持完整,管护范围内的各项设施、标牌、界桩等应完好无损。检查时应着重检查堤防工程变化情况,主要检查堤身有无雨淋沟、浪窝、滑坡、裂缝、塌坑、洞穴,有无害堤动物的活动痕迹;有无人为取土、挖窑、埋坑、开挖道口、穿堤管线等;堤岸有无坍塌;护岸护坡、险工坝段块石有无松动、脱落、淘刷、架空、断裂等现象;植物护坡是否完好,有无妨碍巡堤查险的高秆杂草等;护堤林木有无损失;防汛料物是否齐备,土牛、料场、料堆等是否符合储备定额要求;河势有无改变,对堤防险工、护岸有无影响;沿堤设施有无损坏等。

2)堤身断面检查

堤身断面主要检查堤顶高程是否达到设计防洪水位的要求;堤防的安全超高是否符合设计标准要求;根据堤身、堤基土质和洪水涨落持续时间,检查堤身断面是否符合边坡稳定和渗透安全要求;检查堤顶宽度是否满足通行和防汛抗洪的需要;河床有无冲淤变化,实测水位、流量关系与设计水位、流量关系是否相符等。

3)堤身隐患检查

堤身隐患严重削弱堤防抗洪能力,是汛期工程出险的主要原因,因此不论是汛前检查,还是平时的管理养护,都应把它作为检查的重点。主要

检查有无动物破坏,如獾、狐、鼠、蛇等动物的洞穴;堤内有无因树根、树干、桩木等年久腐烂形成的空隙;有没有施工时处理不当埋在堤身内的排水沟、暗管、废井、坟墓等;有无因施工时局部夯压不实,或填有冻土、硬土块经固结和蛰陷形成的暗隙;堤身有无裂缝,一般应注意检查修筑时夯压不均匀处、分界处和新旧堤接合部位有无裂缝,或者因干缩、湿陷和不均匀沉陷而产生的裂缝等。

4)堤防渗流检查

堤防工程的堤身和堤基都有一定的透水性,但由于堤线长、洪水期短、防水工程量大等原因,不能对堤防工程全部进行防渗处理,汛期发生水流浸润堤防是普遍现象,甚至还会出现渗水、流土、管涌、脱坡等险情。汛前应着重检查以下几方面:检查以往汛期发生渗漏的记载,是否进行了处理,分析渗漏发展与水位的关系,确定渗漏部位,仔细查找渗漏产生的原因;检查了解过去渗水的混浊情况和渗水出口的水流状况;检查沿堤两侧有无水塘、取土坑、潭坑等穿透覆盖层的情况;检查堤防附近有无打井、锥探、挖掘坑道等情况;检查穿堤建筑物周边有无蛰陷、开裂、上下游水头差增大等情况;检查建在强透水层上的堤防工程为防止渗漏破坏而修建的防渗、导渗和减压工程设施有无损坏等。

3. 检查的主要方法

检查除沿堤实地察看,如用眼看、耳听、手摸、脚踩等直觉方法,或辅以锤、钎、钢卷尺等简单工具对工程表面和异常现象进行检查外,还应采取一些简易的探测方法,尽早发现和消除险情,以达到确保堤防安全的目的。常用的检查方法如下。

1)高程测量

对堤顶高程定期进行水准测量,发现高程不足标准,应检查分析原因。如因为堤身正常固结、沉陷而降低的,应当培修加高;因堤基变动或堤身受外力作用引起的,应进行观察分析,制订处理方案,未处理前要加强防守。

2)人工锥探

这是一种处理堤身隐患的简便方法,也是加固堤防工程的一项有效措施,还可以查找堤身隐患。做法是用直径12~19 mm、长6~10 m的优质圆钢钢锥,锥头加工成上面为圆形,尖端为四瓣或五瓣(见图3-1),由4

人操作,自堤顶或堤坡至堤基,根据锥头前进的速度、声音或感觉,判断出锥孔所遇土质、石块、树根、腐木以及裂缝、空洞等。在锥探中,也可以对照向锥孔内灌细沙、泥浆量多少来验证,必要时可以重点进行开挖检查。

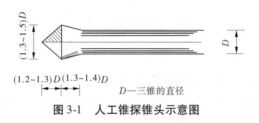

图 3-1　人工锥探锥头示意图

3)机械锥探

机械锥探是用打锥机代替人力,所用锥杆较人力用的杆粗,锥头直径为 30 mm,锥杆直径 22 mm,锥探方法有压挤法、锤击法、冲击法三种。锥探的孔眼布置要适当,有的孔眼排成孔距 0.5 ~ 1.0 m 的梅花型。机械锥探判别堤身有无隐患,要在锥孔中利用灌浆或灌水发现。有关锥探灌浆的详细资料请参阅相关文献。

4)堤防隐患探测仪探测

山东黄河河务局在总结多年堤防隐患探测技术的基础上,应用电法探测技术,结合电子、计算机技术,在不断进行研究总结的基础上,研制成功了 ZDT－Ⅰ型集单片计算机、发射机、接收机和多电极切换器于一体的高性能、多功能的新一代智能堤防隐患探测仪。该仪器可以现场打印测量结果,可以广泛应用于江河、水库堤坝工程质量的普查、隐患和漏水探测,具有显著的社会效益和广阔的应用前景。有关堤防隐患探测技术的详细资料请参阅相关文献。

(二)河道检查

充分发挥河道泄洪能力是防止洪水灾害的重要措施,为此对河道治理要力争顺应河势,巩固堤岸,彻底清除行洪障碍,尽可能保持河道稳定,以提高河道泄洪能力。但因河道受自然因素影响较多,变化较难预测,只有经常巡查,查找存在的问题,才能进行处理和加强防守,做到安全度汛。

1.河道的形态分类

河道基本分为以下三类。

1）蜿蜒型河道

蜿蜒型河道的流域条件十分广阔，平面形状由正反向的曲率弯道和介于其间的过渡段相连，形成 S 形，基本河槽多为窄深断面，宽深比较小。在弯道上游的过渡段上，主流线偏靠凸岸，在弯顶部位主流线偏靠凹岸，主流线的位置变化常表现为"低水傍岸，高水居中"，或者是"小水坐弯，大水取直"。

2）游荡型河道

游荡型河道在较长河段内宽窄相间，在窄段水流集中，宽段出现沙滩和河汊，河床变化快，主流摆动不定，河势极不稳定。河道断面一般比较宽浅，滩槽高差较小，宽深比值较大。

3）分汊型河道

河道分汊多由于水流进入宽河段因泥沙堆积而引起，分汊型河道内江心洲较多，外形复杂，不同河段的断面、流量、输沙量以及边界条件等因素变化很大。河床在分汊入口处常形成倒坡，水面壅高，形成横比降和环流，在分汊出口处的汇流区形成小的漩涡。

2. 河道整治工程类型

河道整治工程是为控导主流、控制河势所修建的坝、垛、护岸工程。充分发挥河道泄洪能力是防止洪水灾害的重要措施，为此对河道治理要力争顺应河势，巩固堤岸，彻底清除泄洪障碍，尽可能保持河道稳定，以提高河道的泄洪能力。

1）坝

坝是指以土石为主要材料修筑，用以抵御水流的一种水工建筑物。因其从堤身或河岸伸出，在平面上与堤防或河岸线构成丁字形，亦称丁坝。一般修建在堤防或河岸上，具有顺溜、托溜、挑溜等作用。黄河下游的坝起初为秸埽坝，人民治黄以来逐步改为石坝。石坝的结构由土坝基、护坡和护根三部分组成。护坡主要有乱石、扣石、砌石三种形式（见图 3-2）。

2）垛

垛是一种短坝，轴线长度一般 10～20 m，个别为 30 m，间距 30～80 m。平面外形除丁字形外，还有人字形、磨盘形、鱼鳞形等多种。对来溜方向适应性强，对水流干扰小，适用于工程上段、高滩岸防护或长坝坝挡

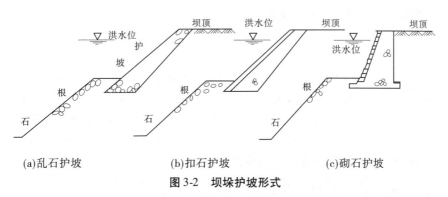

(a)乱石护坡　　　　　(b)扣石护坡　　　　　(c)砌石护坡

图3-2　坝垛护坡形式

间和长坝迎水面后尾等处。山东黄河艾山以下也常称垛为堆,如石堆、柳石堆。

3)护岸

护岸简称岸,是顺堤线或河岸所修筑的防护工程。裹护断面结构与坝垛相同,按其修筑方式不同主要有乱石、扣石、砌石三种。一般修在两坝(垛)之间,用以防御正溜、回溜冲刷。单位为段,可以连续数段修筑。

3.河道检查的主要内容

1)河势检查

河势是河道内水流平面形态变化的表现,它的变化规律反映河道的稳定与不稳定。预测河势发展,掌握防守重点,对指导防汛是非常必要的。汛前河势检查,主要是检查河道内水流平面形态变化的表现,并对照本河段不同时期的观测结果,进行分析,找出不同水位流量发展趋势。

河势检查重点:

(1)主溜线(又称水流动力轴线)位置。主溜线是水流沿程各断面最大垂直流速的连线,它的位置变动最能代表河道河势的变化。一般河道的主溜线在弯道进口段偏靠凸岸,进入弯道后逐渐转向凹岸,至弯顶部位距岸边最近,而后再转移出去。河道主溜线有大水趋中、小水傍岸的明显规律。要检查主溜线位置变化是否正常,是否与河道险工、控导工程相吻合,河道整治工程控制点有无变化,有无新发生坐弯出险趋势。

(2)河湾段的顶冲点位置。一般河道主溜线和最大水深线均靠近弯顶附近,此点即所谓顶冲点,附近常布设防御护岸工程。顶冲点随流量的变化常具有上提下挫的规律,一般是小水上提,大水下移。另外,顶冲点

49

与河道弯曲率有关,如形成急弯,低水位时也将出现下移,可能发生河势变化。所以,要检查顶冲点位置有无变动,水流出流方向是否与弯道保持吻合。

(3)河道各部位的冲淤变化。泥沙与河床在运动中常互相转换,水流中的泥沙沉积后形成河床的一部分,当河床的泥沙被水流挟起后又形成水流的一部分,这种水流输沙的不平衡是促使河道演变的根本原因。一般情况下凹岸流速大易冲刷,凸岸底层流速小易落淤,有的是大水冲、小水淤。对照各个河段以往的冲淤变化规律,检查有无异常变化。

(4)串沟、汊河、新滩的变化。河道自然形成的河汊、串沟、新滩等分布是河道形态的组成部分,其位置的变化、范围的大小以及分流比例的改变,对河势变化会有很大影响,汛前要逐个进行检查。

2)河道整治工程检查

河道水流和河床相互作用过程中,常发生坍塌坐弯冲刷现象,汛前应对河道整治工程进行检查,主要检查以下几个方面:

(1)工程外观检查。检查坝、垛、护岸等有无开裂、蛰陷、松动、架空等现象,顶部有无蛰陷下沉,铅丝笼有无锈蚀断筋,埽体有无霉腐等。

(2)根石、基础探测。检查坝岸的根石及基础有无淘刷、走失、下沉等。修建坝岸防护后,水流不能直接冲蚀河岸,反而从近岸河底取得泥沙补给,将河床冲深,岸坡变陡,这是形成根基破坏的起因,检查时要用摸水杆、铅鱼、超声波探测仪等进行水下根石探测,摸清情况。

(3)根石、护坡稳定性检查。坝岸的稳定性对汛期保护堤岸安全十分重要,一般控制稳定的标准主要是坦石坡度、厚度、冲刷坑深度等,可有重点地进行计算。

(4)坝岸附近水流流态检查。坝岸工程建成后,不同程度地改变了近岸河床的边界条件,引起近岸水流流态的变化,这些变化规律应当符合修建时的设计要求。如平顺护岸对水流流态无显著的影响,只是凹岸深槽加深,坝前流速随之加大。坝垛附近水流一般有三个回流区,即在坝头形成集中绕流的主流区,坝上游形成回流,坝下游形成较长的回流区。汛前应检查坝岸附近的水流流态有无异常变化,如有变化,要分析产生的原因。

3）河道阻水障碍检查

河道内的阻水障碍物是降低河道排洪能力的主要原因,要通过清障检查,查找阻水障碍,核算阻水程度,制订清障标准和清障实施计划,按照"谁设障、谁清除"的原则进行清除。清障检查的主要内容为:

(1)检查河道滩地内有无片林,影响过水能力计算应从过水断面中扣除片林所占的面积,对于不连续的分散片林,可求出影响过水的平均树障宽度。

(2)检查河道内有无修建生产堤、建房和堆积垃圾、废渣、废料,造成缩窄河道,减小行洪断面,抬高洪水位。

(3)计算障碍物对行洪断面的影响程度,将有障碍物的河道水面线与原水面线进行比较。

(4)检查河道内的生产堤、路基、渠堤、浮桥等有无阻水现象。这种横拦阻水不仅壅高水位,降低泄洪能力,而且促使泥沙沉积,抬高河床。

(5)检查河道上的桥梁墩台、码头等有无阻水现象。有些河道上桥梁、码头的阻水壅水现象很突出,由于壅高水位,不仅降低河道的防洪标准,而且过洪时也威胁桥梁、码头的安全。

(6)检查河道糙率有无变化。黄河河道是复式河床,滩地一般都有茂密的植物生长,使糙率变大,影响过洪流量。

另外,河口淤积使河道比降变缓,以及码头、栈桥、引水口附近的河势变化等,都是影响河道泄洪的因素,在检查中都应予以注意。

(三)水闸工程检查

水闸是建设在河道堤防上的一种低水头挡水建筑物、泄水工程,边界条件复杂,有其自身的安全问题,同时还关系到河道堤防的防洪安全。因此,汛前应结合河道堤防一并进行检查。检查的主要内容如下。

1.水力条件检查

水闸的运用主要是上下游水位的组合,要对照设计检查上下游河道水流形态有无变化,河床有无冲刷或淤积;检查闸门开启程序是否符合下游冲水抬升的条件和稳定水流的间隙时间要求;按照水闸下游尾水位变化的要求,检查闸门同步开启或间隙开启后下游水流流态是否满足要求,有无水闸启闭控制程序等。

2. 涵闸沉陷测量

建于平原地区的水闸地基多为较松软的土基,承载力小,压缩性大,在水闸自重与外荷载作用下将会产生沉陷或不均匀沉陷,导致闸室或翼墙等下沉、倾斜,甚至引起结构断裂而不能正常工作。因此,汛前要对涵闸进行沉陷测量,确保汛期涵闸正常运行。

3. 闸身稳定检查

水闸受水平和垂直外力作用产生变形,应检查闸室的抗滑稳定性。检查闸室渗透压力和绕渗是否符合设计规定;为消减渗透压力设置的铺盖、止水、截渗墙、排水等设施是否完好;两岸绕渗薄弱部位有无渗透变形;闸室有无冲蚀、管涌等破坏现象等。

4. 消能设施检查

水闸下游容易发生冲刷,要根据过闸水流流态观测,对照检查水闸消能设施是否完好,消能是否正常。检查下游护坦、防冲槽有无冲失,过闸水流是否均匀扩散,下游河道岸坡和河床有无冲刷等。

5. 建筑物检查

土工部分包括附近堤防、河岸、翼墙和挡土墙后的填土、辅道路口等,检查有无雨淋沟、浪窝、塌陷、滑坡、动物洞穴、蚁穴以及人为破坏等现象;石工部分包括岸墙、翼墙、挡土墙、闸墩、护坡等,检查石料有无风化,浆砌石有无裂缝、脱落、异常渗水现象,排水设施是否正常,伸缩缝是否正常,上下游石护坡是否松动、坍塌、淘空等;水闸多为混凝土或钢筋混凝土建筑,在运行中容易产生结构破坏和材料强度降低等问题,应检查混凝土表面有无磨损、剥落、冻蚀、碳化、裂缝、渗漏、钢筋外漏锈蚀等现象;建筑物有无不均匀沉陷,伸缩缝有无异常变化,止水缝填料有无流失,支撑部位有无裂缝,交通桥和工作桥有无损坏现象等。

6. 闸门检查

钢闸门的面板,有无锈穿、焊缝开裂现象,格梁有无锈蚀、变形,混凝土面板有无破损、裂缝、钢筋锈蚀等,支撑滑道的端柱是否平顺,侧轮、端轮和弹性固定装置是否转动灵活,止水装置是否吻合,移动部件和埋设部件是否合格,有无漏水现象;对支铰部位,包括牛腿、铰座、埋设构件等,检查支臂是否完好,螺栓、铆钉、焊缝有无松动,墩座混凝土有无裂缝;对起吊装置,检查钢丝绳有无锈蚀、脱油、断丝,螺杆、连杆有无松动、变形,吊

点是否牢固,锁定装置是否正常等。

7. 启闭机械检查

水闸所用启闭设备,多是卷扬式起重机或螺旋式起重机,其特点是速度慢,起重能力大。主要检查内容有:闸门运行极端位置的切换开关是否正常,启闭机起吊高度指示器是否正确;启闭机减速装置,各部位轴承、轴套有无磨损和异常响动;当荷载超过设计起重容量时,切断保安设备是否可靠,继电器工作是否正常;所有机械零件的运转表面和齿轮咬合部位应保持润滑,润滑油盒油料是否充满;移动式启闭机的导轨、固定装置是否正常,挂钩和操作装置是否灵活可靠;螺杆式启闭机的地脚螺旋是否牢固等。

8. 动力检查

电动机出力是否符合最大安全牵引力要求;备用电源并入和切断是否正常,有无备用投入使用的操作制度;检查配电柜的仪表是否正常,避雷设备是否正常等。

(四)蓄滞洪区检查

蓄滞洪区是防洪体系的重要组成部分,是牺牲局部、保护全局、减轻洪水灾害的有效措施。为了保障蓄滞洪区内群众安全,顺利运用蓄滞洪区,除按规划逐步进行安全建设和加强管理外,汛前要着重检查落实各项安全措施准备情况。黄河滩区汛前也要参照蓄滞洪区进行检查。检查的主要内容如下。

1. 蓄滞洪区管理检查

检查蓄滞洪区管理系统是否健全,蓄滞洪区的运用方案和避洪方案是否确立,分蓄洪水位、蓄水量、受淹面积、水深以及持续时间等有无变化,受淹人口的分布是否查实,蓄洪安全宣传是否做到家喻户晓,有无洪水演进数值模拟显示图表;检查蓄滞洪区的农业生产结构和作物种植是否适应蓄洪要求,有无经营农副业生产;检查蓄滞洪区内的机关、学校、商店、医院等单位有无避洪措施,蓄滞洪后的粮食、商品供应和医疗组织是否做好安排,工厂、油田、粮站、仓库等单位有无防洪安全设施,蓄滞洪区内有无存放有毒和严重污染的物资,如有,是否已做了妥善处理。

2. 就地避洪设施检查

检查围村堰、村台、安全房等避洪设施的高程是否符合蓄洪水位的要

求,是否留有足够的防风浪高度和超高;围村堰有无隐患,路口有无损坏、是否有雨淋沟破坏等,临水堤坡有无防风浪设施,堰内有无排水设备,管理养护、防守组织是否建立;村台、避水台周边护坡及排水设施是否完整,有无冲刷坍塌,台边的挡水埝、防浪墙有无断裂、倒塌现象;检查平顶房、避水台等顶高程是否符合要求,基础、墙体等有无裂缝、下沉、倾斜等现象。

3. 撤离转移措施检查

检查撤退道路是否连通,转移方向、路径是否安排合理,撤离所经的桥梁是否满足要求;检查撤退转移所需的车辆、船只有无准备,撤离的时间是否满足洪水演进的要求;检查撤退人员的安全准备工作,安置对口村庄住户是否落实,有关生活、医疗、供应等是否做好准备。

4. 通信和报警设施检查

蓄滞洪区各级通信系统是否开通,无线通信频道是否落实,蓄滞洪的预报方案是否制订,测报分洪水位、流量、水量和控制分洪时间的部署是否明确。是否建立警报系统,各种警报信号的管理、发布是否有明确规定。

5. 群众紧急救生措施检查

蓄滞洪区内除按规划建设的各项安全设施外,每户居民还应有自身的紧急救生措施,如临时扎排、搭架、上树等。要检查紧急救生措施是否落实到户、到人,是否已逐户登记造册,搭架的木料、绑扎材料等是否齐备,检查防汛部门为紧急救生储备的各种救生设备是否完好,使用时是否安全可靠,有无运输、投放准备。

6. 运用准备检查

检查是否做好蓄滞洪的运用方案和实施调度程序,有无进行各类洪水演进数值模拟演算,有无风险分析的成果和组织指导撤退程序;检查分洪口门和进洪闸的开启准备,有闸门控制的要检查闸门的启闭是否灵活,无控制的要落实口门爆破方案和过水后的控制措施;检查蓄滞洪后的巡回救援准备工作,蓄滞洪后有无与区内留守指挥人员的通信联系设备,有无蓄滞洪后巡回检查所需的水上交通工具,有无灾情核实与反馈制度等;检查有无治安保卫措施。

三、防洪非工程措施检查

防洪非工程主要检查思想、机构、组织、物资、措施以及通信预警工程等是否落实。

（1）思想落实。主要检查各级各部门对防汛工作的认识，是否存在麻痹、松懈思想和畏难情绪；是否进行了防汛动员、宣传教育工作。

（2）机构落实。主要检查防汛指挥机构的建立健全情况；如有人员变动，新到位的防汛人员对防汛工作的熟悉程度、工作条件、指挥手段以及存在的问题。

（3）组织落实。主要检查以行政首长负责制为核心的防汛责任分工、各项防汛责任制的落实情况，是否责任到人，责任人是否按照责任分工履行了应尽的职责，帮助解决处理了哪些难点、重点问题；防洪工程管理机构和防汛抢险组织是否健全，抢险队伍任务、职责、目标是否明确；防汛机构各种规章制度是否建立完善，是否具备处理突发汛情的应变能力。

（4）物资落实。主要检查各级物资储备情况，包括对常备物料、储备物料数量、品种及质量等要有针对性地进行检查，河道堤防抢险物料是否储备到位，抢险时如何调运，是否有专人专管，责任到人。

（5）措施落实。主要检查各种防汛预案编制落实情况，可操作性如何。按照预案能否指挥防汛抢险、物资调配、信息传递等。各险工险段应急度汛措施是否落实。

（6）通信预警工程落实。主要检查各级防汛指挥部、各大中型水库、闸涵通信是否畅通，各报汛站能否按规定时间报汛，各预警系统能否及时发布警告等。

四、检查要求

汛期堤防、坝岸、水闸险情的发生和发展，都有一个从无到有、由小到大的变化过程，只要发现及时，抢护措施得当，即可将其消灭在早期，化险为夷。检查是防汛抢险中一项极为重要的工作，切不可掉以轻心，疏忽大意。具体要求如下：

（1）必须挑选熟悉工程情况、责任心强、有防汛抢险经验的人担任检查人员。

（2）检查人员力求固定，整个汛期不变。

（3）检查工作要做到统一领导，分项负责。要具体确定检查内容、路线及检查时间（或次数），任务落实到人。

（4）当发生暴雨、台风、地震、水位骤升骤降及持续高水位或发现有异常现象时，应增加检查次数，必要时应对可能出现重大险情的部位实行昼夜连续监视。

（5）检查时应带好必要的辅助工具和记录簿、笔。检查情况和发现的问题应当记录，并分析原因，必要时要写出专题报告，有关资料应存档备查。

（6）检查路线上的道路应符合安全要求。

第四章　预案编制与法规建设

第一节　防汛预案编制

洪水是一种自然灾害,无法抗拒,但可以通过制定事前、事中的过程控制程序加以预防。防汛预案就是防御江河洪水灾害、山地灾害（山洪、泥石流、滑坡等）、台风暴潮灾害、冰凌洪水灾害以及突发性洪水灾害等方案的统称,是在现有工程设施条件下,针对可能发生的各类洪水灾害而预先制订的防御方案、对策和措施。防汛预案是各级防汛指挥部门实施指挥决策和防洪调度、抢险救灾的依据。防汛预案也称防洪预案、防洪方案、防御洪水方案等。

一、编制防汛预案的必要性

我国地域辽阔,自然地理、气候条件复杂,是世界上洪涝灾害最严重的国家之一。我国位于亚洲季风气候区,降雨时空分布严重不均,东部地区夏秋季多暴雨洪水,台风活动频繁,长江、黄河、海河、淮河、松花江、辽河和珠江等7大江河中下游平原地区均受洪水威胁,台风暴潮的影响也波及整个沿海地区。上述地区均是我国经济发达地区。新中国成立以来,在党和政府的领导下,对江河湖泊进行了大规模的治理,修筑了堤防,加固了水库,修建了水闸,建设了滞洪区,初步形成了防洪工程体系。但从总体来讲,防洪标准仍然比较低,仅能防御常遇洪水,对于大洪水和特大洪水还不能有效控制。大江、大河、大湖洪水仍是我国的心腹之患。目前,大江、大河、大湖现有防洪工程除黄河小浪底水库建成后达1 000年一遇洪水外,一般只能防御20~30年一遇洪水。

中小河流的防洪标准则更低,一般不足20年一遇或者更低。全国有70%的城市防洪能力低于国家规定的标准,甚至有的城市没有防洪工程,不设防。另外,由于投入不足,工程老化失修严重,导致病险工程多,隐患

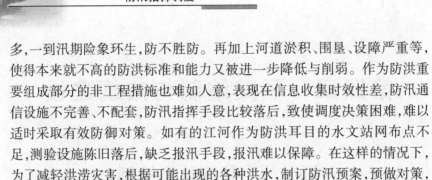

多，一到汛期险象环生，防不胜防。再加上河道淤积、围垦、设障严重等，使得本来就不高的防洪标准和能力又被进一步降低与削弱。作为防洪重要组成部分的非工程措施也难如人意，表现在信息收集时效性差，防汛通信设施不完善、不配套，防汛指挥手段比较落后，致使调度决策困难，难以适时采取有效防御对策。如有的江河作为防洪耳目的水文站网布点不足，测验设施陈旧落后，缺乏报汛手段，报汛难以保障。在这样的情况下，为了减轻洪涝灾害，根据可能出现的各种洪水，制订防汛预案，预做对策，十分必要。

制订防汛预案，可以进一步明确各级各部门的防汛任务和职责，调动各级各部门的积极性，使其各司其职，各尽其责，既做好本身的防汛工作，又加强相互间的协作配合，做好全局防汛工作。

制订防汛预案，便于指挥调度。干部轮岗、交流、换届等，再加上有的地方已几十年没来大水，使得目前防洪一线的指挥和防守人员新手多，很多人没有经历过大洪水，没有经验。有了预案，可以迅速进入角色，届时按照分工，上岗到位，统一指挥，分头行动；有了预案可以尽快熟悉指挥操作流程，做到心中有数，增加抗洪抢险救灾工作的计划性、条理性和连贯性，有利于提高指挥决策的科学性、合理性。

制订防汛预案，也是动员各行各业和广大军民投入防洪的过程，可以提高全民和整个社会的防洪减灾意识。

制订防汛预案，可以把防洪工程措施和非工程措施有机地结合起来，不仅使河道、堤防、水库、水闸、分蓄洪区、湖泊等诸多工程的功能得到充分发挥，而且进一步健全防御体系，使防洪系统发挥整体最优作用。

防洪斗争的长期实践和无数事实证明，有了预案，可对抗洪抢险救灾工作进行适时有效地调度和科学果断地决策，减少灾害损失，反之临时应急，措施不当，就会贻误战机。因此，制订防汛预案是非常必要的。

二、防汛预案的重要法律地位

在《防洪法》《防汛条例》等国家和地方的防汛法规中，对防汛预案的编制主体、批准程序、地位作用以及法律责任都作了明确的规定。因此，防汛预案具有重要的法律地位。

有关法规明确规定：防汛预案由有防汛抗洪任务的县级以上地方人

民政府根据流域综合规划、防汛专业规划、防汛工程的现状和国家规定的防洪标准制定;各级防汛指挥机构和承担防汛抗洪任务的部门和单位,必须根据防汛预案做好防汛抗洪准备工作;防御洪水方案经批准后,有关地方人民政府必须执行;水行政主管部门应当根据防汛预案的要求,制订防汛工程设施的运行方案;各级防汛指挥机构、有防汛任务的部门和单位应当按照防汛预案的规定及时组织抢险救灾;各级防汛指挥机构应当按照防汛预案储备防汛抢险物资,并组织有防汛任务的部门和单位做好防汛抢险物资的储备工作。

拒不执行防汛预案的法律责任是:构成犯罪的,依法追究刑事责任;尚不构成犯罪的,给予行政处分。

防汛预案在防汛法规中的明确而重要的法律地位,为防汛预案的编制、执行提供了有力的法律保障。

三、防汛预案的编制原则和要求

国家防汛抗旱总指挥部办公室在 1996 年印发了《防汛预案编制要点(试行)》(办河〔1996〕26 号),对编制防汛预案应该遵循的基本原则、编制范围和审批权限以及编制的内容进行了详细规定。

(一)编制防汛预案应遵循的基本原则

编制防汛预案应遵循的基本原则是:贯彻行政首长防汛负责制;以防为主,防抢结合;全面部署,保证重点;统一指挥,统一调度;服从大局,团结抗洪;工程措施和非工程措施相结合;尽可能调动全社会积极因素。

各省(自治区、直辖市)、市、县的省长、市长、县长对所辖区的防汛预案实施负总责。

防汛有关的各部门既要做好本部门的防汛工作,又要按照各级防汛指挥部的统一部署和《防汛条例》的有关规定,各司其职,各负其责,做好防汛预案中规定的准备和实施工作。

防汛预案应密切结合防洪工程现状、社会经济情况,因地制宜地进行编制,并在实施过程中根据情况的变化不断进行修订。

防汛预案应具有实用性和可操作性。

(二)编制范围和审批权限

根据《防汛条例》第十一条的规定,有防汛任务的县级以上人民政府

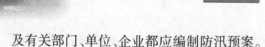

及有关部门、单位、企业都应编制防汛预案。

长江、黄河、淮河、海河重要河段的防御洪水调度方案,由国家防汛抗旱总指挥部制订,报国务院批准。跨省、自治区、直辖市的其他江河的防汛预案,其所辖河段由有关省、自治区、直辖市人民政府制订,经所在流域机构审查协调,必要时报国家防汛抗旱总指挥部批准。跨地、县、市的江河防汛预案,由省(自治区、直辖市)防汛抗旱指挥部或其授权的单位组织制订,报省(自治区、直辖市)人民政府或其授权的部门批准。企业、部门、单位的防汛预案,在征得其所在地水行政主管部门同意后,报上级主管部门批准。

防汛预案编制后,应每年进行一次修订,并在汛期之前完成上报和审批工作。

(三)防汛预案的实施

《防汛条例》规定,防汛预案经批准后,有关地方人民政府必须执行。

四、编制的主要内容

防汛预案按灾害形式可分为防御洪水预案、防御山地(山洪、泥石流、滑坡等)灾害预案、防御冰凌预案、防御台风暴潮灾害预案、突发灾害应急预案等。各地可根据当地存在的主要灾害种类编制一种或几种防汛预案。

一个完整的防汛预案应包括当地和防护对象基本情况的描述,防、抗、抢、救诸方面的措施,要有洪水调度方案和具体实施方案,以及方案实施所必需的保障条件等。以防御洪水预案为例,简要概述如下。

(一)概况

为方便领导决策,对流域或区域内的基本情况进行简要描述。

(1)自然地理、气象、水文特征。

(2)区内社会经济状况,如耕地、人口、城镇、重要设施、资产、产值等。

(3)洪水特征。历史大洪水情况、淹没范围、灾害损失;对防洪不利的各种类型洪水及洪水特征;各典型年不同频率设计洪水特征,洪峰水位、流量、洪量、历时等。现有防洪工程的防洪标准和能力;重点防洪保护对象及其防洪能力。

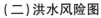

（二）洪水风险图

根据现有防洪工程的防洪标准和重点防护对象的防洪能力，对可能成灾的范围进行分析，绘制洪水风险图。

（三）洪水调度方案

根据各级典型洪水的频率、洪峰、洪量，结合现有防洪工程的防洪标准、防洪能力及调度原则，确定河道、堤防、水库、闸坝、湖泊、蓄滞洪区的调度运用方案。对水库按照防洪调度规则、操作规程和泄水建筑物的运用程序，结合上下游河道的蓄滞洪区和湖泊的洪水调度方案，制订水库的各级洪水的优化调度方案，制订分滞洪区分洪运用的具体方案及人员转移与安置方案，洪水调度要按照"以泄水为主、蓄泄兼施"的原则，合理安排洪水的蓄滞和排泄。在调度方案中既要充分发挥每个工程的作用，又要通过优化配置，有机组合，联合调度，发挥防洪工程体系和非工程措施的整体优势。

（四）防御超标准洪水方案

防洪工程的标准是一定的、有限的，对防洪标准以内的洪水要确保安全，对超过防御标准的洪水要尽可能地降低危害和减少损失。对超标准洪水，在已经充分使用了现有河道的排洪能力，水库、湖泊的调蓄能力，蓄滞洪区的分蓄能力后，还不能解除洪水威胁的情况下，要制订非常分蓄洪措施，确定应急分洪方案和人员转移安置方案，把灾害损失减至最低限度，此方案要着重分析遇超标准洪水时在何时何地分洪损失最小。

（五）突发灾害应急预案

此预案侧重于监视、预警、人员转移和应急控制措施，尽量减少人员伤亡和灾害损失，把灾害控制在有限范围。具体情况在应急预案编制中专门详述。

（六）实施方案

实施方案是指各类防洪方案在实际应用中的具体操作措施。包括暴雨洪水的监测、水文情报预报、通信预警、工程监视、防护抢险、蓄洪滞洪、人员转移安置、救灾防疫、水毁修复等，均要分别制订具体操作方案。

如蓄洪滞洪运用包括最佳分洪时机的确定、分洪方式（分洪闸或爆破口门分洪）、分洪控制等内容。对口门爆破作业方案中炸药、工具、器材的调运；爆破实施人员和组织；安全、后勤、通信、电力等保障条件；爆破

后口门的控制等都要做出具体明确的方案措施。

再如防洪工程抢险,抢险队伍、人员的组织;是否需要动用部队抢险;抢险物料的储存、调运方式和路线;各种险情的不同抢险对策等,都要事先确定,以防届时有人无料,有料无人,或不知如何抢护。

(七)保障措施

为了使上述调度方案和实施方案能顺利实施,必须有一定的保障条件和措施,主要应包括以下几点:

行政首长职责,各部门防洪职责,防汛岗位责任制,技术责任制,防汛指挥机构及必要的指挥手段和条件,防汛抢险队伍,防汛料物储备,紧急情况下对车船等运输工具、料物等临时征用的权利,对道路、航道的强行管制乃至对灾区实施紧急状态等,都要予以明确规定,予以必要的保障。

防御山地灾害、台风暴潮灾害、冰凌等预案可参照防御洪水预案进行编制,其防御措施和对策应以监视、预报、预警、避险为主,辅以其他措施。

五、预案编制的要求

(一)编制的真实性

防汛预案的编制是以现有工程设施条件为前提的,也就是说,是以现有工程标准为基础的,只有这个前提真实有效,编制出的预案才能真正发挥作用,才能针对可能发生的各类洪水灾害进行有效防御。因此,在防汛预案的编制上要提高两个认识:一是要提高对编制防汛预案重要性的思想认识,制作预案是搞好防汛工作的重要非工程措施,思想上一定要重视,只有从思想上重视了,才能避免敷衍了事,才能避免假、大、空的预案出台;二是在技术层面上,只有确定了翔实的基础资料,才能编制出科学的预案,所以在各个细节上都要严肃认真。

(二)明确编制目标

编制防汛预案是以效益最大化为目标的,就是在洪水来临时能够有组织、有秩序地进行抢险救灾,能够有效制止次生灾害的发生、蔓延,尽可能地将洪水带来的灾害降到最低点。有明确编制目标的防汛预案,可以在保证人民生命财产安全的前提下,以最小的投入、最少的损失去保障最大的利益。在防汛预案的编制上,编制目标要科学合理,既不宜定得过高,也不宜定得过低。因为如果目标定得过高,在还没有发生险情的情况

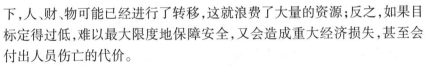

下，人、财、物可能已经进行了转移，这就浪费了大量的资源；反之，如果目标定得过低，难以最大限度地保障安全，又会造成重大经济损失，甚至会付出人员伤亡的代价。

（三）注重实用性和可操作性

防汛预案应具有实用性和可操作性，防汛预案的编制要全面考虑可能发生的各种不利因素，结合实际，从难、从严制订措施，要做到文字简练，科学合理，图文并茂，实用易懂，可操作性强。有了周密翔实、操作性强的防汛预案，一旦发生洪水，就能及时反应、迅速行动、各司其责、有条不紊、措施得当、科学调度，达到抗洪抢险胜利的目的，有效地减轻灾害损失。

（四）勤于修改

防汛预案编制完成后，应根据实际情况进行修改。对于执行中存在的问题，应不断总结经验教训，不断修改、完善、提高。只有认真进行修改，才能发挥预案作用。这是因为防洪工程每年都在进行建设或是加固，有的部位标准在不断地提高，有的部位抗洪能力会有不同程度的下降，所以每年至少要进行一次修订，并在汛期之前完成上报和审批。

第二节　应急预案编制

为做好水旱灾害突发事件防范与处置工作，努力保障抗洪抢险、抗旱救灾工作高效有序进行，最大程度地减少人员伤亡和财产损失。2005 年5 月，国务院办公厅印发了《国家防汛抗旱应急预案》，共 7 章 41 节。总括了防汛抗旱工作的体制、机制和预警、应急、保障、善后等各个主要环节，提供了分级操作的准则和规范。这标志着我国政府在应对洪涝干旱等突发自然灾害的工作进一步规范化，决策更加科学化，也是我国防汛抗旱减灾工作的一个新起点。

应急预案是防汛预案的发展，是建立应急机制的基础，本节主要介绍应急预案编制特点与山东黄河防汛抗旱应急预案编制情况。

一、建立防汛抗旱应急组织指挥体系

防汛抗旱应急组织指挥体系同防汛抗旱组织指挥体系，在此不再详述。

二、建立突发性水旱灾害的预防和预警机制

重大突发性水旱灾害主要包括：暴雨造成的江河大洪水、特大洪水，及其引发的山洪、泥石流、滑坡灾害；水库大坝、堤防溃决灾害或险情；持续特大干旱和台风暴潮等灾害。这些灾害的发生都将造成重大人员伤亡和财产损失。

(一)预防和预警在防汛抗旱应急行动中的作用

在现代社会中，面对洪水、台风暴潮的袭击，人们不仅要求保障生命财产的安全，而且要求基本保持或尽快恢复正常生产、生活秩序。面对全社会不断提高的防洪安全保障的需求，我国随着防洪抗旱减灾科技和管理水平的不断提高，已经从洪旱灾害任意肆虐到人们可以有限地防御阶段。水旱灾害虽不能杜绝消灭，但通过科学手段，有序地预防是可以减轻灾害损失的。

目前，我国已建立从中央到各流域机构、各省区及重点工程的较为完善的防汛抗旱通信网和计算机网络；雨量、水文站网整体功能在不断增强；雷达测雨、卫星遥感与遥测技术，卫星云图接收技术、卫星定位及联机实时进行预报等技术，通过常态与非常态相结合、专业预防与群测群防相结合，基本能对突发性的水旱灾害提前预测、预报和预警，给人们留有一定的预防和应对时间。目前，我国已建立了突发性水旱灾害预防和预警指挥系统，明确了各级政府、防汛抗旱指挥机构、各部门的分工与职责，再通过落实各项预案，可有序地应对各种灾害。灾害预警预报工作为最大限度地做好应对灾害的准备争取了时间，为提高公众"思危有备，有备无患"的忧患意识，减轻各种突发性水旱灾害的损失，以及对社会稳定和经济发展的影响提供了空间。

(二)预防和预警机制的主要内容

1. 预防和预警信息

(1)气象水文海洋信息。主要是指各级气象、水文、海洋部门对当地灾害性天气的监测和预报结果。

(2)工程信息。主要包括工程运行情况、出险情况等。

(3)洪涝灾情信息。灾害发生的时间、地点、范围、受灾人口以及群众财产、农林牧渔、交通运输、邮电通信、水电设施等方面的损失。

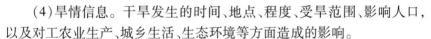

（4）旱情信息。干旱发生的时间、地点、程度、受旱范围、影响人口，以及对工农业生产、城乡生活、生态环境等方面造成的影响。

以上各项信息要根据情况及时向防汛抗旱指挥机构报告。

2.预防和预警行动

（1）预防和预警准备工作。要做好思想、组织、工程、预案、物料、通信准备以及防汛抗旱检查与防汛日常管理工作。

（2）预警种类。包括江河洪水预警、渍涝灾害预警、山洪灾害预警、台风暴潮灾害预警、蓄滞洪区预警、干旱灾害预警、供水危机预警等七种类型。

3.预警支持系统

预警支持系统。包括洪水、干旱风险图,防御洪水方案,抗旱预案等。

（三）山东省黄河防汛抗旱应急预案编制情况

山东省黄河防汛抗旱应急预案是在国家防汛抗旱应急预案编制的基础上进行了细化,增加了预警级别、预警响应及应急响应行动。

防汛抗旱预警级别由低到高划分为一般（Ⅳ级）、较重（Ⅲ级）、严重（Ⅱ级）、特别严重（Ⅰ级）四个预警级别,依次用蓝色、黄色、橙色、红色表示。针对四个预警级别设置四级预警响应,响应级别由低到高划分为蓝色预警（Ⅳ级）、黄色预警（Ⅲ级）、橙色预警（Ⅱ级）、红色预警（Ⅰ级）。

同时,对预警内容、预警发布及发布条件、预警级别的变更和预警解除进行了详细规定,见表4-1。

表4-1　山东省黄河防汛抗旱预警级别与预警响应划分标准

预警级别		预警响应	
级别	严重程度	响应	发布条件
Ⅳ级	蓝色	一般	发布蓝色预警	1.预计黄河下游发生接近警戒水位洪水或个别黄河滩区出现漫滩。 2.预计东平湖老湖水位继续上涨,接近43.0 m警戒水位,或预计大清河流量将达到3 000 m³/s。 3.预计金堤河范县站流量将达到200 m³/s时。 4.黄河防总发布含有山东区域的蓝色预警或省防总启动含有黄河受水区域相应级别的抗旱预警时。 5.其他需要发布蓝色预警的情况

续表 4-1

预警级别			预警响应
级别	严重程度	响应	发布条件
Ⅲ级	黄色	较重	发布黄色预警	1. 预计黄河花园口站发生 4 000 ~ 6 000 m³/s 洪水或局部滩区漫滩。 2. 东平湖老湖超过 43.0 m 警戒水位，预计水位继续上涨或预计大清河流量将达到 5 000 m³/s。 3. 预计金堤河范县站流量将超过 400 m³/s 时。 4. 黄河防总发布含有山东区域的黄色预警或省防总启动含有黄河受水区域相应级别的抗旱预警时。 5. 其他需要发布黄色预警的情况
Ⅱ级	橙色	严重	发布橙色预警	1. 黄河花园口站发生 6 000 ~ 10 000 m³/s 洪水或预计黄河滩区大部漫滩。 2. 预计东平湖老湖接近 44.5 m 保证水位，或预计大清河发生 7 000 m³/s 左右的洪水。 3. 黄河防总发布含有山东区域的橙色预警或省防总启动含有黄河受水区域相应级别的抗旱预警时。 4. 其他需要发布橙色预警的情况
Ⅰ级	红色	特别严重	发布红色预警	1. 预计黄河花园口站发生 10 000 m³/s 以上的洪水或黄河滩区全部漫滩。 2. 预计东平湖老湖超过 44.5 m 保证水位，或预计大清河发生超标准洪水。 3. 黄河防总发布含有山东区域的红色预警或省防总启动含有黄河受水区域相应级别的抗旱预警时。 4. 其他需要发布红色预警的情况

三、建立防汛抗旱四级应急响应机制

国家防汛抗旱四级应急响应机制的建立,进一步明确了不同等级应急响应中各级防汛抗旱指挥机构与相关部门的责任,标志着我国应急管理机制的规范化建设迈上了新的台阶,对完善我国公共安全保障体系、支撑经济社会的平稳发展具有重要的意义。

(一)洪涝、干旱灾害应急响应的特点与总体要求

(1)特定时期,实行 24 小时值班制度。任何等级的洪涝与旱灾事件,都存在着孕育、诱发、扩展、衰减、平息的过程,灾害事件可能达到的严重程度与危害范围处于动态的变化之中。何时启动何级应急响应行动,需要根据雨情、水情、工情、旱情、灾情的实时变化来加以判断。因此,进入汛期、旱期之后,各级防汛抗旱指挥机构应实行 24 小时值班制度,全程跟踪、密切监视汛情、旱情,及时对灾害等级做出准确的判断,保证适时启动相应的应急程序。

(2)水利、防洪工程分级负责调度。在严重洪涝、旱灾发生的情况下,水利、防洪工程的科学调度是战胜洪涝、旱灾的重要手段。然而,一些大型水利、防洪工程的调度,往往涉及区域之间、部门之间的利害关系。例如,水库应急泄洪,会加重下游地区的防汛压力,而超汛限蓄水,又可能加重上游库区的灾情;再如旱情紧急情况下的水量调度,不仅关系到行政区域之间的利益分配,而且涉及供水、灌溉、发电、航运、水产等多部门之间以及生态用水的矛盾协调。因此,对于关系重大的水利、防洪工程,需要由国务院和国家防总或流域防汛指挥机构负责调度;其他水利、防洪工程的调度,需由所属地方人民政府和防汛抗旱指挥机构负责,而当工程调度涉及区域之间、部门之间的利益冲突时,则需要由上一级防汛抗旱指挥机构直接调度。防总各成员单位都要按照指挥部的统一部署和职责分工开展工作,并及时报告有关的工作情况。

(3)体现"统一领导、分级管理,条块结合、以块为主"的原则。我国《防汛条例》第二十九条规定,在紧急防汛期,地方人民政府防汛指挥部必须由人民政府负责人主持工作,组织动员本地区各有关单位和个人投入抗洪抢险。所有的单位和个人必须听从指挥,承担人民政府防汛指挥部分配的抗洪抢险任务。《水法》第四十五条规定,水量分配方案和旱情

紧急情况下的水量调度预案经批准后，有关地方人民政府必须执行。由于洪涝、干旱等灾害发生后，需要统一组织协调各行各业的应急响应行动，因此《国家防汛抗旱应急预案》进一步明确了"地方人民政府和防汛抗旱指挥机构"为负责组织实施"抗洪抢险、排涝、抗旱减灾和抗灾救灾等方面的工作"的主体。

（4）明确灾情、险情的上报要求。洪涝、干旱等灾害涉及范围广泛，严重威胁广大人民群众的生命财产安全和正常生产生活。一旦发生灾情，受灾地区的防汛抗旱机构应及时迅速地向同级人民政府和上级防汛抗旱指挥机构报告情况，以便应急处置。对于造成人员伤亡的突发事件，可以越级上报，并同时报上级防汛抗旱指挥机构。堤防、水库坝体发生险情，事关重大，任何单位和个人发现堤防、水库发生险情时，都应立即向有关部门报告。

（5）明确灾情、险情通报的要求。对水旱灾害，尤其是对于突发性灾害事件，尽可能提早预警时间。受灾地区隶属不同的行政区域，灾害警报信息难以及时交流，给抗灾救灾造成很大的被动。《国家防汛抗旱应急预案》明确规定遭受水旱灾害的地区或突发事件发生的地区，在报告同级人民政府和上级防汛抗旱指挥机构的同时，应及时向影响将波及的临近行政区域地区的防汛抗旱指挥机构通报情况。

（6）避免突发水旱灾害可能造成的次生、衍生灾害。水旱灾害发生后，生存环境的恶化，社会秩序的紊乱，或交通、通信、供电、供水、供气等生命线系统的故障，易于衍生流行疾病，或引起水陆交通事故等次生灾害，加重人员伤亡和财产损失。及时切断灾害的传播链，是防止灾情蔓延的关键。因此，当地防汛抗旱指挥机构应组织有关部门全力抢救和处置，并及时向同级人民政府和上级防汛抗旱指挥机构报告，这将有利于采取适宜的应急响应行动，迅速动员全社会的力量，尽快阻止灾情的蔓延并恢复正常的社会经济秩序。

（二）洪涝旱灾害应急响应的分级管理

1. 应急响应的分级管理

国家防汛抗旱应急预案是我国突发公共事件应急预案框架的重要组成部分。按突发公共事件可控性、严重程度和影响范围，原则上按一般（Ⅳ级）、较大（Ⅲ级）、重大（Ⅱ级）、特别重大（Ⅰ级）四级启动相应预案。

洪涝旱灾也分四级编制应急响应预案,针对洪涝旱灾害的特点,科学制定了事件等级的划分标准,明确了预案启动级别和条件,以及相应级别指挥机构的工作职责和权限,阐明了不同等级洪涝旱灾害发生后应急响应及处置程序和过程等。

2.分级标准

洪水、干旱等级、城市干旱等级划分的标准见表4-2～表4-4。

表4-2　洪水等级划分标准

洪水等级	洪峰流量或洪量的重现期
一般洪水	5～10年一遇
较大洪水	10～20年一遇
大洪水	20～50年一遇
特大洪水	大于50年一遇

表4-3　干旱等级划分标准

干旱等级	受旱区域作物受旱面积占播种面积的比例	因旱造成农(牧)区临时性饮水困难人口占所在地区人口比例
轻度干旱	≤30%	≤20%
中度干旱	30%～50%	20%～40%
严重干旱	50%～80%	40%～60%
特大干旱	>80%	>60%

表4-4　城市干旱等级划分标准

城市干旱等级	因旱城市供水量低于正常需求量	缺水现象	居民生活、生产用水受影响程度
城市轻度干旱	5%～10%	出现	一定程度影响
城市中度干旱	10%～20%	明显	较大影响
城市重度干旱	20%～30%	明显	严重影响
城市极度干旱	>30%	极为严重,发生供水危机	极大影响

由于应急响应预案的启动不仅要考虑严重程度,而且要考虑影响范围,因此四级响应的启动标准是多种条件的组合与综合判断的结果,国家和山东省黄河防汛抗旱应急响应启动条件见表4-5。

表4-5　国家和山东省黄河防汛抗旱应急响应级别划分标准

等级	国家防汛抗旱应急预案	山东省黄河防汛抗旱应急预案
Ⅳ级应急响应	1. 数省(区、市)同时发生一般洪水。 2. 大江大河干流堤防出现险情。 3. 大中型水库出现险情。 4. 数省(区、市)同时发生轻度干旱。 5. 多座大型以上城市同时因旱影响正常供水	1. 黄河下游发生接近警戒水位洪水,或个别黄河滩区出现漫滩。 2. 东平湖老湖发生超43.0 m警戒水位洪水,或大清河流量达到3 000 m³/s以上。 3. 金堤河范县站流量超过200 m³/s并继续增大,或发生较大险情时。 4. 黄河控导工程发生重大险情或局部河段河势发生较大变化。 5. 凌汛期,黄河河道发生冰塞、冰坝阻水,引发个别滩区漫滩,危及滩区群众安全。 6. 黄河防总启动含有山东区域的抗旱Ⅳ级响应或省防总启动含有黄河受水区域的抗旱Ⅳ级响应
Ⅲ级应急响应	1. 数省(区、市)同时发生洪涝灾害。 2. 一省(区、市)发生较大洪水。 3. 大江大河干流堤防出现重大险情。 4. 大中型水库出现严重险情或小型水库发生垮坝。 5. 数省(区、市)同时发生中度以上的干旱灾害。 6. 多座大型以上城市同时发生中度干旱。 7. 一座大型城市发生严重干旱	1. 黄河花园口站发生4 000～6 000 m³/s的洪水,或局部滩区漫滩。 2. 东平湖老湖水位超过43.0 m警戒水位,且堤防发生较大险情或大清河流量达到5 000 m³/s。 3. 金堤河范县站流量超过400 m³/s,或发生重大险情时。 4. 黄河控导工程多处发生重大险情或局部和短河势发生重大变化。 5. 凌汛期,黄河发生冰塞、冰坝阻水,引发多个滩区漫滩,危及滩区群众安全。 6. 黄河防总启动含有山东区域的抗旱Ⅲ级响应或省防总启动含有黄河受水区域的抗旱Ⅲ级响应

续表 4-5

等级	国家防汛抗旱应急预案	山东省黄河防汛抗旱应急预案
Ⅱ级应急响应	1. 一个流域发生大洪水。 2. 大江大河干流一般堤段及主要支流堤防发生决口。 3. 数省(区、市)多个市(地)发生严重洪涝灾害。 4. 一般大中型水库发生垮坝。 5. 数省(区、市)多个市(地)发生严重干旱或一省(区、市)发生特大干旱。 6. 多个大城市发生严重干旱,或大中城市发生极度干旱	1. 黄河花园口站发生 6 000~10 000 m³/s 的洪水,或滩区发生大部漫滩。 2. 东平湖老湖接近 44.5 m 保证水位,大堤发生较大险情或大清河发生 7 000 m³/s 洪水。 3. 黄河、东平湖堤防、险工、涵闸工程发生重大险情。 4. 凌汛期,黄河发生冰坝严重阻水,造成大范围漫滩且工程出现较大险情,危及黄河堤防安全。 5. 黄河防总启动含有山东区域的抗旱Ⅱ级响应或省防总启动含有黄河受水区域的抗旱Ⅱ级响应
Ⅰ级应急响应	1. 某个流域发生特大洪水。 2. 多个流域同时发生大洪水。 3. 大江大河干流重要河段堤防发生决口。 4. 重点大型水库发生垮坝。 5. 多个省(区、市)发生特大干旱。 6. 多座大型以上城市发生极度干旱	1. 黄河花园口站发生 10 000 m³/s 以上的大洪水,或滩区全部漫滩。 2. 东平湖老湖超过 44.5 m 保证水位,或大清河发生超标准洪水。 3. 黄河、东平湖堤防、险工、涵闸工程多处发生重大险情。 4. 凌汛期,黄河发生冰坝严重阻水,造成大范围漫滩且工程出现重大险情。 5. 黄河防总启动含有山东区域的抗旱Ⅰ级响应或省防总启动含有黄河受水区域的抗旱Ⅰ级响应

3. 应急响应行动

应急预案对四级响应行动的具体内容、分工与责任做出了明确的规

71

定。等级越高的响应行动,决策会商的级别就越高,防总各成员单位投入的力量就越大,对于响应行动的时间要求也越紧迫。此外,针对不同成因形成的不同类型的洪涝、旱灾,应急预案中对各自适宜的应急响应措施也做出了明确的规定。

4. 其他相关规定

为了增强应急预案的可操作性,预案对应急行动中的各个环节,包括信息报送和处理、指挥和调度、抢险救灾、安全防护和医疗救护、社会力量动员与参与、中央慰问及派工作组、信息发布、应急结束等,都做出了具体的规定。

四、防汛抗旱应急保障和善后工作

防汛抗旱应急工作,特别是抗洪抢险斗争,是准军事行动,和战争有很多相似之处。古人曰"兵马未动,粮草先行",这是在长期战争历史中积累的经验,战争史上因为后勤保障失败而导致战争失败的战例数不胜数,可见后勤保障工作的重要性。一场战争结束后,处理好善后事宜是准备下一场战争的必备条件,防汛抗旱应急工作也是如此。

(一)应急保障

为了确保防汛抗旱应急预案的顺利实施,制订完善高效的应急保障措施是必要的。防汛抗旱应急保障主要包括通信与信息保障、应急支援与装备保障、技术保障等。

1. 通信与信息保障

信息通信是防汛抗旱的生命线,大量信息的传输和指挥命令的下达,都离不开通信,如果通信中断,那将导致无法决策、指挥失灵,工作陷于盲目、被动。防汛抗旱指挥机构应按照以公用通信网为主的原则,合理组建防汛专用通信网络,确保信息畅通。出现突发事件后,通信部门应启动应急通信保障预案,迅速调集力量抢修损坏的通信设施,努力保证防汛抗旱通信畅通。必要时,调度应急通信设备,为防汛通信和现场指挥提供通信保障。在紧急情况下,应充分利用公共广播和电视等媒体以及手机短信等手段发布信息,通知群众快速撤离,确保人民生命的安全。

2. 应急支援与装备保障

洪水干旱灾害突发性强,常会发生难以预见的情况,做好应急支援和

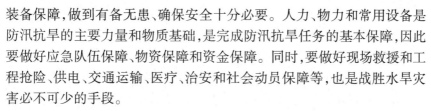

装备保障,做到有备无患、确保安全十分必要。人力、物力和常用设备是防汛抗旱的主要力量和物质基础,是完成防汛抗旱任务的基本保障,因此要做好应急队伍保障、物资保障和资金保障。同时,要做好现场救援和工程抢险、供电、交通运输、医疗、治安和社会动员保障等,也是战胜水旱灾害必不可少的手段。

3.技术保障

随着科学技术的发展,要建设高效的现代化防汛抗旱指挥系统,实现防汛抗旱通信的快速传输和数据、图像、视频、异地会商等通信功能。采用传感技术实现水情信息监测采集的自动化,提高报汛速度。建立多功能计算机网络系统,实现防汛抗旱信息自动交换和共享。建立工程与社会经济数据库,提高预报精度和延长预报时效,为实时运算提出优化洪水调度方案,为防洪调度决策及时提供支持。建立旱情监测和宏观分析系统,为抗旱决策提供支持。同时,平时应加强宣传教育,普及防汛抗旱知识,提高广大人民群众的防汛抗旱意识。适时组织防汛抗旱演习,通过演练抢险抗旱操作步骤,提高防汛抗旱实战经验及验证抢险效果。

(二)善后工作

洪水干旱灾害破坏性大,影响深远,灾后往往造成农作物歉收、减产,房屋倒塌,公共设施破坏,社会环境恶化,群众生活困难。必须立即展开救灾行动,保障灾民生活供给,做好卫生防疫和救灾物资供应,加强治安管理,尽快组织学校复课和修复水毁工程,恢复生产、重建家园等善后工作。

1.救灾

洪水干旱灾害发生以后,立即对灾民进行抢救安置,解决好灾民的吃饭、穿衣、住房、医病困难等问题。经验说明,解决灾民的基本生活问题,就能尽快恢复生产,重建家园,做到有灾无荒,保持灾区的社会稳定。

2.水毁工程修复

公共交通、电力、通信、供水等设施遭到破坏,要尽快恢复,提供灾区生产生活和经济恢复的需要。洪水过后,抢在下次洪水发生前,尽快安排修复水毁防洪工程并保持原设计能力。抗旱水源工程破坏,需恢复原有功能。

3. 防汛抢险物料补充

洪水过后,尽快按照常规储备品种和定额补充防汛物资。

4. 蓄滞洪区补偿

蓄滞洪区是确保重点地区防洪安全、牺牲局部、保障全局的防洪措施。蓄滞洪区正常运用后,区内居民因蓄滞洪遭受的损失,按照《蓄滞洪区暂行补偿办法》规定进行补偿。

5. 防汛抗旱工作评价

每年根据水旱灾害情况、社会的反映、防汛抗旱的成就、应急预案实施效果、工程运行以及技术实施等方面进行总结和评价,分析问题,找出经验,吸取教训,以利于进一步改进完善防汛抗旱工作,减轻水旱灾害。

应急预案的编制是多年来防汛抗旱工作经验的结晶,该预案的实施具有重要的意义。应急预案具有高度的可操作性,首先是根据防汛抗旱工作的体制和机制,明确了国家防汛抗旱总指挥部成员的职责和分工,并根据分级负责的原则,明确了各级防汛抗旱指挥部的责任。其次是在总结多年来工作实践的基础上,进一步优化了各阶段行动,尤其是应急行动的工作程序。再次是对于众多的工作内容,逐项列出了一个清单,明确了每项工作的要点。最后是强化了各种保障措施,从队伍、经费、物资、技术、宣传、培训、演习等多个方面有着具体而明确的要求。应急预案是政府组织管理、指挥协调相关应急资源和应急行动的整体计划和程序规范,根据防汛抗旱工作的实际需要,对水旱灾害的预防预警、应急响应、应急保障和善后的各个环节所应该采取的工作措施,进行了详尽的规范。在什么阶段、出现什么情况、应该采取什么措施、由谁来采取措施、需要如何保障等,有着明确的操作程序。预案首次按洪涝、旱灾的严重程度和范围,将应急响应行动分为四级,对每级响应的启动条件和具体响应措施作出了明确的界定。同时,针对江河洪水、台风暴潮灾害、堤防决口、水库溃坝、山洪灾害、干旱灾害、供水危机等不同灾害情况,详尽表述了所需要进行的应急行动和工作部署增加了预案的可操作性。应急预案的发布和实施,对增强我们应对水旱灾害的能力、实现可持续发展和建设和谐社会的目标具有重要意义。

第三节　防汛法律、法规建设

法是调整社会关系的行为规范。法的部门划分是按照其调整的社会关系的不同而确定的。防汛抗旱法律法规是为了减轻水旱灾害损失,由国家制定或认可的有关法律、法令、条例等。已初步形成了国家和地方防洪法律体系,使我国的防洪管理和洪水调度工作逐步规范化与制度化。

一、防汛抗旱法律法规建设

新中国成立以来,防汛抗旱法律法规建设历程大体可以分为起步、快速发展和逐步完善三个阶段。

(一)起步阶段(1978～1997 年)

新中国成立初期,中央人民政府水利部就提出了制定水利法规的问题。但在 1978 年以前,水利专门法律的立法工作没有开展。党的十一届三中全会以后,水利部从 20 世纪 80 年代初开始着手水利法规建设。先是集中力量制定了一些水利工程管理的规章,如《河道堤防工程管理通则》《水闸工程管理通则》《水库工程管理通则》《灌区管理暂行办法》《水利水电工程管理条例》等,并开始起草《水法》。1985 年 6 月 25 日,国务院批转了黄河、长江、淮河、永定河防御特大洪水方案。1988 年 1 月 21 日,新中国诞生了第一部水的基本法——《水法》,标志着我国水利事业走上了法制的轨道,进入了依法治水的新时期。鉴于防汛和抗洪是保障我国社会主义现代化建设和人民生命财产安全的大事,涉及整个社会生活,有其特殊的重要性,《水法》对防汛与抗洪专门设立了一章,主要为各级人民政府对防汛抗洪工作的领导,单位和个人参加防汛抗洪的义务,防汛指挥机构的权责、防御洪水方案的制订和审批,汛情紧急情况的处理等方面的内容作出了原则规定。

此后,根据我国的国情和实际情况,国家先后颁布了《中华人民共和国河道管理条例》(1988 年 6 月 10 日国务院令第 3 号)、《水库大坝安全管理条例》(1991 年 3 月 22 日国务院令第 77 号)、《防汛条例》(1991 年 7 月 2 日国务院令第 86 号)、《蓄滞洪区安全与建设指导纲要》(1988 年 10 月 27 日国发〔1988〕74 号)、《水利建设基金筹集和使用管理暂行办法》

(1997年2月25日国发〔1997〕7号)、《河道管理范围内建设项目管理的有关规定》(1992年4月3日水利部、国家计委水政〔1992〕7号)、《水库大坝注册登记办法》(1995年12月28日水管〔1995〕290号发布,1997年12月25日水政资〔1997〕538号修正)等法规、法规性文件和水利部规章,对规范和促进防洪工作起了重要作用。

(二)快速发展阶段(1998~2007年)

1.《防洪法》颁布及配套法规的制定

随着改革开放,我国经济高速发展,城市规模日益扩大,人口不断增加,对防洪保安工作提出了更高的要求。由于大江大河防洪标准普遍偏低,河湖淤积和人为设障严重,蓄滞洪区运用难度大,一些干部和群众水患意识淡薄等,我国防洪工作面临的形势仍然十分严峻。另外,社会经济越发展,洪水所造成的损失就越大,如果再遇到新中国成立初期那样的流域性洪水,造成的损失将十几倍甚至几十倍地增加,洪水灾害作为中华民族的心腹之患远未解除。

1991年,第七届全国人大常委会提出要尽快制定《防洪法》,第八届人大常委会将制定《防洪法》列入立法规划。根据八届全国人大的立法规划,1994年1月,水利部着手起草《防洪法》。在《防汛条例》《中华人民共和国河道管理条例》(简称《河道管理条例》)等防洪立法工作的基础上,认真总结我国防汛抗洪工作的经验和教训,全面分析我国防洪工作中存在的问题,参阅了大量的国外有关资料和文献,结合我国实际,起草了《防洪法(送审稿)》,于1995年3月报请国务院审议。1997年8月29日,《防洪法》经第八届全国人大常委会第二十七次会议审议通过,于1998年1月1日起施行。《防洪法》是我国第一部规范防治自然灾害工作的法律,填补了我国社会主义市场经济法律体系框架中的一个空白,也是继《水法》《中华人民共和国水土保持法》《中华人民共和国水污染防治法》等法律之后的又一部重要的水事法律。它的制定和颁布实施,标志着我国防洪事业进入了一个新的阶段,对我国依法防御洪水、减轻洪涝灾害的活动具有重要的指导意义。

《防洪法》从我国的国情出发,明确了防洪工作的基本原则,强化了防洪行政管理职责,规定了规划保留区制度、规划同意书制度、洪水影响评价报告制度,补充和加强了河道内建设审批管理等几项法律制度,使依法防洪具有可操作性。《防洪法》自颁布实施之日起就显示了巨大的法律威力。1998 年,长江及嫩江、松花江流域发生了特大洪水,在抗洪抢险斗争中,湖南、江西、湖北、黑龙江等省依据《防洪法》采取了宣布进入紧急防汛期等措施,为保障抗洪抢险斗争的顺利进行和夺取最后的全面胜利提供了法律保障。

为了提高《防洪法》的可操作性,水利部于 1997 年 9 月开始开展了有关《防洪法》配套法规的建设工作,提出了以《防洪法》为核心的、多层次相互配套的《防洪法规体系规划》,其中包括 1 部法律、5 部行政法规和 6 部部规章。结合 1998 年的防汛形势以及党中央、国务院对水利工作和灾后重建工作的要求,水利部加快了《防洪法》配套法规建设步伐。到 2001 年,国务院出台了《蓄滞洪区运用补偿暂行办法》(2000 年 5 月 27 日国务院令第 286 号)。水利部出台了《关于流域管理机构决定〈防洪法〉规定的行政处罚和行政措施权限的通知》(1999 年 5 月 10 日水政法〔1999〕231 号)、《珠江河口管理办法》(1999 年 9 月 24 日水利部令第 10 号)、《特大防汛抗旱补助费使用管理办法》(1999 年 8 月 11 日财政部、水利部财农字〔1999〕238 号)等部规章和规范性文件。

各级地方人民政府也根据国家有关防汛的法规条例,制定了本地区的实施细则及有关配套法规,仅 1998 年、1999 年两年间,就有湖北、辽宁、江苏、安徽、山东、陕西、内蒙古等多个省、自治区出台了防洪法实施办法或防洪条例,初步形成了国家和地方防洪法制体系,使我国的防洪管理和洪水调度逐步规范化、制度化、法制化。

2. 新《水法》颁布后《防洪法》配套法规的制定

2002 年 10 月 1 日修订后施行的《水法》,标志着我国依法治水进入新阶段,也是我国水利立法的新起点。新《水法》重点突出,在法律制度的设计上注意了与《防洪法》的衔接与协调,同时也对《防洪法》未作规定的方面作了补充。2006 年 11 月,水利部印发了《水法规体系总体规划》,其中按照调整内容不同,将《水法》划分为水资源管理、防洪与抗旱管理、水域与水工程管理等 9 大类,并将有关防洪与抗旱管理的 4 部行政法规和 2 部部规章列入正在起草或者论证、拟在"十一五"期间争取完成论证或者争取出台的立法项目。新《水法》出台后,国务院相继发布了《防汛条例(修订)》(2005 年 7 月 15 日国务院令第 441 号)、《中华人民共和国

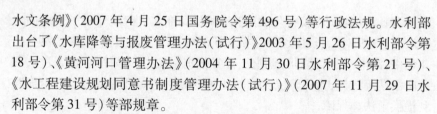

水文条例》(2007年4月25日国务院令第496号)等行政法规。水利部出台了《水库降等与报废管理办法(试行)》2003年5月26日水利部令第18号)、《黄河河口管理办法》(2004年11月30日水利部令第21号)、《水工程建设规划同意书制度管理办法(试行)》(2007年11月29日水利部令第31号)等部规章。

《防洪法》颁布实施以来,为防治洪水、防御和减轻洪涝灾害、维护人民群众的生命和财产安全,保障社会主义现代化建设顺利进行发挥了重要的、不可替代的作用。为贯彻落实国务院《全面推进依法行政实施纲要》(国发〔2004〕10号)通知精神,深入了解《防洪法》颁布实施后执行的效果,水利部于2007年3月向全国下发了《关于开展〈中华人民共和国防洪法〉实施情况调研及立法后评估工作的通知》,组织各省级水行政主管部门对《防洪法》的实施情况进行了调研评估,并对部分省(自治区)防洪工作情况进行了实地调研,召开了由有关法制机构负责人参加的座谈会。经过多次论证和反复修改,于2007年11月形成了《〈中华人民共和国防洪法〉立法后评估报告》(简称《评估报告》)。《评估报告》共分为评估工作过程、《防洪法》实施效果的基本评价、《防洪法》重要制度的分析和评价、《防洪法》制定的基本评价和综述五部分。其中,第二部分根据《防洪法》实施以来的基本情况,对其实施效果作出了积极的评价;第三部分通过对《防洪法》确立的防洪工作原则、防洪和防汛抗洪管理体制、防洪规划编制制度、规划保留区制度、防洪规划同意书制度、防洪规划治导线制度、河湖管理制度、洪水影响评价报告制度、蓄滞洪区的扶持、补偿和救助制度、行政首长负责制、防汛管制措施、防洪资金投入制度、防洪投劳制度、执法监督等重要制度进行客观评价,指出了部分存在执行问题的制度的原因,并作出了详尽的分析,提出了合理建议;第四部分从周延性、合法性、合理性、可操作性和立法技术等五个方面对《防洪法》的制定进行了评价。

3.逐步完善阶段(2008年以后)

干旱灾害是我国的主要自然灾害之一。我国的旱灾发生概率大、范围广、历史长。1949年以来,我国在抗御干旱灾害方面取得了重大成就,不仅为解决世界第一人口大国的吃饭问题提供了保障,也为我国尤其是改革开放以来的经济发展和社会进步奠定了良好的基础。但是,由于特殊的自然地理条件,旱灾对我国经济社会发展的制约作用依然十分突出。特别是近年来,受全球气候变暖和大规模经济开发等因素的影响,我国干旱缺水问题越来越突出,旱灾发生频率越来越高,影响区域越来越广,造成的经济损失也越来越大。与此同时,旱灾影响范围已由农业为主扩展到工业、城市、生态等领域,工农业争水、城乡争水和国民经济挤占生态用水现象越来越严重。如2008年冬,我国10多个省、自治区、直辖市发生严重旱情,北方冬麦主产区受旱尤其严重,全国耕地受旱面积在旱情最严重时达到2.99亿亩,比常年同期多1.10亿亩,有442万人因旱发生饮水困难,旱灾范围之广、持续时间之长、小麦受旱面积之大为多年少有。

　　长期以来,我国抗旱减灾工作一直处于无法可依的状态,导致抗旱工作中诸多矛盾和问题无法解决。水利部自2002年开始组织《中华人民共和国抗旱条例》(简称《抗旱条例》)起草工作,在深入调查研究的基础上,以《水法》为依据,参照国家有关防灾减灾的法律法规和国务院办公厅颁布的《国家防汛抗旱应急预案》(2006年)、《关于加强抗旱工作的通知》(国办发〔2007〕68号)等文件,对全国各地多年来抗旱工作的实际情况和成功经验进行了总结和分析,同时还参考了美国、澳大利亚等国家的抗旱法规,起草了《抗旱条例(送审稿)》,于2006年11月报请国务院审议。2009年2月11日,国务院第49次常务会议审议通过了《抗旱条例》,并于2月26日颁布施行。《抗旱条例》是我国第一部专门规范抗旱工作的行政法规,其颁布施行填补了我国抗旱立法的空白,标志着抗旱工作进入了有法可依、规范管理的新阶段,对推动和促进今后一个时期我国抗旱减灾事业发展,具有重要的现实意义和深远的历史意义。

　　《抗旱条例》涵盖了从旱灾预防、抗旱基础设施建设、抗旱减灾到灾后恢复的全过程,明确了各级人民政府、有关部门和单位在抗旱工作中的职责,确立了抗旱规划制度、抗旱预案制度、抗旱水量统一调度制度、紧急抗旱期抗旱物资设备征用制度、抗旱信息报送制度、抗旱信息统一发布制度等一系列重要的抗旱工作制度,完善了抗旱保障机制。这些制度和措施对规范我国的抗旱管理工作,推进依法抗旱、依法行政将发挥重要的保障作用。

　　在《防洪法》配套法规建设方面,水利部出台了《三峡水库调度和库区水资源与河道管理办法》(2008年11月3日水利部令第35号)、《海河

独流减河永定新河河口管理办法》(2009 年 5 月 13 日水利部令第 37 号),财政部、发展和改革委员会、水利部日前联合制定并印发了《黄河下游滩区运用财政补偿资金管理办法》(财农〔2012〕440 号)等部规章。水利部发布了《关于水利部、流域管理机构行政执法项目及依据和国家防汛抗旱总指挥部、流域防汛(抗旱)总指挥部行政强制项目及依据的公告》(2008 年第 25 号)。尽管防洪抗旱法律法规建设取得了很大进展,但是防洪抗旱法规体系中仍然存在若干缺口。一些与《防洪法》配套实施的重要法规还没有完成,影响了法律制度的有效实施,与当前我国经济社会发展、法治建设和水利发展形势的要求不相适应。一些现行水法规出台于 20 世纪 80 年代末和 90 年代初,受计划经济体制和当时水利工作情况的限制,已经不符合市场经济体制要求和不适应水利工作新的形势,需要进行修订。

二、防汛抗旱有关法律、法规介绍

新中国成立以来,我国根据实践经验,参考国外经验,先后制定了以《水法》为核心,包括 4 部法律,17 部国家行政法规和 800 余项地方行政法规和政府规章的较为完备的水法规,现有国家防汛抗洪的法律有《水法》《防洪法》。这些法律是开展防汛抗洪工作的依据和保证。

(一)法律

在法的体系里,水法同国家法、行政法、民法、刑法、民事诉讼法等法的部门一样,具有相对的独立性,是法的体系的一个组成部门。

1.《水法》

《水法》作为我国水资源方面的基本法,对水保护的方针和基本原则、保护的对象和范围、水资源防治污染等的主要对策和措施、水资源管理机构及其职责、水的管理制度以及违反水法的法律责任等重大问题作出了规定。

2001 年修订后的《水法》总共 8 章 82 条,于 2002 年 10 月 1 日起实施生效。

第一章总则,共有 13 条。说明了水立法的依据、水资源的所有权。水法规定水资源属于国家所有,某些山塘、水库中的水资源属于集体所有。这一章还规定了水资源的范围、水法的基本原则以及水资源管理机

构、水管理制度,对一些重大问题作出了原则性规定。

第二章水资源规划,共有6条。规定了水资源规划的制定和审批程序。

第三章水资源开发利用,共有10条。对开发利用水资源的原则和审批程序进行规定。

第四章水资源、水域和水工程的保护,共有14条。规定了保护地表水以及水库渠道的具体措施,开采地下水的规划和防止水流阻塞、水源枯竭,禁止围湖造田,对保护水工程以及有关设施也作出了相应的规定。

第五章水资源配置和节约使用,共有12条。规定了各地方的水长期供求计划的制订和审批程序,以及水量分配方案的制订与执行。还规定了实行取水许可制度的范围和要征收水费、水资源费。

第六章水事纠纷处理与执法监督检查,共有8条。对解决水事纠纷的原则和程序,以及执法监督作了具体规定。

第七章法律责任,共有14条。明确规定行为人违反《水法》的各种行为所应承担的民事责任、行政责任或刑事责任,对执行处分的机关也作了规定。

第八章附则,共有5条。规定了国际条约、协定中与我国法律不同时应遵循的原则,规定国务院和地方人大常委会可以依照《水法》,制定相应的实施办法以及《水法》生效实施日期等问题。

2.《防洪法》

防汛抗洪关系到国家、集体财产和人民群众的生命安全,单位和个人都有为保卫国家集体和人民群众的安全贡献自己力量的责任。《防洪法》规定,任何个人和单位都有参加防洪抗洪的义务,该法适用于一切单位,包括党政、司法机关、部队、企事业单位、群众团体、农村集体组织等。无论上述单位是否处于防汛抗洪一线,都对防汛抗洪负有责任,在必要时,应履行自己的义务,以维护国家、集体和人民的利益。

《防洪法》共有8章66条,于1998年1月1日起施行。

第一章总则,共有8条。规定了防汛抗洪是全民的义务,开发利用水资源要服从防洪总体安排,各级防汛指挥机构的职责、权限。

第二章防洪规划,共有9条。对编制防洪和排涝规划的原则与审批程序作了明确的规定。

第三章治理与防护,共有 11 条。规定了河道、湖泊的治理和管理的原则及权限,对涉河、临河等方面的工程(如码头、管道、桥梁以及围湖造地)规定了审批程序。

第四章防洪区和防洪工程设施的管理,共有 9 条。制定了洪泛区、蓄滞洪区的定义及有关政策,对防洪工程设施(如水库、堤防等)的安全管理。

第五章防汛抗洪,共有 10 条。规定了防汛抗洪工作实行各级人民政府行政首长防汛负责制,与防汛抗洪有关部门的职责以及在汛情紧急的情况下,防汛指挥机构有权在其管辖范围内调用所需的物资、设备和人员。

第六章保障措施,共有 6 条。明确了防汛抗洪的投入和资金来源,并对其用途进行了具体规定。

第七章法律责任,共有 12 条。明确规定了违反《防洪法》的各种行为所应承担的民事责任、行政责任或刑事责任。

第八章附则,共有 1 条。《防洪法》实施生效日期。

1998 年长江、松花江大水和 2003 年淮河大水期间,有关省防汛抗旱指挥部按照《防洪法》的规定,对辖区内有关地区宣布进入紧急防汛期,确保了抗洪抢险工作的顺利进行。

(二)行政法规

行政法规是指国家行政机关,为了执行法律、履行行政管理职能,在其职权内,根据法律制定的普遍性规则。它包括:

(1)国务院制定的行政法规和发布的决定、命令。

(2)国务院各部、委发布的命令、指示和规章。

(3)省、直辖市人大和人大常委会制定的地方性法规。

(4)民族自治地方人民代表大会制定的自治条例的单行条例。

(5)县级以上各级人民政府发布的决定和命令。

现有的国家防汛抗洪行政法规主要有《防汛条例》《中华人民共和国水库大坝安全管理条例》《中华人民共和国河道管理条例》《蓄滞洪区运用补偿暂行办法》等。涉及黄河防汛的行政法规有《黄河水量调度条例》《山东省黄河防汛条例》等。另外,各省、自治区、直辖市还制定了一些相关的配套法律、法规。这些都是保证防汛抗洪工作顺利进行的有力武器。

1.《防汛条例》

《防汛条例》是根据原《水法》(1988 年)制定的,共 8 章 48 条,于 1991 年 7 月 2 日起施行生效。后根据 2002 年制定的《水法》和《防洪法》,对《防汛条例》进行了修订,于 2005 年 7 月 15 日由国务院批准施行。新的《防汛条例》共 8 章 49 条。该条例对防汛组织、防汛准备、防汛与抢险、善后工作、防汛经费、奖励与处罚进行了明确规定。

2.《中华人民共和国水库大坝安全管理条例》

《中华人民共和国水库大坝安全管理条例》是根据《水法》制定的,适用于中华人民共和国境内坝高 15 m 以下、10 m 以上,或者库容 100 万 m³ 以下、10 万 m³ 以上的水库。对重要城镇、交通干线、重要军事设施、工矿区安全有潜在危险的大坝,其安全管理也参照本条例执行。本条例共 6 章 34 条,于 1991 年 3 月 22 日起施行,该条例对大坝建设程序审批、大坝管理、大坝防汛抢险以及一些违法行为及其处罚作了详细规定。

3.《中华人民共和国河道管理条例》

《中华人民共和国河道管理条例》是根据《水法》制定的,适用于中华人民共和国领域内的河道(包括湖泊、人工河道、行洪区、蓄洪区、滞洪区)。本条例共 7 章 51 条,于 1988 年 6 月 10 日起施行生效,该条例对河道的整治与建设、河道保护、河道管理经费以及违法行为及其处罚作了明确规定。

4.《蓄滞洪区运用补偿暂行办法》

《蓄滞洪区运用补偿暂行办法》是国务院根据《防洪法》制定的,该办法共 5 章 26 条,于 2000 年 5 月 27 日起施行生效。该办法对蓄滞洪区运用补偿原则、对象、范围和标准以及补偿程序和违法行为作了明确规定,附录中还列出了国家蓄滞洪区名录。

5.《黄河水量调度条例》

《黄河水量调度条例》是国务院根据《水法》制定的,适用于黄河流域 9 省区(青海省、四川省、甘肃省、宁夏回族自治区、内蒙古自治区、陕西省、山西省、河南省、山东省),以及国务院批准取用黄河水的河北省、天津市的黄河水量调度和管理。该条例共 7 章 43 条,于 2006 年 8 月 1 日起施行生效。该条例对黄河水量调度的适用范围,调度原则、调度管理体制、黄河水量分配和调整的原则和程序,正常情况下黄河水量调度的方

式、调度程序、权限划分、控制手段,应急调度的程序和手段,监督管理的类型、措施和程序,违反水量调度的法律责任等作了明确规定。

6.《山东省黄河防汛条例》

《山东省黄河防汛条例》是山东省人大常委会根据《防洪法》《防汛条例》等法律、法规制定的,适用于山东省黄河干流、大清河、黄河蓄滞洪区的防汛工作,共6章43条,于2003年7月25日起施行生效。该条例对防汛组织、防汛准备、防汛抢险以及违反本法的法律责任进行了明确规定。

(三)规范性文件

规范性文件指的是法律、法规和规章以外的文件。我国防汛抗旱方面的规范性文件主要有《特大防汛抗旱补助费使用办法》《中央级防汛物资管理办法》《黄河下游滩区运用财政补偿资金管理办法》。

1.《特大防汛抗旱补助费使用办法》

《特大防汛抗旱补助费使用办法》是经中华人民共和国财政部、水利部联合颁发的部门规范性文件。该办法共6章22条,于1999年1月1日起施行生效。该办法对特大防汛抗旱补助费的申请和审批、使用范围、监督管理等进行明确的规定。该办法颁布的目的是加强特大防汛抗旱补助费的管理,提高资金使用效益,更好地支持防汛抗旱工作,完善国家防灾抗灾体系,促进国民经济的发展。

2.《中央级防汛物资管理办法》

《中央级防汛物资管理办法》是在1995年制定的《中央级防汛物资储备及其经费管理办法》的基础上修订的,由财政部、水利部联合颁布。目的是更好地发挥中央级防汛物资在抗洪抢险中的作用。该办法共6章29条,于2004年12月10日以财农〔2004〕241号文颁发,该办法对中央级防汛物资储备品种、方式、管理、调用、购置费和储备管理费作了明确的规定。

3.《黄河下游滩区运用财政补偿资金管理办法》

《黄河下游滩区运用财政补偿资金管理办法》是由财政部、发展和改革委员会和水利部联合颁布的,目的是规范和加强黄河下游滩区运用财政补偿资金的管理,确保资金合理有效使用。该办法共22条,于2013年1月1日起施行生效,该办法对黄河滩区运用后,区内居民遭受洪水淹没

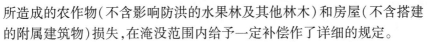

所造成的农作物(不含影响防洪的水果林及其他林木)和房屋(不含搭建的附属建筑物)损失,在淹没范围内给予一定补偿作了详细的规定。

部门规范性文件涉及黄河的比较多,如《黄河防凌工作规程》《黄河流域河道管理范围内非防洪建设项目施工度汛方案审查管理规定(试行)》《黄河流域河道管理范围内建设项目防洪评价工作责任追究规定》《黄河中下游浮桥度汛管理办法(试行)》《黄河防汛抗旱工作责任追究办法(试行)》《黄河防汛总指挥部防洪指挥调度规程》和《黄河防汛总指挥部洪水调度责任制》等一系列规章制度。初步建立了有效的法律法规体系,规范了黄河流域河道管理,保证了黄河流域防汛抗旱管理工作的高效运行,为确保黄河防洪(防凌)安全提供了强有力的保障。

第五章　防汛队伍组织与建设

《防洪法》规定,任何单位和个人都有保护防洪工程设施和依法参加防汛抗洪的义务。有力的防汛队伍是取得防汛抢险胜利的关键,每年汛前的防汛队伍组织是防汛工作的一项重要内容。

第一节　防汛队伍组织

防汛队伍的组织,要坚持专业队伍和群众队伍相结合,实行军(警)民联防。要做到组织严密,行动迅速,听从指挥,并建立技术培训、抢险演习等制度,达到"召之即来,来之能战,战之能胜"的要求。防汛队伍的组成一般由专业防汛队伍、群众防汛队伍、人民解放军和武警部队三部分组成。

一、专业防汛队伍

专业防汛队伍是防汛抢险的技术骨干力量,主要负责防洪工程建设、日常管理和维护,水情、工情测报,通信联络,工程防守,紧急抢险和防汛抢险技术指导工作。它分为专业抢险队和专业机动抢险队两类。

(一)专业抢险队

由河道堤防、水库、闸坝等工程管理单位的管理人员、护堤员、护闸员等组成,平时根据掌握的管理养护情况,分析工程的抗洪能力,学习培训抢险技术。进入汛期,密切注视汛情,加强检查观测,及时分析险情。

(二)专业机动抢险队

为了提高抢险效果,目前在一些主要江、河(湖)堤段和重点工程组建了训练有素、技术熟练、反应迅速、战斗力强的专业机动抢险队,承担重大险情的紧急抢护任务。专业机动抢险队与管理单位结合,人员相对稳定。平时结合管理养护,学习提高技术,参加培训和实战演习。专业机动抢险队一般配备必要的交通运输工具和施工机械、照明、通信等设备。

为提高抗洪抢险效率,从 1988 年开始国家在大的流域机构和部分省份建立起机动抢险队,部分省、市、县也根据自己的情况,建立了规模不等的机动抢险队。对承担重点河段、堤段和关键性工程重大险情的抢险任务的专业机动抢险队,要求必须具有业务熟练、技术过硬、组织严密、设备精良、反应迅速等能力。专业机动抢险队由熟练掌握抢险技术的工人和工程技术人员组成,一般一支机动抢险队 50 人左右,配有挖掘机、装载机、铲运机等机械,以及交通、照明、通信、运输等设备。汛期集中待命,非汛期"平战"结合,参加工程建设施工等任务。长江、黄河多次抗洪抢险实践证明,组建这样的机动抢险队非常必要,无论是对抗洪抢险还是对抢险队良性运转,都起到了很好的效果。

二、群众防汛队伍

群众防汛队伍是防汛的主力军,担负着堤线防守、巡堤查险、抢险、运料、灾区人员迁移安置及水毁工程修复等任务。近年来,随着社会经济发展,城镇化迅速推进,大部分农村青壮年劳动力进城务工或移居城市,农村剩余人员以老弱妇孺居多,一定程度上影响了黄河防汛队伍的组织和黄河防汛安全。尽管农村劳动力结构出现了重大变化,但是群众防汛队伍组织形式并未随之调整。

黄河、长江及其他江河群众防汛队伍组织形式并不完全统一,一般是以沿江河的乡镇为主,组织青壮劳力或民兵汛期有组织地上堤分段防守。以黄河为例,防汛队伍一般以沿黄地(市)、县(市、区)及乡(镇)的群众组成,分为基干班、抢险队、护闸队等,根据防守任务和群众居住地距堤远近情况,划分为一、二、三线防汛区。一般把紧临黄河的乡(镇)列为防汛第一线,以本辖区的临黄堤长度为责任段,汛期组织队伍上堤防守。由于沿黄乡镇群众熟悉黄河情况,有一定的防汛抢险知识,是群众防汛队伍的基本力量,一般洪水主要靠他们防守。沿黄县(市、区)的非沿黄乡镇,一般都作为防汛第二线,组织防汛队伍,准备防汛料物,对口支援一线乡镇。一线基干班力量不足时,也由二线补充。为防御大洪水或特大洪水,沿黄地(市)都安排部分非沿黄县(市)作为防汛第三线,根据实际防汛需要安排防汛力量。主要任务是当发生大洪水或特大洪水时,参加抗洪抢险和运输抢险料物。

(一)基干班或称巡堤查险队

防汛基干班是群众防汛队伍的基本组织形式,人数比较多,由沿河道堤防两岸和闸坝,水库工程周围的乡、村、城镇街道居民中的民兵或青壮年组成。基干班人员汛前登记造册编成班组,并做到思想、工具、料物、抢险技术四落实。汛期达到防守水位时,按规定分批组织出动,执行巡查堤防险情任务。另外,在蓄滞洪区、库区,也要成立群众性的转移救护队伍,如救护组、转移组、留守组等。

(二)抢险队

群众防汛抢险队是为抢护堤坝险情专门组织的一支抢护力量,由沿河乡镇群众组成。汛前,在群众防汛队伍中选拔有抢险经验的人员组成抢险队,每队 35～50 人,设正、副队长各 1 人,担负抢护一般险情,并协助专业抢险队抢险。

(三)护闸队

护闸队由有经验的群众防汛人员组成,主要承担水工建筑物(如涵闸、穿堤管线等)的险情抢护任务。建筑物险情多发生在土石结合部,高水位时渗水、管涌、漏洞、塌陷、建筑物闸门关闭失灵和漏水、闸门震动、闸墩底板和护坦裂缝、倾倒等险情也可能发生。建筑物一旦发生险情,险情发展快、抢护难度大,必须加倍警惕,加强观测,严密防守,重点进行水位、沉陷、位移观测,建筑物各部位险情巡查和抢险等工作。

(四)分滞洪区、行洪区、滩区群众救护队、留守队

为把分滞洪区、行洪区、滩区群众损失减小到最低限度,还须组织群众组成救护队和留守队,并事先做好迁移救护准备工作。当预报洪水可能漫滩或需要分滞洪、行洪时,按照迁安抢险方案,救护队负责群众转移安置工作,留守队负责治安保卫工作。

(五)防汛预备队

防汛预备队是为防御特大洪水和抢护严重险情而组织的一支后备力量。沿河第一线乡镇年龄在 18～50 岁的男劳动力,除参加基干班、抢险队、护闸队者外,均编入预备队。他们的主要任务是抢修防洪工程和运输抢险料物。

三、人民解放军和武警部队

人民解放军、武警部队是抗洪抢险的突击力量,担负着急、难、险、重的任务,主要承担重大险情抢护、分洪闸围堰和行洪障碍的爆破、群众紧急迁安救护等任务。在1998年长江、嫩红、松花江抗洪抢险中,人民解放军、武警部队投入抢险总兵力达36.24万人,动用车辆56.67万台次,舟艇3.23万艘次,飞机2 241架次。广大指战员以最快的速度奔赴抗洪抢险第一线,在非常艰难困苦的条件下坚守堤防,不断抢堵管涌、漏洞、堵复决口,及时排除了各类险情。黄河、长江、淮河、海河以及松花江等河流历年抗洪抢险的事实证明,人民解放军、武警部队是抗洪抢险值得信赖的突击力量,是保证防洪安全的重要保障。

为了使人民解放军和武警部队抢险时第一时间了解出险地段的险情状况及地形地貌,各级防汛指挥部门汛前应主动与当地驻军联系,介绍防御洪水方案,明确部队防守堤段和迁安救护任务,组织现场查勘和交流防汛抢险经验,并及时通报汛情。

第二节 专业机动抢险队的建设与管理

黄河下游防汛历来是国家的重要任务,近年来,为了提高黄河防汛抢险效率,黄河下游组建了多支专业机动抢险队,从近年抢险队的运行情况来看,实施效果比较理想,本节以黄河下游专业抢险队为例,介绍专业抢险队的建设与管理。

一、黄河下游专业机动抢险队的组建

近年来,黄河防汛形势出现了一些新情况,较为突出的是汛期沿河农村青壮年大多外出务工,抢险队伍难以组织,为保证出现紧急险情时能得到及时抢护,建设机械化程度高、技术先进、反应迅速、机动灵活的专业机动抢险队非常必要。鉴于此,黄河水利委员会于1988年2月向水利电力部上报了"关于组建黄河下游机动抢险队的报告"。同年4月29日,在黄河下游试组建常设性建制的专业机动抢险队,抢险队员从各地(市)县河务局的现有职工中抽调,不另增列编制,并按要求在当年汛前完成组建

任务。自此,黄河下游第一批(4 支)机动抢险队正式成立。

（一）黄河下游专业机动抢险队发展情况

黄河水利委员会根据水利电力部的指示,于 1988 年汛前分别在河南的中牟县和封丘县组建了郑州中牟机动抢险队和新乡封丘机动抢险队;在山东的鄄城县和济南天桥区组建了山东黄河河务局第一和第二机动抢险队。经过几年的实践,证明机动抢险队对抢护黄河重大险情非常必要,发挥了前所未有的作用。因此,黄河水利委员会又于 1991 年在河南范县成立了河南黄河河务局濮阳机动抢险队,在山东滨州成立了山东黄河河务局第三机动抢险队。1992 年又再次组建了 4 支机动抢险队:在武陟县成立河南黄河河务局焦作机动抢险队;在开封柳园口成立了河南黄河河务局开封机动抢险队;在济南基础工程处成立了山东黄河河务局第四机动抢险队和在东平县银山镇成立山东黄河河务局第五机动抢险队。

1999 年汛前,国家再次加大对黄河专业机动抢险队的投资力度,除对下游原有的 10 支专业机动抢险队设备进行补充加强外,又分别在河南、山东两省河务局新组建了 10 支专业机动抢险队,配备了一定数量的抢险机械设备。截至目前,黄河下游专业机动抢险队已经发展到 29 支(河南 15 支、山东 14 支),总人数达到 1 500 余人。

黄河下游机动抢险队,人员组成是以现有黄河职工为主体,由所在地的市级河务局代管,由省级河务局统一调度。专业机动抢险队的任务就是对黄河下游防洪工程出现的紧急险情进行抢护,力求抢小、抢早,力保工程安全。

为加强机动抢险队管理,黄河水利委员会先后制定和完善了《黄河下游专业机动抢险队管理办法》《黄河汛期防汛机动抢险队管理若干规定》等管理办法,各单位根据上级规定,结合本单位实际,制定了各项管理制度。通过强化训练,抢险水平有了明显提高,多次参加黄河及其他流域抢险,均出色地完成了任务,得到社会各界的充分肯定。

（二）建立机动抢险队的基本指导思想

建立机动抢险队的基本指导思想为:①针对抢护大堤上各种重大险情的需要,充分利用当前先进的机械设备,建成较高程度机械化的专业抢险队伍;②充分利用移动通信设备和黄河上已建成的移动通信系统,在两岸大堤机动范围内保持与上级防汛指挥部门的联系,在移动通信不能覆

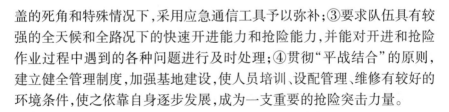

盖的死角和特殊情况下,采用应急通信工具予以弥补;③要求队伍具有较强的全天候和全路况下的快速开进能力和抢险能力,并能对开进和抢险作业过程中遇到的各种问题进行及时处理;④贯彻"平战结合"的原则,建立健全管理制度,加强基地建设,使人员培训、设配管理、维修有较好的环境条件,使之依靠自身逐步发展,成为一支重要的抢险突击力量。

二、机动抢险队的组织与管理

(一)机动抢险队的组织

1. 人员组成

机动抢险队的人员既要保持精干,又要一专多能。本着精干、高效的原则,经多年实践与运行,基本确定了每个抢险队的人员组成。每个机动抢险队以 50~60 人为宜,其中设队长 1 人,副队长 1~2 人,后勤保障及管理人员 2~3 人,各类机械驾驶、机修人员 20 人(含各类专业人员 7 人,其中机械专业 2 人,治河专业 2 人,水工专业 2 人,电气专业 1 人),抢险队员 30 人(含有防汛抢险专门技术的技师 3 人)。抢险队队员年龄一般在 20~45 岁,身体健康,初中以上文化程度,具有较强的责任心,熟悉防汛抢险技术,具有实际操作能力。

2. 职责和调遣

机动抢险队的职责是贯彻执行国家有关防汛工作的方针、政策、法规、法令;制订和组织实施各种险情的抢险预案;检查各种设备的完好情况;接到抢险命令后,及时出动。

机动抢险队的中心任务是抗洪抢险,每年必须在 6 月 15 日前集中待命,进行防汛抢险准备和技术训练,并完成上级交给的与防汛抢险有关的其他任务。机动抢险队在主汛期要高度戒备。接上级抢险指令后,要迅速赶赴出险地点,投入抢险,并对参与抢险的群众防汛队伍、人民解放军和武警部队进行技术指导。

按照《黄河下游专业机动抢险队管理办法》,机动抢险队在所辖河段抢险的调遣,由省黄河防汛办公室下达调动命令或批准;省内黄河系统外的抢险调遣报黄河防总办公室备案。跨省抢险的调遣,由黄河防总办公室下达调度命令或批准。

3.制度建设

机动抢险队应建立健全岗位责任制、防汛抢险操作程序、设备操作与维修保养规程,安全检查制度、值班制度、请假制度等,逐步实现正规化、规范化、现代化管理。

机动抢险队应对每次重大抢险活动作详细记录,及时总结并存档;进行年度抢险技术总结和工作总结,并按规定逐级上报;制定详细的考核办法,做好队员技术等级考核、晋升工作,对队员的学习训练、抢险实绩实行档案化管理。

(二)机动抢险队的管理

1.管理模式

由于机动抢险队承担的抗洪抢险任务是公益性事业,其机械设备也是由国家投资购买或调拨的,属于公益性资产。因此,机动抢险队由水管单位具体负责管理,抢险队队长由水管单位一名副职负责人兼任,抢险队员由运行观测机构人员兼任,实行"一岗双责",平时承担运行观测任务,汛期集中训练、待命,出现险情时根据调动命令随队参加抢险。国家所配备的抢险机械设备由水管单位管理,从事经营活动所提取的折旧款专款专用,只能用于设备更新。

2.设备管理

设备管理的好坏将直接影响到抢险的成败。各机动抢险队均成立设备管理领导小组,配备专职管理员、机务员、设备统计员、单机设备负责人,设备管理实行岗位责任制。机动抢险队的机械设备是防汛抢险专用设备,应制定严格的管理办法,严格执行操作规程,按规定进行经常性的维护与保养,保证设备完好。国家投资或上级调拨的机械设备,应逐台建档,纳入固定资产管理,并按规定填写设备履历书、运转日志,记录完整、齐全。

机动抢险队机械设备闲置时应入库保管,入库前做好封闭保养。因报损、报废处理而减少的设备,要及时补充。报损、报废程序按规定办理。

机动抢险队要有计划、有目的地培养设备管理、使用、维修人员,并定期进行业务理论与操作技能考核,考核结果作为职工晋级的重要依据。新型设备在使用前,要组织设备管理人员和操作维修人员进行培训,经考核合格后方可上岗。

3. 工具料物管理

机动抢险队常备的防汛工具料物只准用于工程抢险,不得挪作他用。机动抢险队应储备的工具料物由专业机动抢险队所在市级河务局按规定标准配齐,实行专库存放,上架挂牌,做到防火、防腐、防霉、防锈、防撞击。工具料物应建立相应的保管、领用制度,做到"采购、验收、入库、保管、使用、用后回收"6 个环节手续齐全。

机动抢险队奉命执行任务时,要按照需要带足配备的抢险工具料物。其他所需料物由出险所在地单位负责供应。抢险结束后,机动抢险队要向抢险所在地单位提交物资消耗清单,及时进行结算,以尽快恢复原有库存。

当黄河系统外防汛抢险确需调用专业机动抢险队储备的防汛料物时,在不妨碍黄河工程抢险情况下,可以使用,但须经省黄河防汛办公室批准,发生的有关费用由被支援方负担。

第三节　防汛队伍培训与演练

抢险队伍组织好后,必要的培训和演练是保持抢险队伍的战斗力的有力保证。通过多年抗洪抢险实践,许多富有成效的抗洪抢险经验已经被总结出来,并且已经开始对抗洪抢险人员进行培训,当前已形成一套比较完整、科学、实用的经验和方法。为提高抢险的技术水平,进行抢险技术培训是非常必要的。

一、抢险技术培训基本理念

在防汛抢险技术培训时不仅要培训抢险队员抢险技能,更要坚持一个基本理念,就是"以防为主,防重于抢,有备无患",在培训时要重点提高队员的巡堤查险、识险辩险的能力。对险情做到早发现、早处置,尽量避免更大险情的发生。

二、培训要求

抢险技术培训应从实际出发,因地制宜,理论联系实际。为达到较好的学习效果,可请既有理论知识,又有防汛抢险实践经验的工程技术人

员、老干部、老河工授课,将抗洪抢险技术经验传授给青年一代,使他们达到应知、应会的要求。

三、培训方法

防汛抢险技术培训可采用学习班、研讨会、实战演练、拉练、知识竞赛和技术比武等方式进行,也可结合实际施工、抢险,理论联系实际,有针对性地传授某一种抢险技术,还可采用挂图、模型或录像等形式进行教学。培训时要注重理论联系实际,注重学习效果,达到学以致用的目的。对于防汛专业队伍、群众防汛队伍、专业机动抢险队、人民解放军和武装警察部队的防汛技术培训,可针对其队伍特点,采用相应的培训方法。

专业队伍由河道堤防、水库、闸坝等工程管理单位的管理人员、护堤员、护闸员等组成。传统的抢险技术是先辈留给我们的宝贵财富,其技术传承主要靠专业队伍来完成。由于其职业关系,专业队伍的队员对于防洪工程的管理养护知识和防汛抢险技术一般有一定了解,可以有针对性地进行某项业务的培训。同时,应特别注意培养技术带头人,抢险时起到技术核心作用。

对群众队伍的培训可以采用广泛培训和重点培训相结合的方法。广泛培训主要是利用广播、电视、标语,以及群众大会进行防汛意义教育和防汛常识培训;重点培训就是要对防汛骨干人员集中培训,采取的模式是对沿河或者滩区村庄选派具有高中文化水平的人员,作为重点培训对象,组织学习培训,并建立个人信息档案,加强管理。

机动抢险队作为重要的抢险突击力量,在抗洪抢险中具有非常重要的作用,队伍的培训除上述传统方法外,还应制订培训计划,加强防汛抢险技术学习,开展防汛抢险新技术、新材料、新方法的研究和演练,不断提高队员的抢险技术水平。在日常的训练中,要注意培养队员的组织能力和动手操作能力,使每一个队员都能独挡一面,并一专多能;同时注意不断提高队员机械设备的操作水平,使人机成为一个有机的整体,保证机械效率得到充分发挥,把机动抢险队建设成为一支机动灵活、反应快速、抢险水平较高的专业化抢险队伍。

人民解放军和武装警察部队防汛技术培训可以采用重点培训的方法,防汛主管部门可以邀请部队派出一定数量的技术骨干,河务部门对其

进行防汛相关技术培训,他们回到部队后,可以在日常军事训练中加入抗洪抢险技术演练。防汛主管部门也可以邀请部队派出一定数量兵力参加军地联合的防汛演习,深化抗洪抢险技术培训效果。

四、重要险情培训

防汛抢险人员对于险情识别和处理非常重要,特别是重大险情识别,关系到防汛抢险工作的成败。险情有很多种,其中比较重要的险情有渗水、管涌、漏洞和滑坡。

(一)重要险情及处理方法

(1)渗水。渗水就是堤防的背水堤坡或堤角附近出现土层潮湿或发软有水渗出的现象。如果不及时处理,有可能导致集中渗水、脱坡、管涌等险情。对渗水险情可以采取开沟导渗、反滤导渗和临河筑戗等方法处理。

(2)管涌。管涌险情一般发生在背水堤脚,附近洼地或坑塘里,地面上或坑塘中冒水、冒沙,冒沙处形成沙环,有的地方出现单个或多个,甚至形成管涌群。如果基础细沙层被淘空,就会导致堤身骤然下挫,甚至造成决堤。对管涌可以采用反滤导渗、反滤围井和蓄水反压等方法处理。

(3)漏洞。漏洞险情是在汛期高水位的情况下,大堤背水坡或堤角附近发生横贯堤身或基础的漏水孔洞。如不及时抢护,险情很容易迅速恶化,造成堤防溃决。对漏洞险情可以采取软帘盖堵、软楔堵塞和抛填黏土前戗等方法处理。

(4)滑坡。滑坡是严重险情之一,主要特征是堤顶、堤坡发生裂缝,随着土体下挫滑塌,裂缝迅速发展,如不及时处理,很容易造成堤防溃决。还可以采用固脚阻滑、滤水土撑和滤水后戗、滤水还坡等方法处理。

(二)巡查办法

堤防应分段包干配置巡查人员。巡堤查险人员要明确责任,坚守岗位,听从指挥,严格按查险制度进行巡查。发现异常情况要及时报告。要做到"六查",即查堤顶、查堤迎水坡、查堤背水坡、查堤角、查平台及查平台外一定范围,并互相查过责任段至少 $10 \sim 20$ m。巡查时要特别注意堤后洼地池塘、排灌渠道、房屋内外等容易出险又容易被忽视的地方。

要坚持昼夜巡查。巡查人员巡查时要注意"五时",做到"五到""三

清""三快"。"五时"即吃饭时、换班时、黎明时、黑夜时、刮风下雨时,在这些特别时刻都不能间断巡查;"五到"即眼到、耳到、手到、脚到、工具到;"三清"即险情查清、信号记清、报号说清;"三快"即发现险情快、报告险情快和处理险情快。

五、抢险技术演练形式

(一)现场演练

在一定区域预设模拟险情,如在现场修筑围堤,充入一定水量,抬高水位,制造人造漏洞等险情。由防汛抢险队伍实地操作,演练各种防汛抢险技术,对提高抢险技能实际效果很好。诸如抢堵堤防漏洞,抢护险工坝岸墩蛰、崩塌、滑坡、垮坝等险情,修作柳石搂厢、捆抛柳石枕、编抛铅丝笼等抢护技术,均能得到较好锻炼。

(二)岗位练兵

汛前或进入汛期,各级防汛指挥部组织有关业务人员,进行知识竞赛,或通过组织各种岗位练兵活动,提高防汛人员的业务素质,以利更好地完成防汛任务。

(三)模拟演练

通过虚拟洪水过程和假想的防汛战场,组织各级防汛指挥人员与防汛队伍进行模拟演习。在演习过程中,各级防汛指挥部根据模拟的水情发展,预估可能发生的险情,及时作出应变部署。提出对险情采取的抢护措施与实施步骤,并及时反馈。防汛抢险队伍按照上级命令及部署,进行操作,提高指挥人员应变决策能力与防汛队伍抢险战斗力。

(四)紧急拉练

一般以乡镇为单位选择白天或夜间某一时间,对抢险队或基干班实行全副武装紧急集合,通过紧急集合检验防汛抢险队伍是否官兵相识,抢险工具、料物携带是否齐全,组织性、纪律性是否严密,是否能达到"召之即来,来之能战"的要求。对紧急拉练中暴露出的问题,有针对性地及时纠正,进一步促进组织、工具、料物和技术的落实。

(五)综合性演练

为了全面锻炼防汛队伍的抗洪抢险能力,有时候还会采取综合性演练的方式来锻炼队伍。在综合性演练中,模拟演练、紧急拉练和现场演练

都包含其中。综合性演练规模较大,参演人员和队伍多,筹备时间较长,演练效果较好。

六、防汛演习实例

为了提高防汛抢险人员的防汛技能,每年汛前各级指挥机构均组织防汛抢险队伍进行大规模演习。2006 年 7 月 6 日,山东省防指在济南市历城区付家庄险工举行了山东黄河防汛军民联合演习,此次演习规模较大,参演部门和队伍众多,演练科目较多,比较具有代表性,以本次演习为例介绍综合性防汛演习过程。

演习项目分比赛和演示两大类、8 个单项。有围堰爆破,捆抛柳石枕,水上运输、水上救生,管涌险情抢护,移动气象台及防汛抢险新设备、新材料、新工艺演示,直升飞机滩区救援等。参加演习的队伍主要有济南军区陆军航空兵团、山东省军区淄博预备役工兵团、山东省军区济南预备役舟桥团、武警山东总队防汛抢险突击队,菏泽、东平湖、聊城、德州、济南、淄博、滨州、东营黄河防汛抢险队。

现将演习科目、解说词按时间顺序记录如下。

(一)围堰爆破

模拟黄河洪水较大,利用东平湖滞洪区分洪,对林辛分洪闸闸前围堰实施爆破,由山东省军区淄博预备役工兵团按照上级指令,对闸前围堰实施了爆破。

(二)捆抛柳石枕

模拟济南历城付家庄险工洪水淘刷,部分坝岸根石严重走失,发生坝岸坍塌险情,由菏泽、东平湖、聊城、德州、济南、淄博、滨州、东营等 8 支黄河防汛抢险队,实施捆抛柳石枕抢护。

(三)水上运输、水上救生

模拟黄河滩区全部漫滩,部分尚未撤离的滩区群众被洪水围困,由山东省军区济南预备役舟桥团、武警山东总队防汛抢险突击队,实施水上运输和水上救生。

(四)管涌险情抢护

模拟黄河大堤全线偎水,部分堤段发生严重渗水和管涌险情,由沿黄 9 市黄河防汛抢险队实施管涌险情抢护。

（五）移动气象台和防汛抢险新设备、新材料、新工艺演示

由山东省气象局和山东黄河河务局,对移动气象台和部分防汛抢险新设备、新材料、新工艺进行演示。

（六）直升飞机滩区救援

模拟洪水漫滩,天桥滩区部分群众被洪水围困,急需救援。接到救援请求后,济南军区派出 2 架直升机实施紧急救援。

（七）演习结束

全部演习科目完成,演习结束。

第六章 防汛物资与抢险设备

　　防汛物资和抢险设备是防汛抢险的重要物质基础,防汛物资包括防汛料物和常用抢险工器具,抢险设备包括防汛抢险的运输设备和机械设备。常用防汛料物有土料、石料、木材、袋类、薪柴料、防渗堵漏材料、土工合成材料、铅丝、绳类、帐篷、救生衣、发电机组、查水灯具等;常用工器具类别较多,主要是一些查险、探险和手持操作工具,如查水灯具、摸水杆、打桩机、木工锯、月牙斧和铁锨等。运输设备主要有拖拉机、翻斗车、载重汽车和驳船。抢险的机械设备主要有推土机、装载机、挖掘机和铲运机等。随着社会的发展、科学技术的进步,近年来新的防汛物资和抢险设备被广泛地应用于防汛抢险中。

第一节 防汛料物

一、防汛料物种类

(一)土料

　　土料是防洪工程和防汛抢险中最常用的重要材料。修筑堤防、抢修子堤、截渗堵漏等都离不开土。为了正确而有效地使用土料,必须对土的基本性质有所了解。

　　1.土的组成

　　土是岩石经物理的、化学的风化作用,形成粒径大小悬殊的颗粒经过不同的搬运方式,在各种自然环境中由非胶结的矿物颗粒碎块组成的堆积物或沉积物。它是由固态矿物颗粒、孔隙中的水和气体组成的三相体系。

　　固体颗粒是土的骨架,其大小、形状、矿物成分及组成是决定土的物理性质的重要因素。粗颗粒一般是岩石物理风化的产物,细颗粒主要是化学风化作用形成的次生矿物和生成过程中混入的有机物质。

表征固体颗粒特性的指标有两个：一是级配，二是矿物成分。级配就是将颗粒划分为粒径组，用不同方法测出各粒径组占土粒总重量的百分数，即可绘出不同土样的颗粒级配曲线。工程上常用不均匀系数 $K_u = d_{60}/d_{10}$ 衡量土料的不均匀性，d_{10}、d_{60} 分别为小于某粒径土粒重量累计百分数为 10% 和 60% 时所对应的土粒粒径。$K_u < 5$ 为均匀土，$K_u > 10$ 为不均匀土。土的矿物成分见表 6-1。由此表可见，粗颗粒土的性质主要与其粒径及级配有关，而细颗粒土矿物成分对其性质有非常重要的影响。

表 6-1　土壤粒径组及矿物成分

土粒名称		粒径范围(mm)	矿物成分	一般特性
漂石、块石卵石、碎石		>200 200 ~ 20	与母岩相同	透水性很大，无黏性，无毛细水
圆粒角砾	粗	20 ~ 10	与母岩相同	透水性大，无黏性，毛细水上升高度不超过粒径大小
	中	10 ~ 5		
	细	5 ~ 2		
砂粒	粗	2 ~ 0.5	母岩中单个矿物颗粒，如石英、长石、云母等	易透水，当混入云母等杂质时，透水性减小，压缩性增加，无黏性，遇水不膨胀。干燥时松散，毛细水上升高度不大，随粒径变小而增大
	中	0.5 ~ 0.25		
	细	0.25 ~ 0.10		
	极细	0.10 ~ 0.05		
粉粒	粗	0.05 ~ 0.01	石英、$MgCO_3$、$CaCO_3$、难溶盐	透水性小，湿时稍有黏性，遇水膨胀小，干时稍有收缩，毛细水上升高度大，易出现冻胀
	细	0.01 ~ 0.005		
黏粒		<0.005	蒙脱石、黏土矿物、伊利石、高岭石、氧化物和氢氧化物、各种盐类、有机物	透水性很小，湿时有黏性、可塑性，遇水膨胀大，干时收缩显著，毛细水上升高度大，但速度缓慢

土中的水分有附着水、薄膜水和自由水。前者吸附于颗粒表面，起分

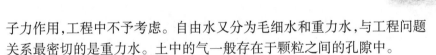

子力作用,工程中不予考虑。自由水又分为毛细水和重力水,与工程问题关系最密切的是重力水。土中的气一般存在于颗粒之间的孔隙中。

岩石风化而成的土称为无机土;当土内含有因动植物腐烂而形成的有机质时,则称为有机土。

1)土的三相组成

土是松散的颗粒集合体,它由固体、液体和气体三部分组成(也称为三相系)。固体颗粒构成土的骨架,水和空气则填充颗粒骨架间的孔隙。

当土中的孔隙完全被水充满时,称为饱和土;当土中孔隙全被气体充满时,称为干土;当土中孔隙同时存在水和气体时,称为湿土。

2)土的主要特点

土最主要的特点,首先是它的复杂性。由于成土母岩不同和风化作用的历史不同,在自然界中,土的种类繁多,分布复杂,性质各异。其次是它的易变性。土的性质经常受外界的温度、湿度(包括地下水作用)、压力(如建筑物荷载)等影响而发生显著变化。

3)土的分类

自然界的土,种类繁多,性质各异。为了应用方便,常将工程性质相近的土划归为一类,这样既便于对土进行研究,又便于对土的工程性质作出合理评价。

土的工程分类方法可分为两类:一类是实验室分类,另一类是现场勘察中根据经验和简易测试方法初步确定土的类别。实验室分类法主要是根据土的颗粒级配及塑性等进行分类。

水利工程中常按固体颗粒粗细分为黏粒($d<0.005$ mm)、砂粒($d>0.05$ mm),介于这两者之间的为粉粒。再按各种颗粒的含量将土壤分类,见表6-2。

2.土的物理性质指标

土的物理性质指标,有实测指标和换算指标两类。比较重要的指标有:实测指标,如天然容重、天然含水量和土粒比重等;换算指标,如干容重、孔隙比、孔隙率、饱和度和渗透性等。

1)天然容重

天然状态下单位体积土的重量,称为土的天然容重。一般潮湿状态下单位体积土的重量,称为土的湿容重,可用下式表示:

表 6-2 土壤分类

土壤分类		土粒含量（%）		
		黏粒	粉粒	砂粒
黏土	黏土	>60		
	砂质黏土	<35	小于黏粒含量	大于粉粒含量
壤土	壤土	10~30	小于砂粒含量	大于粉粒含量
	粉质黏土	10~30	大于砂粒含量	小于粉粒含量
砂壤土	砂质黏土	3~10	小于砂粒含量	大于粉粒含量
	粉质黏壤土	3~10	大于砂粒含量	小于粉粒含量
砂土	砂土	<3	0~20	77~100
	粉砂土	<3	20~50	46~80
粉土		<3	>50	<50

$$\gamma = \frac{W}{V} = \frac{W_s + W_w}{V} \tag{6-1}$$

式中　γ——土的湿容重；

W——土的重量；

V——土的体积；

W_s——土中土料的重量；

W_w——土中孔隙水的重量。

2）天然含水量

土的含水量为土中水的重量或质量 W_w 与干土重量或质量 W_s 的比值，用百分数表示：

$$\omega = \frac{W_w}{W_s} \times 100\% \tag{6-2}$$

3）土粒比重

土粒比重为同体积土粒重量与水（4 ℃）的密度的比值：

$$G = \frac{M_s}{V_s \rho_w} \tag{6-3}$$

式中　G——土粒比重；

　　　M_s——土粒重量；

　　　V_s——土粒体积；

　　　ρ_w——水的密度。

4）干容重

干容重为土粒重量与土粒体积的比值。

$$\gamma'_d = \frac{M_s}{V_s} \tag{6-4}$$

5）孔隙比和孔隙率

土粒中孔隙体积 V_v 与固体部分体积 V_s 的比值称为孔隙比 e，孔隙体积占总体积的百分数称为孔隙率 n。

$$e = \frac{V_v}{V_s}; \quad n = \frac{V_v}{V} \tag{6-5}$$

6）饱和度

土粒孔隙中水占的体积 V_w 与土体孔隙体积 V_v 的比值称为饱和度，用 S_r 表示。

$$S_r = \frac{V_w}{V_v} \tag{6-6}$$

7）渗透性

土的孔隙中的自由水在水头差作用下的流动，称为水的渗透。按水力学中层流理论，单位时间内流过与水流方向垂直的截面面积 A 的流量为

$$Q = kAI \tag{6-7}$$

式中　Q——流量，cm^3/s；

　　　k——渗透系数，cm/s，与土的性质有关；

　　　I——水力坡降，土样两端水头差 ΔH 与土样长度 l 的比值。

在渗流作用下土的渗透变形包括流土和管涌两种基本形式。

（1）流土。流土是指在渗流作用下，黏性土或无黏性土体中某一范围内的颗粒或颗粒群同时发生移动的现象，流土发生于渗流出逸处而不发生于土体内部。开挖渠道或基坑时常常遇到的所谓流沙现象，都属于流土类型。

（2）管涌。管涌是指在渗流作用下，无黏性土体中的细小颗粒，通过粗大颗粒的孔隙，发生移动或被水流带出的现象。它发生的部位可以在渗流出逸处，也可以在土体内部，故有人称之为渗流引起的潜蚀现象。有些土在水力坡降较小时就发生管涌，而另外一些土，则必须在水力坡降较大时才会发生。有些土虽然不易发生管涌，但在水力坡降升高后却会发生流土破坏。

总之，渗透变形的两种类型是在一定水力坡降条件下，土受渗透力作用而表现出来的两种不同的变形或破坏现象。

黏性土粒间由于具有黏聚力，粒间联结较紧，较易发生流土破坏；一般认为不均匀系数 $K_u < 10$ 的匀粒砂土，在一定的水力坡降下，较易局部发生流土。

试验表明，$K_u > 10$ 的砂和砾石、卵石的孔隙中仅有少量的细粒时，由于阻力较小，较小的水力坡降就足以推动这些细粒发生管涌。如孔隙中细粒增多，以至塞满全部孔隙（细粒含量为 30% ~35%），此时阻力最大，不出现管涌而发生流土现象。

（二）石料

石料是防汛抢险中的主要料物之一，包括砂、石子和块石，砂和石子一般用于渗水、管涌等险情的处理；块石大多用于决口堵复、加固堤坝、减轻淘刷等抢险项目，抢险时所需数量往往非常巨大。

1. 砂

砂是防汛抢险的主要材料，也是混凝土浇筑中的细骨料。一般使用天然砂，要求具有良好的级配。一般采用平均粒径将砂子分为四级：①粗砂，平均粒径在 0.50 mm 以上；②中砂，平均粒径为 0.35 ~0.50 mm；③细砂，平均粒径为 0.25 ~0.35 mm；④特细砂，平均粒径在 0.25 mm 以下。

如果是用于混凝土浇筑的砂子，则要求其质地坚硬、洁净，泥土和有机物质含量小，硫化物、硫酸盐和云母含量低等。

砂颗粒愈细，需填充砂粒间空隙和包裹砂粒表面的水泥浆愈多，需用较多的水泥。配制混凝土的砂子，一般以中砂、粗砂为主。天然砂具有较好的级配，其孔隙率一般为 37% ~41%，最好的砂子孔隙率可接近 50%。

在江河险情中，渗水、管涌、漏洞、脱坡以及流土冲蚀等较为常见，处理这些险情比较有效的措施就是采用临河截渗、背河导渗的方法，导渗反

滤层中重要的一种材料就是砂。

有的河流可能砂源丰富,但符合反滤层要求的不多,因此在可能出险的堤段可适当储备一定量的砂石料,堆放原则应是细料近放,粗料远放,利于施工操作。

2.石子

石子包括岩石经风化而成的卵石、砾石及人工破碎得到的碎石。防汛抢险中常将石子用于反滤层的铺设。作为反滤层的粗骨料,石子的要求应该是级配适当、洁净。当石子作为混凝土的粗骨料时,还应要求其有足够的坚硬度和耐久性。通常所用的石子包括天然石子和人工石子两种。

天然石子是指在河床内经人工或机械挖掘、筛选而获得的砾石或河卵石。碎石是由各种坚硬岩石(花岗岩、石英岩、石灰岩、砂岩、玄武岩等)经人工或机械破碎并适当筛选而成的。

卵石或碎石的颗粒尺寸一般为 5~100 mm,按其颗粒大小分为特细(5~10 mm)、细(10~20 mm)、中(20~40 mm)、粗(40~100 mm)四级。用于反滤层中小石子层和大石子层的粒径一般为 5~20 mm 和 20~100 mm。

为了取得良好的石子级配,最好先将石子按颗粒大小适当分成前述的四级。若用于反滤料,将特细料与细料、中石子与粗石子分别掺合即可;若用于拌制混凝土,可按混凝土粗骨料级配要求选取其中两种或三种粒径的石子拌制。

3.块石

石料广泛分布于大自然,品种较多,有砂岩、石灰岩、花岗岩、石英岩等,是防汛抢险和工程修建中广为采用的材料之一。

块石又称毛石或片石,是由爆破直接获得的石块,形状不规则,或仅有一两个自然平面,为江河修筑坝岸和防汛抢险常用的材料,储备于需要防守河流两岸的险工、控导护滩工程上。根据块石质量、大小不同,又可划分为一般块石和大块石两类。

(1)一般块石。质量为 20~75 kg,常用于修筑坝岸水上部分。质量不足 30 kg 的块石,不得用于水下散抛工程,且单块石重在 20~30 kg 的,比例不得大于总质量的 20%。

(2) 大块石。每块质量75～150 kg,或者更重,多用于坝的上跨角及前头的护根部位。

块石多用于防汛抢险以及堵口、截流等工程中,如扣石坝、砌石坝以及粗排乱石坝岸工程中。要求块石质量在20 kg以上,若是用于水下抛石护根,块石质量应不小于30 kg,目的是防止流速较高的大溜冲走石块。防洪抢险中除常用块石外,在流急水深重大险情抢护或堵口中常用铅丝笼、柳石枕、竹笼、木柜等装石,以增强整体性和加大抗冲能力。

综上所述,石子、块石在防汛抢险中用量较大,它是防洪工程附近的主要储备料物,若险情较大或大型截流合龙工程用石特别多,可采用临时调运石料的办法予以补充。块石用于抛石护根、压枕、沉排、抛石以及坝岸裹护等作用明显,要求使用质地坚硬、未经风化以及块体较大的石料。

(三)木材

木材由于分布广、质轻而强度高、有弹性、耐冲击,在水中能保持耐久性,同时具有易燃烧、易腐朽、变形较大等缺点,但是防汛抢险对所用木材质地要求不高,因此也经常使用。

发生重大险情时,为了及时抢护,使用各种可能获得的木料,只要没有严重腐朽、没因虫蛀而无法使用,均可用来打桩、支撑,制作木签、木笼、木排。

在汛前防汛器材准备中,也应储备一定数量的木料,储存时要注意防腐防蛀。木材在含水量为35%～50%,温度为25～30 ℃时最易腐朽。堆放时应有规律地交叉堆放于通风良好的工棚中,不能直接置于地面上,避免日晒雨淋。对于经常处于干湿交替环境中的杆、桩等应加以防腐处理。

(四)薪柴料

薪柴料是指高粱、玉米秆等秸料、芦苇苇料、树木梢枝的梢料以及荆条、芭茅、蒲草、稻草、麦草等草料。这些材料除遍及各地,可随时就地取用外,它们都具有一定的柔性和阻水性,能缓流促淤,适应河床变形。有些还可用来编织抢险用的筐、袋等容器,装填土、石料制成各种构件。历史上常用的埽工以及传统的沉排常以薪柴料为主,近年来,随着人口的增长和轻工业的发展,对薪柴的需要量日益增长,价格也不断提高,加之薪柴料自身存在强度不高、易腐烂等缺点,在河工上使用日趋减少。但是在抢险时作为临时应急措施,仍得到广泛应用。随着土工织物等新材料的发展和普及,薪柴料在防洪抢险中的地位正在逐渐被取代。

(五)防渗堵漏材料

堤防、土坝、涵闸经常遇到堤身坝体和基础渗漏问题,目前常用灌浆处理这类险情。常用的浆液材料有水泥浆、水泥-水玻璃浆和化学浆液三种。正确选用灌浆材料是决定防渗堵漏成败的关键。选择灌浆材料不仅要考虑它的黏度、渗透性、稳定性、强度、凝胶时间、成本与货源,还应注意材料的运输、存放、腐蚀性和毒性。

由于水泥货源广、价格便宜、强度高,所以应用最广。为了进一步提高水泥浆液的可灌性,缩短凝固时间,提高结石体强度,常在水泥浆液中加入附加剂。附加剂主要有以下几种:

(1)速凝附加剂。水玻璃占水泥用量的 3% ,氯化钙占水泥用量的 2% ~3% ,它们可使凝胶时间比纯水泥浆缩短近 1/2。

(2)速凝早强剂。以三乙醇:氯化钠(占水质量0.1% ~1.0%),三异丙醇:氯化钠(占水质量 0.05% ~0.5%)为最好,与纯水泥浆相比,凝胶时间缩短近 1/2,抗压强度增大 1 倍以上。

(3)塑化附加剂。可降低浆液黏度,增强其流动性,常用食糖、六偏磷酸钠和亚硫酸盐纸浆废液,它们的掺入量分别为水泥质量的 0.03% ~0.05% 及 0.2% ~0.4%。

(4)悬浮附加剂。增加其流动性,提高水泥浆结石率,有益于小裂缝灌浆,但结石体强度有所降低,凝结时间延长。一般用量是水泥的 5% ~10%。

(5)环氧砂浆。环氧是热固性合成树脂,在其中加入各种添加剂和填料可制成各种性能的黏结料和环氧树脂砂浆,可用于水下工程补漏防渗。

(6)防水快凝砂浆。在水泥砂浆中加入防水剂配制而成,防水剂由多种化学物质组成。

(7)沥青胶。以热用沥青胶为主,一般沥青占70% ~80%,矿物填料(石灰、石粉、滑石粉、石棉等)占 20% ~30%。矿物料愈多,耐热性愈高,黏结力愈大,但柔性、流动性下降。配制方法是:先将矿物粉加热到100 ~110 ℃,再慢慢倒入已熔化的沥青中,继续加热并搅拌均匀,直至所需要

的流动性即可。

（8）聚氯乙烯胶泥。其技术指标是:抗拉强度(25 ℃)50 kPa,黏结强度(25 ℃)>100 kPa,耐热性>80 ℃,25 ℃常温延伸>100%, −25 ℃低温延伸不小于10%。

（9）沥青鱼油油膏。沥青鱼油油膏比沥青胶柔性、黏结性、耐老化性、耐热性均有提高,而且可在常温下施工。

（10）丙乳砂浆。将丙烯酸系列乳液拌到水泥砂浆中,其配合比是:水泥:砂:石子:水:丙乳=1:2.4:2.8:0.54:0.05。这种混凝土建筑物修补新材料,黏结强度及抗碳化能力比一般水泥砂浆高5倍及4.5倍,成本是环氧砂浆的1/5~1/3。

（六）袋类

袋类是指由麻、草等线绳,或各种合成纤维如锦纶、丙纶、涤纶或腈纶等编织而成的袋或布织品。这些编织品在江河防汛抢险中被广泛采用。

1. 草袋

草袋是用稻草编织成的袋子,具有一定的强度,透水性好,是抢护险情的常备料物。但草袋浸水后自身较重,且有易老化霉烂、储存时间不长等缺点。

草袋常用的规格为94 cm×54 cm,装土50 kg,强度比同股的麻绳或化纤绳低。草袋常用于装土、砂卵石压埽,修筑子堤、护坡,围堵漏水闸门等。由于它存在以上缺点,随着其他编织袋的大量生产及推广使用,目前已很少采用。

2. 麻袋

麻袋是用各种麻料编织而成的袋子。麻袋具有较高的强度,便于运输,储存期较长。常用的麻袋尺寸为98 cm×65 cm,可装土115 kg,装粮食约90 kg。麻袋间摩擦系数为0.554。

麻袋常用来装土石料压埽,或用于多种险情的抢护,并常用来装粮食,在堤防决口时可用于堵塞缺口。作为抢险料物,以往重要江河防汛储备有大量的麻袋,近年来随着防汛新技术、新材料、新工艺的出现,麻袋的存放数量大幅缩减,有的地区甚至已经在防汛定额中取消了麻袋。

3. 土工织物袋

土工织物袋俗称编织袋,是用塑料绳以及各种合成纤维如涤纶、腈纶

等编织而成的。聚丙烯编织袋的抗拉强度和摩擦系数分别为 0.6 kN/5 cm 和 0.285(干态)。编织袋常用的规格为 50 kg 装的,尺寸为 94 cm × 54 cm;25 kg 装的,尺寸为 76 cm × 46 cm。

目前,土工织物袋已广泛用于防汛抢险,它具有体积小、质量轻、便于搬运操作、强度高、耐腐蚀、价格低廉等特点,在江河堤坝的抢险中常被用来装砂、装土修作子堤和护坡、加固堤脚以及堵漏等。就目前的实际情况看,编织袋的用量远远超过了麻袋,并有取代麻袋的趋势。但是,编织袋的储存期较短,抗紫外线能力较低,因此一定要避光存放,并用黑色织物作外包装。

(七)土工合成材料

土工合成材料是以人工合成的聚合物为原料,制成各种用于土木工程建筑的料物。土工合成材料是近 20 ~ 30 年发展起来的一种新型材料,由于它具有质轻、强度高、耐磨、防腐、柔性、价廉和施工简便等优点,从而得到飞速发展。

1.分类

土工合成材料可分为土工织物、土工膜、塑料排水板及硬质塑料管等。

1)土工织物

土工织物是指由聚酯(PES)、聚丙烯(PP)、聚氯乙烯(PVC)、聚乙烯(PE)、聚酰胺(PA)等聚合物形成纤维所制成的织物。按其制成方法可分为以下几种:

(1)有纺型。有纺型又分为机织型和编织型两种。

机织型:由相互正交或斜交的两组纤维织成或压粘而成。所用材料以聚氯乙烯为最多,其次为聚乙烯。成品具有较高的强度和较低的延伸率。规格以 100 mm 所含纤维根数表示,如 40 × 40 即经向和纬向各含编丝 40 根,一般厚 0.5 ~ 10 mm。

编织型:用上述聚合物制成的单丝按一定的联锁方式编织而成,与编织毛衣相似。

(2)无纺型:将聚合物纤维(以聚脂最多)无规则的或定向的排列,再加粘合剂(合成树脂、橡胶、乳胶等)使其黏结在一起,或加热加压使纤维搭接点黏结,也可用特制的带有刺状的针反复穿刺纤维薄层,使纤维互相

缠绕在一起,与毛毯相似。

（3）新型特种土工合成材料:近几年新研制出管状和三维土工织物,如土工格栅、土工网、土工席垫和土工格室等。

2）土工膜

最简单的土工膜是聚氯乙烯(PVC)、氯化聚乙烯(CPE)、高密度聚乙烯(HDEP)、氯磺聚乙烯(CSPE)、耐油聚氯乙烯(PVC - OR)和聚丙烯等薄膜,在薄膜上用草泥、土或混凝土板保护,主要用于防止渗漏,其渗透系数可小至 10^{-14}。后来发展到三层 $0.06 \sim 0.1$ mm 厚的薄膜或增大膜厚来承受较大水压力下的防渗。20 世纪 80 年代开始将塑料薄膜与编织布配合使用,即发挥膜的不透水性和编织布较高的强度组合优化。在编织布上涂 $1 \sim 2$ 层厚 $0.03 \sim 0.06$ mm 的塑料薄膜(聚氯乙烯、聚氨酯沥青等),称编织布覆膜,铺放时再在临水面加一层厚 $0.04 \sim 0.12$ mm 的聚乙烯薄膜,形成两道防渗结构,效果较好。

3）塑料排水板

由芯板和透水滤布组成的复合性构件。芯板为瓦楞或多十字等形状的硬塑料薄板,原料主要是聚氯乙烯或聚丙烯。滤布则为薄型无纺布,原料主要是涤纶或丙纶。滤布包裹在芯板外面,在滤布和芯板之间,形成纵向排水沟槽,将此排水板插入土中,结合其他预压措施可对堤防软弱地基排水固结,增加地基强度。排水板一般宽 100 mm,厚 $3 \sim 4$ mm。

4）硬质塑料管

硬质塑料管,一般厚 $1.7 \sim 4$ mm,直径几十毫米至 250 mm,管壁开孔,可用于防汛抢险中的减压井工程。

2. 土工织物的基本特性

防汛抢险中使用的土工织物,最主要的性能指标如下。

1）抗拉强度

因为土工织物的厚度不易确定,且厚度又随受力的大小而变,所以拉应力以单位宽度所受的力来表示。测量拉应力方法常用宽 5 cm、长 15 cm 的试样,两端用同样宽度的夹具夹紧加载,并控制拉伸速度 30 cm/min,试样断裂时荷载即为抗拉强度。

2）顶破强度

顶破强度反映土工织物抵抗垂直于其平面的压力的能力。如铺在软弱地基上的土工织物,上面再覆盖块石,在块石自重作用下,地基土料会向块石孔隙方向顶托土工织物,使它承受双向受拉,此时就要考虑土工织物的顶破强度。

顶破强度采用美国国家标准(ASTM)D3786－80a 推荐自液压顶破试验测定,即用直径为 10 cm 的圆形试样,在试样下方铺放一块橡皮膜,将试样和橡皮膜一起夹在内径为 3 cm 的环形夹具内,然后在下方加液压使橡皮膨胀,加压速度为 95 cm/min,至土工织物被顶破时即可得顶破强度,通常土工织物顶破强度为 1～9 MPa。

3)刺破强度

防汛抢险中使用的土工布及其构件,经常会遇到被块石棱角或树枝刺破的可能,因此需要了解土工织物的刺破强度。刺破强度的测定方法与液压顶破试验相似,只是以金属杆代替橡皮膜,用机械压力代替水压力。金属杆直径为 8 mm,杆端呈半圆形,环形夹具内径 4.5 cm,加荷速度为 30 cm/min。直至试样被刺破时的荷载即为刺破强度,土工织物的刺破强度一般为 200～1 500 N。

4)孔隙率

孔隙率是指单位体积的土工织物中孔隙所占的体积,它反映土工织物通过水流的能力。一般表示为

$$n = \frac{V_v}{V} \times 100\% \qquad (6\text{-}8)$$

式中　V_v——孔隙体积;

　　　V——总体积。

5)纺织物的开孔面积(简称 POA)

开孔面积是织物的孔洞面积与总面积的百分比,可用来判断织物的透水能力和防淤堵能力,可用光线穿透法测定。一般有纺织物 POA 为 4%～8%,单丝有纺织物 POA 可达 30% 以上。

6)孔径级配与有效孔径

土工织物中存在大量的孔隙,而孔隙的形状和大小不一,为了解织物中不同孔隙的分布情况,可通过显微放大法或筛分法测出孔径级配曲线,与泥沙粒配曲线类似。为了与泥沙粒径有所区别,土工织物的孔径用 O 表示。织物的孔径可以反映该织物阻挡固体颗粒的性能及其透水能力,

因此是土工织物反滤层结构中重要的设计参数。设计中常用的是一些特征孔径，其中用得最多的是有效孔径 O_e，有效孔径至今尚无统一的确定方法。美国采用的是 O_{95}，O_{95} 就是筛分时的筛余量为95%时的孔径。

7）渗透特性

防洪抢险工程中采用土工布作为反滤导渗材料时，选用编织布常需考虑布的渗透性与土壤渗透性关系，因此土工布的渗透系数是一个重要的指标。土工布的渗透性应该包括垂直于织物方向和平行于织物方向。平行渗透性目前尚无可靠的量测方法。根据分析，一般土质堤坝高度小于50 m时，堤底铺一层土工织物就可起排水反滤作用。土工织物的垂直方向的渗透率 K_n、容水率 ψ 数值范围一般为 $K_n = 0.000\ 8 \sim 0.23\ \text{cm/s}$，$\psi = 0.02 \sim 2.25\ \text{s}^{-1}$。

一般产品目录中都列有这两个指标可供选用。

8）土工织物的耐久性

（1）老化与抗老化。土工织物老化主要是大气老化，大气老化中影响最大的是紫外线辐射。实践证明，聚乙烯、聚丙烯等原料制成的土工织物，如果埋置于土中或用其他方法加以保护，其老化时间可达50年。目前除加强防护外，还在生产过程中添加防老化剂，以抑制光、氧、热等对高分子的破坏作用，已经取得了明显的进展。

（2）化学侵蚀。聚合物对化学侵蚀一般具有较高的抵抗能力。但是柴油对聚乙烯、碱性很大（pH≥12）的物质对聚酯、酸性很大（pH≤2）的物质对聚酰胺强度有一定影响，某些土工织物长期浸泡于含盐的水中，强度和延伸率会降低20%。

（3）抗生物侵蚀。土工织物的生物侵蚀问题主要是一些藻类、水草、枝叶等的堵塞作用。此外，当织物用于含铁量高的红土的反滤层时，由于细菌的繁殖而降低其反滤性能。

（4）抗磨能力。防洪抢险中使用的编织布常会与块石、砂等坚硬物质接触而发生磨损破坏。单丝或复丝有纺织物具有较强的抗磨能力，扁丝有纺织物抗磨能力则很低，热粘及化学粘合的无纺织物抗磨能力与黏结方式有关，针刺无纺织物的表层易被磨损，但对内层影响不大。

（5）抗温度、冻融及干湿变化的能力。温度较高时，聚合物分子结构可能发生变化，从而影响其弹性和强度，高温时，合成材料将发生熔融现

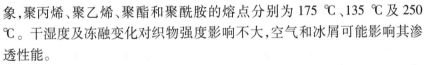

象,聚丙烯、聚乙烯、聚酯和聚酰胺的熔点分别为 175 ℃、135 ℃及 250
℃。干湿度及冻融变化对织物强度影响不大,空气和冰屑可能影响其渗
透性能。

9)土工织物防渗中的淤堵问题

用于反滤的一般为无纺土工织物,其法向渗透系数为 $10^{-2} \sim 10^{2}$
cm/s,孔径为 0.05 ~ 0.5 mm,有较好的保土性,但其渗透系数比传统的砂
石料低,因此容易使细颗粒停滞于土工织物前面造成淤堵,特别在渗透流
量大,被保持土细颗粒多时更易发生。对于土工织物在导滤中是否会产
生淤堵,目前还没有成熟可靠的判别准则,因此防汛中抢护渗漏险情使用
土工织物作反滤材料时,在允许范围内,尽可能选用有效孔径大、渗透性
强的土工织物。

10)土工织物的作用

(1)塑料编织袋。利用其耐久性、柔韧性及整体性代替体积大、自重
大、易腐烂的草袋和麻袋。防汛中常用的化纤模袋,大多是用锦纶,少量
用涤纶或丙纶织物制成的袋状构件,施工时用高压泵将混凝土或砂浆灌
入模袋之中,凝固后成板状结构,厚度为 10 ~ 30 cm。模袋在防汛抢险中
主要是代替传统的护坡材料和结构,抗冲能力很好,整体性好,施工快,具
有可在水下施工、外表美观、经济实惠等优点。模袋按灌注料分为混凝土
型和砂浆型;按其排渗性还可分为有过滤点和无过滤点两类。需要排泄
地下渗流的护坡,应选用有排水过滤点的砂浆型模袋,当然,也可使用无
过滤点型,但在施工时应按渗流情况加设排水孔。

(2)反滤用土工织物。利用其透水性代替砂石反滤料,用以防止堤
防渗漏、管涌、浑水漏洞的破坏,还可用来加固软弱地基。反滤用土工织
物大都是针刺型纺布,它的强度没有显著的方向性,有较大的延伸率,能
适应较大变形,加工简单,价格较低,质量一般为 100 ~ 800 g/m²。使用透
水土工织物反滤导渗,常易堵塞而失效,特别对于渗水量大、涌冒细沙情
况,应该慎用。

(3)涂防水材料的编织布。除土工膜外,在编织布上涂以树脂、沥青
油膏等防水材料后,可用来保护堤坡不受水流、风浪的冲刷,从而阻隔堤
防的渗水、漏洞的水源。

(4)土工合成材料的其他用途。土工合成材料还可用于土体结构物

加筋,以增加其强度和稳定性。将土工合成材料埋于土体中,可分散土体应力,增大土体模量,传递抗拉应力和摩擦力,还可限制土体的侧向位移。目前,已出现土工网、土工格栅、格室及土工席垫等品种,使其性能得到更大发挥。工程设计中,应针对不同的使用目的,选用具有不同性能参数的土工织物。

(八)铅丝

铅丝(又称铁丝、铁线)是用普通低碳钢热轧圆盘条(线材)经冷拉而成的。随着社会的进步,强度更高的铅丝被用于防洪抢险,如铅丝笼和埽工用的铅丝龙筋等。铅丝抗拉强度高,用于埽体即使处于湍急的河流中也不易被拉断,较绳缆更具有临场优越性。但是铅丝在水下易腐烂,不能持久。在紧急抢险过程中,使用铅丝有助于埽体的控裂断和短时的稳定性,对防汛抢险技术的发展具有良好的促进作用。铅丝在防汛抢险中的常规用途是作绑扎材料和编织铅丝网片,挂柳防浪、挂柳箔、捆枕、搂厢等都用铅丝捆扎加固。在抢险中常用铅丝编织铅丝网片,抢险时连成铅丝笼,装石后抛至需要加固防冲的部位。铅丝表面镀锌的,称为镀锌铅丝,可作导线用。不做镀锌处理的称为铅丝或黑铅丝。用作绑扎铅丝笼的,铅丝含碳量不宜过高,以利用其柔性,便于手工操作。

当前防汛所用铅丝主要有 8 号、10 号和 12 号三种型号(见表 6-3),在实际抢险应用中多将铅丝编织成网,防汛时网上置石再连网成笼,用以抛投。一般情况下用 12 号铅丝编织成网眼 15～20 cm 见方的网,用 8 号或 10 号铅丝作框架,网片尺寸为 3 m×4 m,网片应事先编好成批存放备用。网片的一般编织方法为:打木橛→截框架→截网条→盘条→编网。

铅丝网片性能指标为:12 号铅丝抗拉强度为 1.45 kN,最大伸长率为 15.5%。

铅丝网笼装块石常用于受大溜顶冲险情较重的部位,以压护水下根石坡面,防止急流冲揭堤坝根部。也可用于截流工程合龙、抢堵较大决口、涵闸护坦海漫以及桥梁护墩等。

各大江河防汛物资仓库中存放有大量铅丝,从多年储备经验看,铅丝经过一定时间的存放后存在硬度增加、易折断、难以加工等问题。为了保证铅丝的性能,有的防汛管理部门已经对铅丝存放和更新进行了相应修改,比如黄河水利委员会原有"黄河防汛主要物资储备定额"中将铅丝更新年限定为长期存放,新修订的定额中,根据铅丝在实际存放中发现的问题,将铅丝更新年限设定为 16 年。

表6-3　防汛抢险常用铅丝的规格、质量、长度和抗拉强度

规格		断面面积	抗拉强度(光面)	质量	长度
号数	直径 (mm)	(mm²)	(N/mm²)不大于	(kg/100 m)	(m/kg)
6	5.0	19.64		154.17	6.48
7	4.5	15.89	850	124.84	8.02
8	4.0	12.56		98.59	10.14
9	3.8	11.34		89.02	11.23
10	3.5	9.62		75.58	13.24
11	3.0	7.07	1 000	55.49	18.02
12	2.8	6.16		48.35	20.68

(九)绳类

在防汛抢险中,常用的绳类有麻绳、竹绳、草绳、化纤绳、铅丝绳等。其原料分别为苘麻、竹篾、蒲草、稻草、龙须草、化学纤维、铅丝等。现代防汛抢险中常用的绳索有麻绳和化纤绳。

麻料分苎麻和苘麻两种。苘麻入水后较苎麻耐沤,抢险用的麻绳,主要由苘麻制成。在埽工中,使用的麻绳种类很多,如盘绳、细绳、五丈绳、六丈绳、八丈绳、十丈绳、十二丈绳、十八丈绳、大绳等。

各绳的规格及用途也不相同,主要介绍如下四种:

(1)细绳。以苘麻为原料,二股合成,直径 10 mm,多用于合龙时编织龙衣。

(2)五丈绳。三股苘麻合成,直径 25 ~ 30 mm,长约 17 m,单根绳重 2.5 ~ 3.5 kg,常用作练子绳、捆枕时的底钩绳等。

(3)六丈绳。三股苘麻合成,长约 20 m,直径 40 mm 左右,单根重 7.5 ~ 9 kg,在埽占中起攀拉作用。

(4)十二丈绳。用三股苘麻合成,长约 40 m,常用于厢埽的底钩绳、

柳石枕的穿心绳(龙筋)等。其余的还有十八丈绳。

现代抢险中所使用的绳料除上述的麻绳外,还有化纤绳。化纤绳以聚氯乙烯塑料为原料合成,耐水性强,抗拉强度高,质量轻。在新型的抢险材料中,化纤网笼就是由此绳联结而成的。化纤绳由多股合成,直径10 mm,为机制的盘绳,长度依需要而截取,使用极方便,化纤绳虽质地轻柔,但光滑,作为埽工用绳还不多见。

在传统的埽工绳类中,还有稻草绳、蒲草绳、龙须草绳等用不同植物草类制成的绳,由于其强度低,在现代防汛抢险中已很少采用。

(十)帐篷

帐篷是防汛抢险中的必备物资,是抢险人员研讨抢险方案、现场指挥调度和休息居住的场所,可在野外长期居住使用。

帐篷一般又按照边长分为 3 系列标准帐篷、4.5 系列标准帐篷、5 系列标准帐篷、5 系列特制帐篷等几种规格。方管支架为 25、30 喷漆,管厚为标准 1.2 mm,方管结构相对稳固,可同时承受 8 级风和 6 cm 厚积雪荷载。具体规格如下:

3 系列标准帐篷:3 m×2 m,3 m×4 m。

4.5 系标准帐篷:4.5 m×5 m,4.5 m×7.5 m,4.5 m×10 m。

5 系列标准帐篷:5 m×4 m,5 m×6 m,5 m×8 m。

5 系列特制帐篷:5 m×4 m,5 m×6 m,5 m×8 m。

帐篷采用钢架结构,构造简单,展收方便,所有零部件全部集装布包内,形态规整,便于随车远程携运或人力短途运输,4 个人 25 min 左右即可架设或撤收完毕。

帐篷整体材料用军绿帆布和牛津布,中间使用毛毡,内衬白布,做工以军品帐篷为标准。窗户设有纱网,具有防蚊虫、通风等功能。

顶部面料为三防布,山墙、围墙面料为加厚棉帆布,中间使用加厚毛毡,内衬白布。门窗(纱窗)开启面积大,具有防潮、防尘、通风等功能(冬暖夏凉)。

帐篷采用钢架结构,支杆为焊接 3 cm×3 cm 方管,使用高氧焊接方法,做防锈处理(坚固耐用)。标准帐篷高 1.5 m,特制帐篷高 1.8 m(可放上、下铺)。

帐篷搭建及保养注意事项:

（1）在搭建帐篷之前，必须仔细勘察地势，营地上方不要有滚石、滚木以及风化的岩石。

（2）雨季不要在河岸附近和干涸的河床上搭建帐篷。

（3）为防雷击，勿将帐篷搭建在山顶或空旷的原野中。

（4）在泥地或沙地上安装时，可以在帐篷四周挖排水沟，以保证帐篷内地面的干燥。

（5）如需在帐篷内炊事，务必让火焰远离篷布或用防火板隔离火焰，炊事时人不可离开帐篷，做好灭火的预案，安装排气扇排除油烟。

（6）预知当地风力超过8级以上时，需提前拆除帐篷。

（7）棉帐篷存放前务必晾晒篷布，待其恢复干燥后再折叠收存，如来不及将篷布晾干，一定不能久存，以免着色和霉变。

（8）定期晾晒篷布，以免滋生细菌，帐篷要谨防防雨涂层遭到破坏。

（十一）救生衣

防汛抢险所用救生衣属于浮力材料填充式救生衣，即用尼龙布或氯丁橡胶做面料，中间填充浮力材料。其内部填充聚乙烯泡沫塑料（简称EVA），经过压缩立体成型，厚4 cm左右。按照标准规格生产的救生衣，都有其浮力标准：一般成年为7.5 kg/24 h，儿童则为5 kg/24 h，这样才能确保胸部以上浮出水面。救生衣表面采用耐水和透气性较好的材料，使用时除注意其浮力外，还要注意跨带接口有无破损，以防入水后无重力上浮。

救生衣适合抗洪抢险、救援、涉水作业等各类人员救生使用，救生衣浮力大于113 N。救生衣在水中浸泡24 h后，救生衣浮力损失应小于5%。当前新型救生衣是按照IMO MSC207（81）、MSC200（80）的要求设计制造的新款救生衣，该规范已于2010年7月1日实施。

（十二）发电机组

抗洪抢险及防汛所用发电机组基本上全是以柴油作为动力来源，柴油发电机组作为动力和照明的独立电源，它的特点是效率高、启动快、耗水量少、运输方便、土建工程小、建设速度快。小型柴油发电机组在防汛抢险现场照明中具有重要作用。

柴油发电机型号很多，常备机组一般有20 kW、25 kW、75 kW、90 kW、200 kW等型号。根据防汛多年的实践经验，各防汛部门在配备发电

机组时,小型机组同大型机组要组合搭配,既要有灵活方便的小型机组,又要配备一定数量的能够适应抗大洪、抢大险要求,能够适应现代化机械要求的大型机组。选用时有以下注意事项:

(1)机电各部件性能要良好,运转可靠。

(2)操作简单,使用方便,对运行环境适应性能好。

(3)运输移动方便。

(4)维修方便,机电零件符合国家标准,市场可以供应。

(5)照明灯具和线路设备要配套齐全。

(6)要避免因运输、装卸、颠覆、震动等发生故障。

(十三)工作灯具

防汛抢险工作灯具包括防汛投光照明灯具和防汛抢险照明灯具,是晚上查险、抢险的必备工具。防汛投光灯作为防汛抢险现场或防汛指挥场所照明的灯具,其照射区域的亮度应明显高于周围地区。作为大范围投光照明灯具,应选择大功率光源,配套移动式发电机组,配以升降杆可有效提高照明范围和工作效率。防汛抢险照明灯具应以自带电源型便携式灯具为主,选择能够满足恶劣工作环境和长时间工作的移动照明灯具。可根据实际需要选择手持、腰挎、帽佩三种方式使用。

国内防汛照明灯具设备厂家多、生产批量小、型号杂,当前尚无统一的行业标准,在选择抢险工作灯具时可按照如下标准:

(1)防汛抢险工作灯具的编制应从实际需求出发,考虑人员数量和实际照明需求。

(2)防汛抢险工作灯具应整体照明和局部照明相结合,整体照明可以提供大范围高亮度照明,应选择大功率灯具;局部照明可选择小型强光照明灯具,易于随身携带。

(3)防汛抢险工作灯具应选择性能稳定、安全可靠的产品,一味追求低成本而忽略产品自身品质可能给夜晚抢险工作带来极大的负面影响;大品牌尽管能够带来可靠的品质保证,但同时亦增加了成本开支,此时应坚持按需编制的原则,能够满足实际需求即可。

(4)当今社会发展迅速,在编制防汛抢险工作灯具的同时,一定要同厂家保持信息沟通,确认产品是否更新换代,亦可与厂家专业人员合作编制性价比最高的产品;避免出现产品实际已停产或已更新,影响防汛工作

的顺利进行。

二、防汛料物储备和管理

(一)防汛料物类别

在与洪水的长期斗争中,我国防汛物资的储备与供应形成了较为完备的体系,根据防汛料物储备主体不同,可将防汛料物划分为四类,即中央级防汛物资、国家储备物资、社会团体储备物资和群众备料。其中中央级防汛物资由中央财政安排资金,国家防汛抗旱总指挥部办公室负责购置、储备和管理;国家防汛物资、社会团体储备物资和群众备料等三类防汛物资构成日常防汛物资主体。

中央级防汛物资储备在各地的中央级防汛料物储备定点库中,这样的仓库全国共有 28 个。黄河下游有 2 处,即黄河水利委员会郑州二里岗仓库和济南泺口仓库。储备的防汛物资品种主要有编织袋、麻袋、橡皮船、冲锋舟、救生船、救生衣、救生圈、钢管、防汛工作灯、发电机组、土工布和土工织物等。各定点储备库存放的料物品种和数量不完全相同,主要是根据历年各地的出险情况和对防汛物资的调用情况,由国家防总决定储备的品种和数量。一旦险情发生须动用这些防汛物资时,要逐级上报,并经国家防总批准,下达调度指令后,由定点储备库直接运达出险现场。这些物资是全国范围内某一地区遭受较大灾害后重要的后续物资供应来源。但中央防汛物资不是无偿调拨,其使用原则是"谁使用谁拿钱,汛后付款,合理结账"。

国家储备物资实行定额管理,每年汛前按储备定额进行补充。国家储备物资主要包括石料、铅丝、麻料、木桩、砂石反滤料、篷布、袋类、土工织物、发电机组、冲锋舟、橡皮舟、抢险设备、照明灯具及常用工器具。

社会团体储备物资是指各级行政机关、企事业单位、社会团体筹集和掌握的可用于防汛抢险的物资。主要包括各种抢险设备、交通运输工具、通信工具、救生器材、发电照明设备、铅丝、麻料、袋类、篷布、木材、钢材、水泥、砂石料及燃料等。

群众备料是指群众自有的可用于防汛抢险的物资。主要包括抢险工器具、各种运输车辆、树木及秸柳料等。

依照防洪法规,对于社会团体和群众掌握的可用于防汛抢险的物资,

在汛期防汛主管部门有权调用,主要是交通运输工具、通信工具、发电照明设备、抢险工器具、树木、秸柳料等。这部分物资是对国家常备料物不足部分的补充。如仍不能满足抗洪抢险的物资需要,则依法在当地或全国范围内征集调用。

(二)防汛料物的调用

1.中央级防汛储备物资

1)中央级防汛储备物资的调用原则

中央级防汛储备物资的调用原则主要有三个,即先近后远、满足急需和先主后次。

(1)先近后远。先调用离防汛抢险地点距离最近的防汛储备物资,不足时再调用离抢险地点较远的防汛储备物资。

(2)满足急需。当有多处申请调用防汛储备物资时,若不能同时满足,则先满足急需的单位。

(3)先主后次。当有多处申请调用防汛储备物资时,若不能同时满足,则先满足防汛重点地区、关系重大的防洪工程的抢险。

2)中央级防汛储备物资的调用程序

由省级防汛指挥部或流域机构向国家防汛抗旱总指挥部办公室(简称国家防办)提出申请,经国家防办批准同意后,向代储单位(定点仓库)发调拨令。若情况紧急,也可先电话联系报批,然后补办审批文件手续。申请调用防汛储备物资的内容包括用途、需用物资品名、数量、运往地点、时间要求等。

3)中央级防汛物资的运输

中央级防汛物资的运输采用铁路、公路或空运的方式,具体由代储单位根据当时的情况确定。若联系运输有困难,可电告国家防办,请有关部门给予支持。

4)中央级防汛物资的运输使用后处理方式

动用中央级防汛储备物资,待抢险结束后,未使用或可回收部分,由申请单位自行处理,物资调出单位不再回收存储。

5)中央级防汛物资的使用费用

运输调用的中央级防汛储备物资的价款(按调运时市场价格计算)及其所发生的调运费用,均由申请单位承付。

6）中央级防汛物资的管理费用

代储单位因储备中央级防汛储备物资所发生的年管理费,中央财政按实际储备物资金额的8%计算,每年从特大防汛经费中安排,由国家防办负责与代储单位结算。

2. 国家储备防汛物资的调用和储备

为了保证防汛抢险的应急物资供应,各防汛机构都设有防汛物资仓库并常年存有一定数量物资。这些物资由防汛机构直接管理,在抗洪抢险中往往首先到达抢险工地,在"抢早、抢小"中发挥应急作用。

1）储备物资数量

由于防汛储备物资一般有其报废年限,为了减少储备损失,国家防汛物资实物储备量多按中常洪水考虑。防汛储备物资数量的确定有多种形式,一般有以下两种,即制订储备定额确定数量、以防御洪水目标的用量或历史上防汛抢险最大消耗量为依据制订储备数量。

（1）制订储备定额确定数量。以某一流域或地区防洪工程工程量为依据,以某类工程的单位工程量储备一定数量防汛物资（或某一种主要物资相应储备一定数量其他物资）为计算方法,计算出一个地区或一个部门所管辖区域的防汛物资储备数量。

（2）以防御洪水目标的用量或历史上防汛抢险最大消耗量为依据制订储备数量。一般一个地区、一个流域的防汛任务都有一定的防御大洪水目标,当达到防御目标的洪水量级时,各种应对措施中所需的物资用量的总和即为应储备数量,这时应考虑社会储备、机关团体和群众备料后确定实际储备数量。当无法确定防御洪水量级时,也可以历史上本地区遭受灾害时防汛物资最大消耗来推算现实储备数量。

2）国家防汛物资使用范围

国家防汛物资使用范围主要有三个方面,即抢险、维修养护和应急度汛工程。

国家防汛物资使用后应于汛前如数补齐。国家防汛物资是为防汛抢险而备,宁可备而不用,不可用而无备。但维修养护和应急度汛工程也是防汛工作的内容,可以使用国家防汛物资的原因有三:一是可以推陈储新,在物资失去其使用价值之前（未达到报废条件）使用,然后补充新品,可以减少储备损失,提高经济效益;二是更新品种或变更储备（指工程量

变动后物资储备量的变化);三是供应及时或施工方便,有些汛前完成的工程时间紧,使用库存可大大节省时间,也有些工程在堤防上修作,与储备的砂、石、土料等物资的位置冲突,先使用这些物资,补充时再另择场地,可省去倒运费用。

3)国家防汛物资其他储备方式

国家防汛物资除按照常规储备外,为了弥补国家防汛物资的不足和为了防御超标准特大洪水做准备,还需要在商业、供销等流通企业和一些生产企业储备一定量的防汛物资。企业经营、生产的可用于防汛抢险的物资,利用其经营、生产的条件进行储备来满足防汛抢险的大量需要,既有现实的经济效益,又有巨大的社会效益。近年来,各级防汛机构为了满足防汛需要,针对防汛物资储备中遇到的新问题,积极探索适应于市场经济体制的社会储备方式,积累了不少好的经验。现介绍几种社会储备方式。

(1)协议储备。由政府下文件指令性安排变为防汛机构直接与经考察过的生产企业联系。企业结合自身生产经营能力和库存周转能力进行安排,其费用较低,有的甚至不需要做大的调整就能满足要求。

为了提高这种方式的保障程度,可采取如下措施:一是通过政府行为。由政府与企业商定防汛物资储备的数量、品种和事后归还及补偿的金额,既能保证防汛物资需要,又可在一定程度上避免临时紧急调用对正常生产经营活动的影响。二是签订协议。防汛机构与企业通过签订协议,明确双方权利与义务,防汛机构落实了物资资源,做到了心中有数,企业可以此为依据安排好生产经营与库存周转。三是经常性检查核实。防汛工作的要求是万无一失,签订合同后,防汛机构要经常性地实地检查核实,以防止出现意外,一旦发生不正常情况,应立即采取补救措施。

(2)滚动储备。选择较好的生产防汛物资企业,经过协商,一次性订购批量物资但不提货,以后在企业长期保持一定库存数量,每次动用以后,以新价补齐原数量。这样做的好处在于:企业得到的是资金,可用于发展生产,利用企业本身的正常库存或稍作安排就可以做到,但企业承担及时供应防汛物资的责任。防汛机构利用较低价格得到了物资使用权,既省去了仓储费用,又避免了仓储损失,还省去了急用时临时采购的困难。

（3）动态储备。有些防汛物资在汛期和非汛期的市场价格有差异，在保证防汛需要的前提下，可采取淡季购进，旺季出售，不断更新的办法，利用季节差价弥补管理经费的缺口，避免因长期储备报废带来的储备损失。这实质上是把防汛和经营有机地结合在一起，不断吞吐更新，既能满足防汛需要，还可使物资始终处于完好状态。

（4）招标式储备。

招标式储备就是利用招标、投标的形式和机制来满足物资储备需要的一种活动，但又不具有像其他诸如工程建设、设备购置等招标投标那样复杂的招标投标程序和内容。这种形式适合于大宗料物的储备。招标式储备形式的特点是通过招标选择储备企业，不动用时不必支付储备费用，动用时结算单价高于当时市场价格。

3.社会团体和群众防汛料物储备及应用

《防汛条例》规定，"受洪水威胁的单位和群众应当储备一定的防汛抢险物料"。机关团体备料的范围非常广泛，凡单位和群众个人自有、掌握的能用于防汛抢险的物资均在此列。通过《水法》《防洪法》《防汛条例》等法规的宣传，增强全民防汛意识，结合目前实行的防汛责任制加以落实，使每个有防汛任务的单位和个人，根据所担负的防汛任务准备相应物资，接到命令后，能够以最快的速度投入抢险。这部分物资虽然不是抢险物资的主要来源，但在抗洪期间，因恶劣的气候和环境条件的限制，往往只有这部分物资由上堤人员直接携带用于抢险，为及时控制险情发展和后续供应争取了时间。

1）社会团体和群众备料的主要品种

（1）抢险物料。包括秸柳等软料、软楔、木桩、编织袋、草袋、麻袋、面粉袋、棉衣被、铅丝、绳类、篷布、抢险工具等。

（2）查险类。照明工具、照明设备、雨具、竹竿、苇席等。

（3）交通运输工具。汽车、拖拉机、三轮车、地排车等。

（4）通信及报警工具。口哨、锣、鼓、电话、扩音器、报警器具等。

（5）生活设施及用具。

2）社会团体和群众备料的储备

防汛工作实行行政首长负责制，当地政府应根据本地区防汛任务大小和当地物资资源，统一安排，分解落实到单位、部门、个人，登记造册，明

确责任。这部分物资的统计及落实较难掌握,应根据当地实际情况采取措施,以提高其保障程度,一般应采取汛前号料、备而不集、用后付款的方法。

3)社会团体和群众备料应注意的问题

这部分物资是单位、群众自有物资,且是经常使用的物资,变动较为频繁,汛前下达任务并登记造册后要经常检查落实,以提高其可靠性。

动用时,应根据险情需要进行严密的组织协调,既能满足抢险需要,又要防止一哄而上,从而造成浪费。

掌握好各种物资的应时价格并事先约定,防止动用后引起纠纷,造成不良影响。

三、防汛料物仓储管理

(一)防汛物资仓储的特点

仓储管理是防汛物资管理的重要环节,它既有同其他物资仓储管理的相同之处,又有其特点,主要表现在以下几方面。

1. 专业性强

在防汛物资品种中,属于防汛专用的占有很大比例,如一些工具、器材等,这些物资都有其特殊用途,是其他物资不可替代的。一般情况下,这些专用物资须专门订做加工,在市场上不易采购。这就需要物资管理人员熟悉相关知识,牢牢掌握用途、性能、加工制作等。

2. 动态特殊

对于一个地区、一个流域来说,由于防汛抢险概率在一般物资储备年限内并没有明显的规律性,所以防汛物资储备动态呈现出特殊性。一是多数年份动态不大,有的物资从入库开始,可能一直存放到报废年限无动态;二是当发生大的洪水时,所有物资不分品种和储存时间一齐动用,有的料物甚至全部用光。

3. 回收保管

防汛物资的使用,有的并不是一次消耗,而是使用后再回收入库保管(尤其是基层仓库)。回收保管形式也呈多样性,有的与发出时无大差异,有的性能降低很多,但未达到报废标准,回收保管的防汛物资使用时先行出库,也可按实物管理。回收物资大多需要维护、保养、重新打包

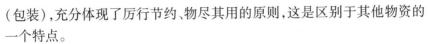

（包装），充分体现了厉行节约、物尽其用的原则，这是区别于其他物资的一个特点。

4.验收与发放

防汛物资验收条件比较严格，按照合同（协议）验收或模拟防汛实战进行满负荷、高强度试验，以确保其质量性能。发放时往往因抢险急需而简化手续，而且强调及时（快速、应急）、准确（规格、型号、数量准确无误）。

（二）防汛物资仓储管理的一般要求

1.建立健全工作制度

工作制度一般有岗位责任制度，验收与发放制度，维护保养制度，安全消防制度，资料建档制度，运输、保管、交接制度。

2.物资验收与发放

（1）提货前或验收前要查看物资与运票（或其他货物送达资料）的数量、规格、质量是否相符。包装、封印是否完好，并做好提运、验收记录。验收中发现问题，应及时反映、及时处理。特别是紧急调用的物资，要进行现场验收交接。

（2）物资出库一般按照"先进先出"的原则，除防汛抢险急用外，做到"三不发"，即无正式发货凭证不发，质量不合格不发，未经验收的不发。

（3）发料时，审核领料手续齐全才能发料（防汛急用除外），规格、数量认真点交清楚。发货后卡、账及时变动。

（4）各种计量器具，要定期进行检验，应具有检验合格证，并建立检验档案。对各种防汛用测试仪表，要经常试验，使其处于完好状态。

3.物资保管与保养

（1）库区规划做到布局合理、堆垛有序、标记明显。

（2）库存整机（台套）设备应有产品合格证、说明书，库存工具应处于完好状态。

（3）贯彻"预防为主"的方针，物资保养经常化、科学化，做到"三无"，即无锈蚀、无霉烂变质、无损坏事故。

（4）保管账目中要显示物资到货时间，对有保管期限要求的物资，在存储期超过2/3时，保管人员应及时报告。对已失去其使用性能的物资也要及时报告，并对所管物资做到账、卡、物三相符。

（5）建立仓库防汛物资（质量、数量配套）盘点制度。每年汛前汛后各清点一次，发现问题应查明原因、及时处理。

（6）按照公安部《仓库防火管理规则》，搞好仓库消防工作。库内要有消防设施，存放物资留有消防通道。保管人员要做到应知应会并能熟练使用消防工具，掌握一般防火、灭火方法。

4. 库容库貌

（1）库内物资摆放，按照"四号定位，五五摆放"的方法，分区分类堆放合理，便于发货。所谓"四号定位"，是指物资常以区号、架号、层号、货位号给某种物资定位；"五五摆放"是指以每五件或五的倍数放置，整齐美观，便于清点和发放。也可以其他数目摆放，只要整齐即可。

（2）露天存放物资做到分区分类，整齐划一，不适应露天存放的物资尽可能入库。确有困难（如在防汛抢险工地或库房临时不足）者应上盖下垫，堆放整齐。

（3）仓库整洁，货架、地面、保管物资无尘土，墙壁无蛛网，库房无鼠害。

（4）账、卡规则，书写整齐，各种标志（如标明防汛物资主要用途等）醒目清晰。

5. 仓库安全

（1）库房料场内外，照明供电线路安装必须符合用电规程，库房外必须安装断电装置。

（2）仓库保管人员离开仓库时，必须断开电源，检查门窗是否关好。库房内严禁使用电炉或煤火取暖。

（3）库房、料场内外，不准有杂草丛生，不准堆放其他易燃物品。

（4）库房门外和料场进口处，要设有明显的防火标语和标记。

（5）要建立防盗、门卫制度。

（6）库房、料场要配备相应的消防设施和工具，并按照规定定期更换和检查。

（7）储油容器适时清洗，无泄漏。避雷、静电装置齐全。

6. 物资运输和装卸作业

防汛物资运输时，必须按照标准规程和安全措施，确保运输安全。调运防汛物资，原则上由调运方（或保管物资仓库）负责运输，以节省时间；

物资装卸时,既要确保作业安全,又要保证物资安全,做到设备、人员、物资安全无事故。

7. 库房日常管理

建立库房保管账和记事本,做好防汛物资动态管理的基础工作。

四、防汛料物调度

(一)防汛料物调度程序

为做好防汛抢险的物资供应工作,各级防汛主管部门按照管理权限负责所辖范围内防汛物资的调度。各级防汛主管部门在汛前都要制订本级防汛物资调度预案,做好防汛物资调度的准备工作。

常备防汛料物的调用坚持"满足急需、先主后次、就近调用、早进先出"的原则进行,各级防汛主管部门有权在所辖范围内调整防汛物资,在本级储备物资不能满足时可向上级防办提出调用申请,申请的内容包括防汛物资用途、品名、规格型号、数量、运往地点、时间要求等。若情况紧急,可先电话申请,然后及时补办手续。

需向国家防办申请调用防汛抢险物资时,由省级防汛主管部门统一申请。调拨防汛物资的价款及所发生的运杂费,均由申请单位承付,调拨单位负责结算。

在紧急防汛期,各级防汛主管部门根据防汛抗洪的需要,有权在管辖区范围内调用物资、设备以及交通运输工具和其他可用于防汛抢险的物资。

(二)防汛料物运输

1. 防汛料物的运输特点

1)时效性强

防汛物资在汛期运输中其时间要求很严格,按时运达目的地对防汛抢险非常重要。

2)防汛料物运输难度大

防汛料物运输具有品种多、数量大、总体积和质量大等特点。因此,在装、运、卸、保管等方面存在一定困难,需耗费大量的人力、设备和财力。

3)防汛料物运输费用高

防汛料物很大一部分是低值品,但其装卸费和运输费较高,占其原价的 $2/5 \sim 1/2$。如防汛抢险工程中常用的砂石料,其运费往往达到其原价

的50%~90%,随着运距增大,有的运费就可达到原价的3~5倍,因此采用合理的运输方式,降低经费投入就显得十分重要。

4)防汛料物运输过程损耗较大

许多防汛料物在途中散漏量较大,如散装水泥、石灰、砂子、碎石等,因此在运输时要选择适宜的运输工具,尽量减少料物的损失。

5)防汛料物占用空间大

防汛料物一般量多体积大,具有占用场地大的特性。

鉴于以上特点,在防汛料物的运输时务必做好运输计划,选择适宜、合理的运输方式和运输工具,以降低消耗,达到降低投资的目的。

2. 防汛物资的运输方式

防汛物资运输方式从使用交通工具上可分为航空、铁路、公路、水路运输等,从运输距离可分为长途运输、短途运输等,从时间上可分为一般运输与紧急运输。

1)航空运输

航空运输是以飞机为主要运输工具,结合汽车短途的运输方式,主要用于汛期紧急调运防汛物资或空投救生器材。其特点是:时间短,成本高,易受自然条件限制。

2)铁路运输

铁路运输是以铁路货车为主要运输工具,以现有铁路网线为主要通道的运输方式。主要用于一般情况下长距离料物补充和紧急情况下大宗防汛物资的长距离调运,如汛期石料的调运。其特点是:运输方便,相对快速,须汽车短途倒运,成本一般。

3)公路运输

公路运输是以汽车为主要运输工具,以现有公路网络为主要通道的运输方式。主要用于平时料物补充及紧急调运时作为航空运输与铁路运输的补充,也可直接承担长距离调运任务。其特点是:比较方便,可直接将料物运达出险现场,但在长距离调运防汛物资时一定要有机动车辆同行。

4)水路运输

水路运输是以船舶为主要运输工具,以河流网络为运输通道的运输方式。

防汛物资的运输主要采用铁路与公路两种方式。在实际运输过程中,应根据情况合理地选择运输方式,以有效减少运输过程中的消耗,降低成本。

3.主要防汛料物的储存及运输

1)砂石料

砂石料储存时,应依砂石料品种、规格、粒径等分别堆放。由于石料体积较大且较重,不便随意搬运,通常是露天堆放的。堆存位置应尽量靠近防洪工程,既方便抢险时使用,又有利于工程管理。宜堆置在堤坝顶,以小垛码方,整齐堆放,但不应影响交通。一旦出险,即可及时抛投,且便于抢险用石的计量。

在抢险过程中,抛投石料时,应先近后远,需要量较大时要进行短距离运输,使用翻斗车运输最为方便。在抢险后应尽快对备石进行恢复,石料中、短距离运输采用汽车运输方式,长途运输要采用铁路运输方式。

2)竹木料

大量的木料可在露天料场储存。料场应选择地势高、通风好的地方。场地应平整,排水条件良好,并配有消防设施。另外,在存放期间要采取措施防止菌虫蛀蚀和变形开裂,方法是保持木材高含水量(超过纤维饱和点)或使木材含水量降低到20%以下。

对不同树种、材种、尺寸、等级的木材应分堆码垛存放。垛基应牢固,垫木间距应以保证板材不变形为原则,垛高3 m以下,堆垛方式采用交叉式纵横码垛法、气干码垛法、平立式和抽屉式码垛法以及人字架码垛法四种。

木桩是抢险中埽工的主要材料之一,可储存于仓库,也可露天存放,但必须做到防火、防潮、防裂、防虫蛀。

由于竹料较长,室内存储较困难,可在室外搭棚堆放。竹材易燃,要做好防火工作。

竹木料的调运,分近距离运输和远距离运输。近距离运输,可用生活车和翻斗车以及拖拉机运输,远距离可用汽车、火车运输。

3)秸柳料

作为埽工的主料,秸柳料用量是很大的。另外,修埽时所用的秸柳料大都选用新鲜柔嫩带叶的,所以在使用之前一般不需要砍伐下来专门储存,而是在抢险时,随砍随用。但要建立一定面积的柳料基地,以备抢险

时使用。

秸柳料的调运一般采用拖拉机和小型汽车运输,必要时可用大汽车从远地调运。

4)编织袋及土工合成材料

编织袋种类较多,有麻袋、革袋、化纤袋及土工合成材料等,均储存于室内,要按存放条件的不同分类堆放。对塑料编织袋及化纤土工合成材料,应避光存放,同时要做好防腐、防火工作。必须在室外堆放时,要做好防雨淋、防日光暴晒工作,还应通风干燥,并采取防火、防鼠措施。纤维袋还应避免接触有机溶剂,防止化学变化。

编织袋的调运,近距离的用汽车运输,险情附近的用翻斗车运输,在特大洪水时若需从外地调运,可用飞机运输,也可用火车、轮船运输。

5)其他料物的储存及运输

除以上常用的抢险料物外,对水泥、钢材及铅丝、油料、绳料等防汛物资也要根据其特点,采取相应的储存和运输方式。另外,爆破料物,主要指炸药、雷管、导火索等,均属危险物品,要严格管理,储存时应建立完善的管理制度,做到专人保管,进出有登记,耗用有记录,剩余要上交,保管要隔离。运输时,一般要由专车运输,专人押送。

4. 突发事件防汛物资调度措施

近年来,各种自然灾害频繁发生,防汛部门储备的防汛物资除应对本流域日常防汛抢险,在其他流域或地区防汛抢险及突发事件中也经常需要调用。黄河水利委员会储备的防汛物资无论是在种类上还是在数量上都比较充足,在近年来国家应对自然灾害时经常调用,其调度方式在防汛物资调度中具有很强的代表性。

1)外流域抢险防汛物资调运

2010年江西、辽宁、青海等地突发洪水,当地防汛物资告急,经国家防总批准,黄河水利委员会所属山东黄河物资储备中心调运部分中央防汛物资进行支援。运输方式以长途货运汽车为主,个别情况也运用民航或军用飞机(青海格尔木洪水抢险就采用军用运输机运送防汛物资进入青海)。

物资调度步骤见图6-1。

图 6-1　外流域抢险防汛物资调度步骤

2）地震救灾防汛物资调运

2008 年 5 月 12 号,四川汶川发生强烈地震,震区大部分水利设施损毁严重,汛期将至,急需采取应急度汛措施。按照水利部、黄河水利委员会抗震救灾指挥部的部署,山东黄河河务局组建两支机动抢险队赴川救灾。抢险队在灾情不明、抢险地不明确的情况下,按照抢大险、抗大灾的标准,调用了帐篷、发电机组、照明灯、铅丝、麻绳、木桩、土工布、编织袋等防汛物资以及装载机、挖掘机、推土机、油罐车、大型自卸车、越野工作车、生活补给车等机械设备,跟随抢险队奔赴灾区。

物资调度步骤见图 6-2。

图 6-2　地震救灾防汛物资调度步骤

3）扑救山火防汛物资调运

2011 年 4 月,山东莱芜、济南、临沂等地先后发生森林大火,根据国家防总通知和省现场指挥部要求,从中央级防汛物资济南仓库和山东黄河所属多个仓库紧急调运抢险照明车、应急抢险灯、麻绳、安全绳、电动油锯、手锯、斧子等防汛物资,支援莱芜、济南、临沂等地森林火灾扑救。

物资调度步骤见图 6-3。

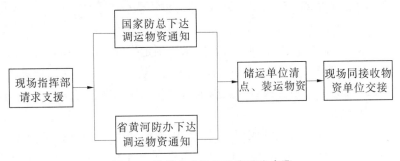

图 6-3　扑救山火防汛物资调度步骤

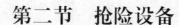

第二节 抢险设备

随着经济的发展,社会的进步,防汛也从传统的人力抢险向机械化抢险发生着根本性的转变。1949 年以前,防汛抢险基本依靠人力,新中国成立后很长一段时间也主要是依靠人海战术,抢险机械设备较少,尤其没有专用的快速抢险及人员救护的成套设备,在抢险过程中人员劳动强度非常大,抢险效率低下。20 世纪 80 年代以来,随着经济的发展,防汛抢险设备现代化程度飞速提高,许多功能齐全、技术先进、操作灵活的防汛抢险设备不断涌现。利用现代化抢险设备代替原来的人工抢险,不但效率成倍提高,速度明显加快,而且极大地减少了人力投入,人工的劳动强度也大幅降低。

防汛抢险设备包括防汛常用工器具、运输设备和抢险机械设备。常用工器具类别较多,主要是一些查险、探险和手持操作工具,如查水灯具、摸水杆、打桩机、木工锯、月牙斧和铁锹等。运输设备主要有拖拉机、翻斗车、载重汽车和驳船。抢险的机械设备主要有推土机、装载机、挖掘机和铲运机等。

一、防汛常用工器具

鉴于常用工器具数量较多,选择摸水杆、打桩锤、手碾、月牙斧、油锯、探照灯等常用工具和打桩机、抛石排、铅丝笼封口器、捆枕器、冰凌打孔机等常用防汛专用工器具进行详细介绍。

(一)常用工具

1. 摸水杆

摸水杆用以探摸险工坝下根石被水冲刷走失的情况。摸水杆一般为木杆,长 6 m 左右,直径 4～5 cm,标有刻度。近年来,也有使用玻璃钢船篙作摸水杆的。有站在根石台上探水和在船上探水两种形式。

2. 打桩锤

打桩锤一般由铸铁制成,是打桩的主要工具,重 5～6 kg,形似腰鼓,安装木把,厢埽时打桩用,锤头两个平面有利于准确打击桩顶,避免桩顶劈裂。

3. 手碯

手碯是打桩的主要工具。为一铸铁(也有铸钢)圆柱体,质量一般在 40~50 kg,周围有 8 根立柱,用 16 根小横木沿铁柱周围嵌入称为碯爪,将立柱与横木用麻绳缠牢,再用长 1.5 m 的猪尾形麻辫子 8 条拴于碯爪上。一般用于厢埽时打顶桩和在较硬的土质上打桩。

4. 月牙斧

月牙斧是截断软料和绳索的主要工具,分大月牙斧和小月牙斧。小月牙斧质量约 0.4 kg,刃似月牙,斧刃锋利,主要用于拿眉子,打花料,截秸料、柳料和绳索等。大月牙斧形似小月牙斧,质量约 1.0 kg,铁斧头木把,用于拆除厢埽时截绳缆和捆柳把等。

5. 油锯

油锯的用途,一是快速截桩,防汛抢险中木桩应用广泛,用量大,经常需要现场紧急加工,油锯的效率是人工的几倍甚至几十倍;二是清障和加工木料,特别是清理阻水林木,其效率很高;三是整理软料,由于质量轻,在采集梢料和制作各种枕前对梢料的整理,也能大大节省时间和减轻劳动强度。油锯的主要结构包括发动机、减速机构、锯木机构、操纵系统、离合器和卡箍等。

6. 探照灯

探照灯因其具有聚光、有效照射距离远等特点,在防汛抢险中主要用于较大范围内的抢险现场照明。近年来,用于防汛抢险的探照灯大都经过改进,或由多功能照明车代替,照明车具有功率大、移动方便、光照强、光照面积大等特点。

(二)专用工具

1. 打桩机

目前,国内外设计制造的打桩机主要用于建筑桩基工程和桥梁工程。由于桩基工程用桩大多为一二十米长的钢板桩、钢管桩、钢筋混凝土桩,所以打桩机的激振力吨位大至数十吨,小至数吨,且整机质量大、价格昂贵、运输不方便。防汛抢险除堵口用长木桩和钢管桩外,一般为中小木桩,要求打桩机轻巧,机动性好,操作简单方便。显然,建筑用打桩机不适用于抢险打桩作业的要求。为改变抢险靠人工打桩这种劳动强度大、生产效率低的落后局面,近几年,不少单位研制了适用于防汛抢险的打桩机

械。

1) 便携式打桩机

便携式防汛抢险气压打桩机,是一款小型的打桩机械,专用于防汛抢险时封堵决口、堤防加固等打桩作业的新型专用打桩器材。该机械替代了传统的人力夯打的作业形式,实现了防汛抢险打桩机械化。具有很高的实用性、操作性、可靠性、稳定性和持续性,具有携带方便、组装迅速、适应性强、作业效率高等特点。主要适用于中等硬度黏性土、沙壤土中快速打桩。实际操作时由 2 ~ 3 名操作人员协同垂扶主机框架和钢管桩,向下负力作业。当桩体已到深度,操作人员抬起主机框架即可停止作业,依此方法则可进行连续作业。

2) 气动式打桩机

气动式打桩机特别适用于防汛抢险封堵决口、汛前汛后的堤坝加固以及维护江河湖塘堤岸的打桩作业,是抗洪抢险打桩(木桩或钢钎)的理想工具。气动打桩机替代了传统的人力夯打的作业方式,具有操作简便、稳定可靠、使用广泛、作业速度快等特点。此类打桩机是以压缩空气为动力源,利用活塞杆的冲击力来撞击木桩上端,达到打桩的目的,有效地实现了防汛抢险打桩机械化。

3) 内燃式打桩机

内燃式打桩机由主机、桩架、卡桩器三部分组成,采用火花点火式内燃冲击原理,是一种防汛抢险打桩机械。有效打击力约 800 N,需 3 人操作。工作时主机产生动力,使桩锤连同主机沿桩架往复运动,产生冲击力。主机为特制二冲程汽油机,主要由机体、上盖、进排气系统、上下活塞等组成。当上活塞向上运动时,汽缸内产生真空,油气混合气在大气压力下经汽化阀进入汽缸;当达到上止点时,火花塞点火使汽油燃烧膨胀,汽缸内产生的高压推动下活塞连同桩锤相对机体下行。桩锤与木桩相接触,使整台主机连同桩锤沿桩架跳起。当主机落下时产生冲击力,打击木桩。由于该机使用燃油,应用场合较广泛,可用于打顶桩、斜坡桩、水中桩。由于配有车轮辅件,便于移动式作业。

2. 抛石排

实际应用中有多种抛石排,这里简要介绍一下抢险中最常用的两种类型,自由移动式抛石排和双功抛石排。

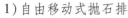

1）自由移动式抛石排

自由移动式抛石排由抛石排、万向轮组成。附属设备有牵引动力、自卸三轮车（抛石用）和人工升降器。

操作方法：第一步，开始抛石前，首先把抛石排各节用铁链连为一体，上节的尾端搭接在下节的首端，安装万向轮，进行各部件之间的检查，同时，准备好抛石车辆，工作人员做好准备。第二步，抛石排尾端在前，顺坝坡而下至抛石部位。在坝顶打木桩两根，用铁链将其固定在坝顶上。位于根石台上的抛石排用钢支架撑起，可以调整抛石排坡度，以便抛石到位准确。第三步，变换抛石位置时，抛石排可整体移动，抛石完毕后，撑起万向轮，直接用机械牵引脱离坝岸。

抛石排每节质量约 150 kg，4～6 人搬运安装即可抛石，每次抛石以 0.5 m³ 为宜，同人工抛石相比，可提高工效 6 倍。特别适用于坝坡长、坡度较缓、不能一次抛石到位的险工坝岸。

2）双功抛石排

双功抛石排具有滑石和抛石两种功能，运用该装置进行抛石，可避免坦坡损坏，使石料一次抛投到位，可降低劳动强度，提高工作效率。

其结构及附属设备由护板、缓冲接料滑道和滑抛道三部分组成。整个抛石排质量约 280 kg，一次可倾倒石料 1～3 m³。采用双功抛石排结合翻斗车运石，每台班可抛石 150～180 m³，工效比人工可提高 30 倍。

操作方法：第一步，先把牵拉绳固定好，使缓冲接料滑道顺坦坡下滑，滑到滑道上口，高于口石 10～15 cm 时，支好支撑，用销钉固定。第二步，用绳牵引抛滑道滑至缓冲接料滑道下口，直接用抛石滑道的销钩钩牢，调整支撑高度，固定抛石钢板，使其达到最佳角度。第三步，将护板抬放在口石上，用销钩连接护板和缓冲接料滑道，安装完毕。第四步，用翻斗车倒石于缓冲接料滑道，开始抛石。

3. 铅丝笼封口器

1）QLFK 型铅丝笼封口机

在现实防汛抢险和根石加固过程中，铅丝笼的封口存在着封口速度慢、劳动强度大、封口质量低、封口达不到标准要求等问题。QLFK 型铅丝笼封口机有效解决了上述问题。

封口机由变速电动机和封口器两部分组成。接通电源后，手持把柄，

用封口器挂住铅丝用力上拉,然后微按变速电动机开关,变速电动机带动封口旋转,将铅丝拧合。封口器呈 L 形,整体为锥形,这样便于拧合铅丝后,将封口器从中抽出。根据铅丝的型号,封口器可有不同的型号,以确保封口质量。该装置质量约 3 kg,打结速度 3 s/个,同人工相比,可提高功效 30 倍,应用铅丝规格为 8～12 号。

2)数控拧扣铅丝网片编织机

防汛抢险中抛投铅丝笼是一种有效的抢险措施,铅丝笼用量较大,仅靠人工编织存在着劳动强度大、速度慢、丝径细等不足。该设备改进性地设计了上下两个滑板,其上设若干个可以转动的相对应的半圆齿轮,齿轮中间留眼穿铅丝,通过两个半圆齿轮的转动完成拧双扣,通过上下两滑板的运动,达到错位配对,再拧双扣,如此反复,完成机械编织网片的工作。

该机械采用单片机数字控制,使铅丝网片编织机调整方便,性能可靠稳定。数控铅丝网片编织机采用机械－液压传动,使该机的结构紧凑、体积小、适应性更强。同时实现了整捆铅丝连续编织,提高了效率。该装置外形尺寸 1 800 mm×1 500 mm×1 100 mm,编织速度约 60 m²/h,铅丝规格为小于 8 号。

4.捆枕器

1)手提式快速捆枕器

该装置主要由棘轮滚筒、棘轮扳手、机架、钢丝绳快速锁紧装置及钢丝绳底绳等组成。工作原理是先布放底绳,铺放柳石,底绳与装有棘轮滚筒钢丝绳挂钩和机架挂钩连接,然后用两把棘轮手动扳手前后交替推动,把钢丝绳缠在滚筒的同时,把柳石枕快速束紧。然后人工用铅丝把枕捆紧,完成一道捆枕后,再快速地把钢丝绳松开,重复以上操作,进行下一道铅丝捆扎。

该设备采用双棘轮扳手交替操作,且使拉紧滚筒连续旋转无间歇,拉紧时间缩短近 1/2,捆一道铅丝仅用时 0.5～1 min。利用了杠杆原理,操作特别省力,大大减轻了劳动强度,劳动强度降低 80% 以上,而且捆扎力大,比用压杆法提高 20% 以上,使捆扎柳石枕的质量提高。

2)简易捆枕器

简易捆枕器又称 KZQ－Ⅱ型简易捆枕器,是防汛抢险中捆绑柳石枕的工具,适用于软料取材方便的黄河中下游地区。KZQ－Ⅱ型捆枕器由

架体、夹具、缠丝鼓及棘轮等部件组成,架体长 0.5 m、宽 0.3 m,缠丝鼓布设高 0.25 m。

实际抢险工作中,一处险情往往需要在尽可能短的时间内依次抛投多个柳石枕,以手工捆扎一个 10 m 长枕,需 16 人同时工作十几分钟。若采用 5 台 KZQ - Ⅱ型捆枕器,用同样的人工仅需 3 min 即可完成,提高了工作效率,降低了劳动强度,同时也降低了危险性,而且捆绳松紧一致,捆绑质量好。

5. 冰凌打孔机

我国北方河流冬季大多封冻,有些河流在封河或开河阶段还会形成凌汛灾害,尤以黄河最为典型。凌汛期疏通河道,防止凌汛洪水成灾历来是下游治黄重要目标。冰凌爆破即是疏通洪水、防止凌水成灾的重要手段之一,冰凌爆破的第一道工序即是冰凌打孔。传统的冰凌爆破是人工用洋镐、铁锤等工具进行打孔,效率较低,劳动强度很大,同防凌工作的紧迫性要求不太适应。手提式冰凌打孔机的出现填补了冰凌打孔机具的空白,提高了冰凌爆破效率。

手提式冰凌打孔机主要采用自制的 $\phi45$ 连接套、$\phi35$ 连接丝、$\phi165$ 圆形开孔器(或 $\phi220$ 圆形开孔器,高度均为 250 mm)与 ZIZ - 90 型手持式工程钻、长 260 mm 的定位钻头相连接,电源配以漏电断路器、电缆、小型雅马哈汽油发电机。该装置操作简单,成孔质量好,打孔直径 150 ~ 220 mm,最大厚度 250 mm。

该装置具有如下特点:一是设计结构简单,整体安装连接,拆卸运输轻便,耐用易管理;二是适用性强;三是制造成本低,养护简单,使用寿命长;四是打孔速度快,并可大幅度降低劳动强度;五是降低消耗,经济效益显著。

二、运输设备

运输设备在现代防汛抢险中具有举足轻重的作用,很大程度上左右在抢险的效率甚至成败。防汛抢险运用的运输设备主要包括载重汽车、拖拉机、翻斗车和驳船等,在特别情况下还可以运用火车、飞机等。

(一)载重汽车

在工程建设与防洪抢险中,使用最普遍的工程运输车辆是各种型号

的载重自卸汽车。目前,我国工程上常用的自卸汽车基本上实现了国产化,以中国重汽、重庆红岩等重型汽车制造集团等代表性企业生产的自卸汽车,已经成为了国内工程施工运输车辆的主力,各企业都已有几十种型号的产品。

1.汽车的分类

抢险所用汽车大多为非公路运输车,也就是说,大部分为自卸汽车。自卸汽车按其特点可进行如下分类:

(1)按总质量可分为轻型自卸汽车(总质量在 10 t 以下)、重型自卸汽车(总质量 10~30 t)和超重型自卸汽车(总质量 30 t 以上)。

(2)按用途可分为通用自卸汽车、矿用自卸汽车和特种自卸汽车。

(3)按动力源可分为汽油自卸汽车和柴油自卸汽车。

(4)按传动方式可分为机械传动自卸汽车(总质量 55 t 以下)、液力传动自卸汽车(总质量一般为 55~150 t)和电传动自卸汽车(总质量 150 t 以上)。

(5)按车身结构可分为刚性自卸汽车和铰接自卸汽车。

2.使用特点

载重量 30 t 以内的自卸汽车,多采用机械传动,传动效率高,但换挡频繁,发动机易熄火,适用于在良好道路上行驶。结构较简单,爬坡能力强,使用可靠。

载重量为 30~80 t 的自卸汽车多采用动力换挡的液压机械传动,能自动调节车速,操纵简易省力,通过性能良好,能在条件差的道路上行驶,但构造复杂、价格高、维修困难。

(二)拖拉机

拖拉机是一种用于推、拖作业的自行式动力牵引机械,在水利水电、道路、建筑工程施工中,拖拉机和以拖拉机作为基础车组装起来的各种铲土、推土运输机械是使用最为广泛的施工机械,抢险时用于软料、土石料等运输。在交通道路条件较差的情况下,拖拉机更具灵活、方便的特点。在黄河下游防汛抢险中,多用于牵引及碾压。

1.拖拉机的分类

按照行走装置的不同,拖拉机可分为履带式拖拉机和轮式拖拉机(或轮式牵引车)两大类。

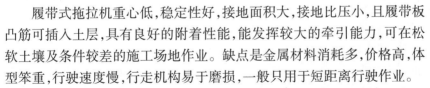

履带式拖拉机重心低,稳定性好,接地面积大,接地比压小,且履带板凸筋可插入土层,具有良好的附着性能,能发挥较大的牵引能力,可在松软土壤及条件较差的施工场地作业。缺点是金属材料消耗多,价格高,体型笨重,行驶速度慢,行走机构易于磨损,一般只用于短距离行驶作业。

轮式拖拉机行驶是靠内燃机的动力经传动系统,驱动力是直接传给行走轮,使驱动轮获得驱动扭矩 M_k,获得驱动扭矩的驱动轮再通过轮胎花纹和轮胎表面给地面向后的水平作用力(切线力),而地面对驱动力大小相等、方向相反的水平反作用力 P_k,这个 P_k 反作用力就是推动拖拉机向前行驶的驱动力。当驱动力 P_k 足以克服前后车轮向前滚动阻力的牵引阻力时,拖拉机便向前行驶。若将驱动轮支离地面,即驱动力 P_k 等于零,则驱动轮只能原地空转,拖拉机不能行驶;若滚动阻力与牵引阻力之和大于驱动力 P_k,拖拉机也不能行驶。由此可见,轮式拖拉机行驶是由驱动扭矩驱动轮与地面间的相互作用而实现的,并且驱动力要大于滚动阻力与牵引阻力之和。

轮式拖拉机具有性能好、维修方便、金属材料消耗少、价格便宜等优点,但它附着性能较差,尤其是在潮湿松软的土壤中容易打滑、陷车,牵引力得不到充分发挥。

2. 拖拉机型号编制

拖拉机型号的编制是以发动机的额定功率为主要参数来进行的。一般分为四种:小型(<58.8 kW)、中型(58.8~132.3 kW)、大型(132.3~294.1 kW)、特大型(>294.1 kW)。

(三)翻斗车

翻斗车是一种特殊的料斗可倾翻的短途输送物料的车辆。车身上安装有一个"斗"状容器,可以翻转卸货。适用于建筑、水利、筑路、矿山等行业进行混凝土、砂石、土方、煤炭、矿石等各种散装物料的短途运输,动力强劲,通常有机械回斗功能。

小型翻斗车常用于小型土石方工程施工中。在防汛抢险,尤其是急重险情抢护时,因机动翻斗车容积小、效率低、速度慢,一般不予采用。但是,如果受抢险场地限制,大型机械设备无法进入,由于具有轻便灵活的特点,机动翻斗车用于短距离调运工具料物。

（四）驳船

驳船本身无自航能力，需拖船或顶推船拖带的货船。其特点为设备简单、吃水浅、载货量大。驳船一般为非机动船，与拖船或顶推船组成驳船船队，可航行于狭窄水道和浅水航道，并可根据货物运输要求而随时编组，适合内河各港口之间的货物运输。少数增设了推进装置的驳船称为机动驳船。机动驳船具有一定的自航能力。

在水利工程中，根据载运货物的不同，驳船可分为泥驳、石驳、砂驳、甲板驳、干货驳、水驳及散装水泥驳等。在防汛抢险中常用的是泥驳、石驳和砂驳等运输船。

1. 泥驳

泥驳用于装运和抛卸泥沙。采用泥驳运输泥沙比其他方法的成本要高得多，只是当由于泥土的性质限制或运距较远，或者抢险急用而陆地又无法运送，不能采用其他运输方式时，才采用泥驳。近年来，由于液压技术的日趋完善，泥驳的泥舱容积越来越大，现已达 3 000 m³。

2. 石驳

石驳用于装运和抛卸块石和砂砾石。所有的石驳都能自卸。按卸料方式，石驳可分成底开式、对开式、倾卸式石驳和翻斗式石驳。

3. 砂驳

砂驳为非自航驳船。现采用的内河砂驳都是我国自行设计和制造的，具有适应我国水利工程施工的特点。砂驳船体中央为装载砂石料的砂舱，砂舱被几道倾斜的横隔壁分成几个上宽下窄的梯形砂斗，装运砂石料非常便捷。

三、机械设备

抢险的机械设备主要有推土机、装载机、挖掘机和铲运机等。

（一）推土机

推土机是一种在履带式拖拉机或轮胎式牵引车的前面安装上推土装置及操纵机构的自行式施工机械，主要用来开挖路堑、构筑路堤、回填基坑、铲除障碍、清除积雪、平整场地等，也可完成短距离松散物料的铲运和堆集作业。

推土机用途十分广泛，是铲土运输机械中最常用的作业机械之一，在土方施工中占有重要地位。但由于铲刀没有翼板,容量有限,在运土过程中会造成两侧的泄漏,故运距不宜太长,一般为 50 ~ 100 m,否则会降低生产效率,在 50 m 以内时,经济效果最好。

推土机可按功率等级、行走装置、推土铲安装形式、传动方式、用途等进行分类。

1. 按发动机功率等级分类

按推土机装备的发动机功率等级不同,可分为五类:

第一类,超小型。功率在 30 kW 以下,生产率低,用于极小的作业场地。

第二类,小型。功率为 30 ~ 75 kW,用于零星土方作业。

第三类,中型。功率为 75 ~ 225 kW,用于一般土方作业。

第四类,大型。功率为 225 ~ 745 kW,生产率高,用于坚硬土质或深度冻土的大型土方工程。

第五类,特大型。功率在 745 kW 以上,用于大型露天矿或大型水电工程。

2. 按行走装置分类

推土机按行走装置不同,可分为履带式推土机和轮胎式推土机两种。

(1)履带式。履带式推土机附着性能好、牵引力大,其牵引力能达到轮胎式推土机的 1.5 倍,接地比压小,爬坡能力强,能适应恶劣的工作环境,作业性能优越,是多用途机种。

(2)轮胎式。轮胎式推土机行驶速度快、机动性好、作业循环时间短、转移方便迅速、不损坏路面、制造成本较低,维修方便;但牵引力小,通过性差,使用范围受到限制,适用于经常变换工地和良好土壤作业,特别适合在城市建设和道路维修工程中使用。

3. 按推土铲安装形式分类

(1)固定式。推土铲与主机纵向轴线固定为直角,也称为直铲式推土机。这种形式的推土机结构简单,但只能正对前进方向推土,作业灵活性差,仅用于中小型推土机。

(2)回转式。推土铲能在水平面内回转一定角度,与主机纵向轴线可以安装成固定直角或非直角,也称为角铲式推土机。这种形式的推土机作业范围较广,便于向一侧移土和开挖边沟。

4.按传动方式分类

推土机按传动方式可以分为四类,即机械式传动、液力机械传动、静液压传动和电传动。

(1)机械式传动。这种传动方式的推土机工作可靠,传动效率高,制造简单,维修方便,但操作费力,适应外阻力变化的能力差,易引起发动机熄火,作业效率低。大中型推土机已较少采用。

(2)液力机械传动。采用液力变矩器与动力换挡变速器组合传动装置。可随外阻力变化自动调整牵引力和速度,换挡次数少,操作轻便,作业效率高,是大中型推土机多采用的传动方式。缺点是采用了液力变矩器,传动效率较低,结构复杂,制造和维修成本较高。

(3)静液压传动。由液压马达驱动行走机构,牵引力和速度可无级调整,能充分利用功率。因为没有主离合器、变速器、驱动桥等传动部件,故整机质量轻,结构紧凑,总体布置方便,操纵简单,可实现原地转向。但传动效率较低,制造成本较高,受液压元件限制,目前在大功率推土机上应用很少。

(4)电传动。将柴油机输出的机械能先转换成电能,通过电能驱动电动机,进而由电动机驱动行走机构和工作装置。它结构紧凑,总体布置方便,操纵灵活,可实现无级变速和整机原地转向。但整机质量重,制造成本高,因而目前只在少数大功率轮胎式推土机上应用。

另一种电传动式推土机采用动力电网的电力,称为电气传动。主要用于露天矿开采和井下作业,没有废气污染。但因受电力和电缆的限制,使用范围较窄。

5.按用途分类

(1)标准型推土机。这种机型一般按标准配置生产,应用范围广泛。

(2)专用型推土机。专用性强,适用于特殊环境下的施工作业。有湿地型推土机、高原型推土机、环卫型推土机、森林伐木型推土机、电厂(推煤)型推土机、军用高速推土机、推耙机、吊管机等。

推土机产品型号按类、组、型分类原则编制,一般由类、组、型代号和主参数代号组成。字母 T 表示推土机,取推土机汉语拼音的第一个字母,L 表示轮胎式,Y 表示液压式,后面的数字表示功率(马力或瓦)。近

年来,我国引进了多种新机型,有些生产厂家按引进机型编号。

推土机的主要技术参数有发动机额定功率、机重、最大牵引力和铲刀的宽度及高度等。其中,功率是其最主要的参数。

目前国内推土机的生产企业主要有山东山推工程机械股份有限公司、河北宣化工程机械股份有限公司、上海彭浦机器厂有限公司、天津建筑机械厂、陕西新黄工机械有限责任公司、河南洛阳中国一拖工程机械有限公司等。

目前,黄河防汛中使用最多且较受欢迎的推土机为山东推土机总厂生产的 TYS220 型、T70D 型,中国一拖工程机械有限公司生产的东方红 70 型、东方红 75 型推土机。尤其是 TYS220 型三角形截面履带湿地推土机,接地比压小,功率大,特别适用于抢险等特定工况。

(二)装载机

装载机是一种广泛用于公路、铁路、矿山、建筑、水电、港口等工程的土石方工程施工机械,它的作业对象主要是各种土壤、砂石料、灰料及其他筑路用散状物料等。由于它具有作业速度快、效率高、操作轻便等优点,在国内外得到迅速发展,成为土石方工程施工的主要机械之一。

装载机一般可按以下特点来分类。按行走装置的不同可分为轮胎式和履带式;按机架结构形式的不同可分为整体式和铰接式;按使用场所的不同可分为露天用装载机和井下用装载机。常用装载机的分类特点及适用范围如表6-4所示。

国产装载机的型号一般用字母 Z 表示,第二个字母 L 代表轮胎式装载机,无 L 表示履带式装载机,后面的数字代表额定载重量。装载机的主要技术参数有发动机额定功率、额定载重量、铲斗容量、机重、最大掘起力、卸载高度、卸载距离、铲斗的收斗角和卸载角等。

装载机是以铲斗容量标定的。目前,各国生产的轮胎式装载机,常用的斗容量为 1 ~ 3.5 m³;履带式装载机的斗容量一般为 1 ~ 4 m³。国产的装载机大多数为铰接转向和动力换挡的轮胎式装载机,系列产品有 0.5 m³、1.0 m³、1.5 m³、2.0 m³、3.0 m³、4.0 m³ 和 5.0 m³。

表6-4　常用装载机的分类特点及适用范围

分类方法	分类	特点及适用范围
发动机功率	小型	功率 <74 kW
	中型	功率 74～147 kW
	大型	功率 147～515 kW
	特大型	功率 >515 kW
传动形式	机械传动	结构简单,成本低,传动效率高,使用维修方便;传动系冲击振动大,操纵复杂、费力;仅 0.5 m³ 以下的装载机采用
	液力机械传动	传动系冲击振动小,传动件寿命高,随外载自动调速,操作方便省力;大中型装载机多采用
	液压传动	无级调速,操作简单;启动性差,液压元件寿命较短,仅小型装载机上采用
	电传动	无级调速,工作可靠,维修简单;设备质量大,费用高;大型装载机上采用
行走系结构	轮胎式装载机 (1)铰接式 (2)整体式车架装载机	质量轻,速度快,机动灵活,效率高,不易损坏路面;接地比压大,通过性差,稳定性差。对场地和物料块都有一定要求;转弯半径小,纵向稳定性好,生产率高;适用于路面和井下物料的装载运输作业。 车架是一个整体,转向方式有后轮转向、全轮转向、前轮转向及差速转向。仅小型全液压驱动和大型电动装载机采用
	履带式装载机	接地比压小,通过性好,重心低,稳定性好,附着能力好,比切入力大;速度慢,灵活机动性差,制造成本高,行走时易损路面,转移场地需拖运;用在工程量大、作业点集中、路面条件差的场合

续表 6-4

分类方法	分类	特点及适用范围
装卸方式	前卸式	前端铲装卸载,结构简单,工作可靠,视野好。适用于各种作业场地
	回转式	工作装置安装在可回转 90°～360° 的转台上。侧面卸载不需调车,作业效率高;结构复杂,质量重,成本高,侧稳性差。适用于狭小场地作业
	后卸式	前端装料,后端卸料,作业效率高;作业安全性差,应用不广

(三)挖掘机

挖掘机是建筑、水利、电力、采矿、石油等工程施工中被广泛使用的一种工程机械。按其作业特点分为周期性作业式和连续性作业式两种,前者为单斗挖掘机,后者为多斗挖掘机。由于单斗挖掘机是工程机械的一个主要机种,也是各类工程施工中普遍采用的机械,可以挖掘 Ⅵ 级以下的土层和爆破后的岩石。因此,本节着重介绍单斗挖掘机。

1. 单斗挖掘机的分类

单斗挖掘机的分类方法较多,常用的分类方法有以下几种:

(1)按照传动方式的不同,挖掘机可分为液压挖掘机和机械挖掘机。机械挖掘机主要用在一些大型矿山上。

(2)按照行走方式的不同,挖掘机可分为履带式挖掘机和轮式挖掘机。

(3)按驱动方式的不同,挖掘机可分为内燃机驱动挖掘机和电力驱动挖掘机两种。其中电力驱动挖掘机主要应用在高原缺氧与地下矿井和其他一些易燃易爆的场所。

(4)按照用途来分,挖掘机又可以分为通用挖掘机、矿用挖掘机、船用挖掘机、特种挖掘机等不同的类别。

(5)按照铲斗来分,挖掘机又可以分为正铲挖掘机、反铲挖掘机、拉铲挖掘机和抓铲挖掘机。正铲挖掘机多用于挖掘地表以上的物料,反铲挖掘机多用于挖掘地表以下的物料。

液压挖掘机具有挖掘力大、动作平稳、作业效率高、结构紧凑、操纵轻便、更换工作装置容易等特点，近年来发展很快，当前工程中使用的挖掘机绝大部分都是液压挖掘机。

2. 液压挖掘机的主要技术参数

单斗液压挖掘机的常用参数有斗容量、机重、额定功率、最大挖掘半径、最大挖掘深度、最大卸载高度、最小回转半径、回转速度和液压系统的工作压力等。其中主要参数有标准斗容量、机重和额定功率三个，用来作为液压挖掘机分级的标志性参数，反映液压挖掘机级别的大小。

1）标准斗容量

标准斗容量是指挖掘Ⅳ级土壤时，铲斗堆尖时的斗容量。它直接反映了挖掘机的挖掘能力。

2）机重

机重是指带标准反铲或正铲工作装置的整机重量，它反映了机械本身的级别和实际工作能力，同时对挖掘能力的发挥、功率的利用率和机械的稳定性等方面的性能有影响。

3）额定功率

额定功率是指发动机正常工作条件下飞轮的净输出功率，反映了挖掘机的动力性能。

3. 常用液压挖掘机的主要技术性能

防洪工程建设与施工中，一般用建筑型液压单斗挖掘机，且斗容在2 m^3 以下。常用液压单斗挖掘机主要技术性能指标见表6-5。

表6-5　常用液压单斗挖掘机主要技术性能指标

型号	斗容（m^3）	发动机		挖掘半径（m）	卸载高度（m）	回转速度（r/min）	爬坡能力（°）	接地比压（kPa）
		型号	功率					
WY60A	0.6	F6L912	69	8.46	3.96	8.65	25	2.7
WY80	0.8	F6L912	69	8.86	3.96	8.65	25	5
WY－100B	1.0	6135K－16	117	10.4		0~6.7	25	5.9
WY160	1.6	F8L413F	134	13.8	6.6	0~7.6		8.5
WLY－100	1.0	BF6L913	112	10.56		8		

续表 6-5

型号	斗容(m³)	发动机		挖掘半径(m)	卸载高度(m)	回转速度(r/min)	爬坡能力(°)	接地比压(kPa)
		型号	功率					
PC220－6	1.0	SA6D102	114	10.18	6.52	12.4	35	47.5
WLY20	0.8	F6L913G1	84	9.24	6.13	0~9	20	
WY22LC	1.0	LR6100ZG1	97	9.91	6.32	0~11	30	

4. 液压挖掘机的发展概况

我国挖掘机生产起步于 20 世纪 50 年代。1954 年,成功地试制出我国第一台斗容量为 1 m³ 的机械传动正铲挖掘机。从 1967 年起,我国开始自行研制液压挖掘机,至今经历了三个阶段:①自主开发阶段(1967~1979 年);②技术引进、消化、吸收与提高阶段(1980~1994 年);③独资与合资企业迅速发展阶段(1994 年至今)。

改革开放以来,积极引进、消化、吸收国外先进技术,以促进中国挖掘机行业的发展。其中,贵阳矿山机器厂、上海建筑机械厂、合肥矿山机器厂、长江挖掘机厂等分别引进德国利勃海尔(Liebherr)公司的 A912、R912、R942、A922、R922、R962、R972、R982 型液压挖掘机制造技术。稍后几年,杭州重型机械厂引进德国德玛克(Demag)公司的 H55 型和 H85 型液压挖掘机生产技术,北京建筑机械厂引进德国奥加凯公司的 RH6 型和 MH6 型液压挖掘机制造技术。与此同时,还有山东推土机总厂、黄河工程机械厂、江西长林机械厂、山东临沂工程机械厂等联合引进了日本小松制作所的 PC100、PC120、PC200、PC220、PC300、PC400 型液压挖掘机的全套制造技术。这些厂通过数年引进技术的消化、吸收、移植,使国产液压挖掘机产品性能指标全面提高到 20 世纪 90 年代的国际水平,产量也逐年提高。

(四)铲运机

铲运机是以带铲刀的铲斗为工作部件的铲土运输机械,兼有铲装、运输、铺卸土方的功能,铺卸厚度能够控制,主要用于大规模的土方调配和平土作业。铲运机可自行铲装 Ⅰ 至 Ⅲ 级土壤,但不宜在混有大石块和树桩的土壤中作业。铲运机是一种适合中距离铲土运输的施工机械,其经

济运距为 100~2 000 m。铲运机被广泛用于公路、铁路、港口、建筑、矿山采掘等土方作业,如平整土地、填筑路堤、开挖路堑以及浮土剥离等工作。黄河下游防洪工程土方施工有 1/2 以上靠铲运机来完成。

1. 铲运机的分类

铲运机主要根据行走方式、装载方式、卸土方式、铲斗容量、操纵方式等进行分类。

1)按行走方式分类

按行走方式不同,铲运机可分为拖式和自行式两种。因履带式拖拉机具有接地比压小、附着能力大和爬坡能力强等优点,故在短运距和松软潮湿地带作业时常用履带式拖拉机作为拖式铲运机的牵引车。自行式铲运机由牵引车和铲斗两部分组成,采用铰接式连接。牵引车有履带式和轮胎式两种。履带式自行铲运机,其铲斗直接装在两条履带的中间,适用于运距不长、场地狭窄和松软潮湿的地带工作。轮胎式自行铲运机按发动机台数又可分为单发动机、双发动机和多发动机三种。轮胎式自行铲运机由牵引车和铲运斗两部分组成,铲运斗不能独立工作。轮胎式自行铲运机结构紧凑,行驶速度快,机动性好,在中距离的土方转移施工中应用较多。

2)按装载方式分类

按装载方式不同,铲运机可分为升运式与普通式两种。升运式也称链板式,在铲斗铲刀上方装有链板运土机构,把铲刀切削下的土升运到铲斗内,加速装土过程,减小装土阻力,可有效地利用本身动力实现自装,不用助铲机械即可装至堆尖容量,可单机作业,经济运距在 1 000 m 以内。普通式通常也称开斗式,靠牵引机的牵引力和助铲机的推力,使用铲刀将土铲切起,在行进中将土装入铲斗,其铲装阻力较大。

3)按卸土方式分类

铲运机可分为强制式、半强制式和自由式三种。强制式是用可移动的铲斗后壁将斗内的土强制推出,效果好,用得最多;半强制式是铲斗后壁与斗底成一整体,能绕前边铰点向前旋转,将土倒出;自由式是将铲斗倾斜,土靠自重倒出,适用于小型铲运机。

4)按铲斗容量分类

按铲斗容量不同,铲运机可分为小型、中型、大型、特大型四种。

小型:铲斗容量 <5 m³。

中型:铲斗容量 5～15 m³。

大型:铲斗容量 15～30 m³。

特大型:铲斗容量 >30 m³。

5)按操纵方式分类

按操纵方式不同,铲运机可分为液压操纵和机械操纵两种。液压操纵以其铲刀切土效果好而逐渐代替依靠自重切土的机械操纵式。

2.常用铲运机的技术性能

常用铲运机的主要技术性能指标见表6-6。

表6-6 几种常用铲运机的主要技术性能指标

类型	型号	卸土方式	操纵方式	铲斗容量(m³)		发动机或牵引车	
				平装	堆装	型号	功率(kW)
自行式铲运机	6～8 m³	强制	机械	6	8	6135	88.3
	CL7	强制	机械	7	9	6135K－126	132.5
	SM150			10.6	15	SKODA,MS634	148×2
	621E	强制	液压	10.7	15	Cat3406B	246
托式铲运机	C4－3A	自由	液压	2.5		东方红－75	55.1
	TY6	强制	液压	6	8	T120	88.2
	CTY7	强制	液压	7	9	T140	102.9
	CTY10	强制	液压	10	13	D85A－18/TY220	168/162

黄河防洪工程建设常用 C4－3A(铲斗容量2.5 m³)拖式铲运机。尤其是在黄河下游大堤加高加固工程施工中,土方运距多为 400～600 m,是铲运机施工的最佳运距,且铲运机在行驶过程中能够自行完成运输和铺卸土作业,是土方施工的理想机械。

四、抢险设备的选择和配合

在防汛抢险过程中,根据险情规模、类别、出险地工况条件,合理地选用抢险设备,能够最大程度地发挥不同机械设备的效能。一方面可以加

快抢险进度,另一方面可以降低抢险物资消耗和抢险施工成本。

(一)选择抢险设备的一般原则

1.适应性

抢险设备与抢险具体实际相适应,即抢险设备要适应抢险施工条件和作业内容。选用的抢险设备一方面应适应险情所在地的气候、地形、土质场地大小、运输距离、险情大小等,另一方面抢险设备的工作容量、生产率等要与抢险进度及工程量相符合,尽量避免因抢险设备的作业能力不足而延误抢险,或因作业能力过大而使抢险设备利用率降低。在条件许可的情况下,根据险情类型和状况尽量选择最适合抢险的机械设备。

2.先进性

近几年机械设备升级换代很快,新型设备不断出现,在可能条件下防汛抢险设备也要随之更新,在实践中不断提升抢险设备的现代化水平。采用先进的抢险设备,可提高抢险效率。

3.经济性

防汛抢险属于公益性活动,大多是紧急情况下的短期施工,经济性方面因素一般考虑较少,特别是大洪水时候的抢险活动更是如此。面对洪水险情,首先要保证抢险成功率,但也应在保证抢险的前提下适当考虑经济性,这样不仅不会影响到抢险进程,反而会节省大量的抢险投入。在选择抢险设备时,适当权衡抢险施工与设备费用的关系,同时要考虑抢险设备的可靠性,保证防汛抢险施工的顺利进行。

4.安全性

在选择合适的抢险设备、保证抢险施工质量和进度的同时,还应充分考虑抢险设备的安全可靠性,如行驶稳定、有翻车或落体保护装置等。此外,在保证抢险工作人员、设备安全的同时,还应注意尽量不破坏或少破坏出险地的自然环境及已有的建筑设施。

5.通用性和专用性

根据防汛抢险的规模和类别,选择合适的抢险设备是保证抢险工作顺利推进的重要条件之一。在此过程中,应充分考虑抢险设备的通用性和专用性。通用抢险设备可以一机多用,用一种机械代替一系列机械,简化工序,减少作业场地,扩大机械使用范围,提高机械利用率,方便管理和修理。专用抢险设备生产率高,作业质量好,因此某些作业量较大或有特

殊要求的险情,选择专用性强的抢险设备较为合理。

(二)抢险设备的合理组合

1. 施工机械技术性能的合理组合

(1)主要机械与配套机械的组合。配套机械的工作容量生产率和数量应稍大一点,以便充分发挥主要机械的作业效率。例如,自卸运输车的车厢容积应是挖掘机铲斗工作容量的 3~5 倍,但不要大于 7~8 倍。

(2)主要机械与辅助机械的组合。辅助机械的生产率应略大一些,以便充分发挥主要机械的生产率。

(3)牵引车与其他机具的组合。两者要互相适应,尽量避免出现大马拉小车或小马拉大车现象,以便获得最佳的联合作业效益。

2. 施工机械类型与其数量的合理组合

(1)施工机械类型及数量宜少不宜多。根据抢险施工的作业内容,尽可能地选用大工作容量、高作业效率的相同类型的施工机械。一般来说,组合的施工机械台数适当减少,有利于提高协同作业的效率。施工机械品种规格单一时,便于抢险施工过程中的调度管理和维护。

(2)并列组合。只依靠一套抢险施工机械组合作业,当主要施工机械发生故障时,就会造成抢险施工进展缓慢甚至停滞。若选用两套或多套抢险施工机械并列作业,则可避免或减少抢险效率降低现象的发生。

(三)抢险设备的选择方法

选择抢险设备是防汛抢险的重要环节之一,不但关系到抢险设备能否合理使用,充分发挥其最大效能,而且直接关系到抢险的进度和成败。因此,选择抢险设备必须综合各方面情况进行全面分析。一般而言,抢险设备的选择可按照以下几个方面内容进行选择。

1. 根据险情类别和规模选择

江河出险有多种类别,如堤防决口、护岸坍塌、涵闸出险等。不同险情及险情规模不同所采用的抢险设备可能会有所不同。如堤防决口可能要投入挖掘机、装载机、推土机、自卸汽车、发电机组等设备。而涵闸出险可能只需要上述设备的一种或几种。

2. 根据抢险设备的用途和性能选择

应按照抢险设备的使用范围选择,改变其设计用途将影响抢险效率。对于挖掘类作业较多的险情应选用挖掘机和自卸汽车;对于坝岸坍塌类

险情可以用装载机将料物装运投放。另外,抢险设备的性能也是选择的一项重要内容。若抢险设备长期低速、小负荷运转,不仅设备性能得不到充分发挥,还会造成磨损加剧;若超速、超负荷运转,将大大缩短设备的寿命,甚至发生事故。

3.根据抢险现场条件选择

(1)根据险情规模选择。当险情规模较大,出险地地形较为宽广,抢险料物比较充足时,应当优先选择大型、专用履带式抢险设备;当险情规模小,出险地地域狭小时,应选择中小型和机动性好的轮式设备。

(2)根据运距选择。抢险料物运送距离是选择抢险设备的主要依据,各种抢险机械设备都有合适的运距。如推土机运距在100 m内较合适,运距在30~50 m其效率最好;运距在50~200 m内可选用装载机;铲运机可以独立完成土方的挖、装、运、卸粗平实作业,是一种效率较高的铲土运输机械,运距在100~500 m内选用拖式铲运机,运距在400~2 000 m范围内选用自行式铲运机;运距在100~3 000 m或更长时,选用挖掘机、装载机与自卸汽车配合作业效果更好。推土机、装载机、铲运机等机械的适当运距见图6-4。

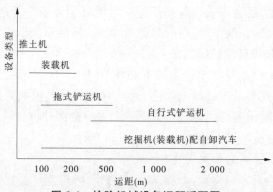

图6-4 抢险机械设备运距适配图

(3)根据土壤等级选择。出险地抢险所用土壤状态和性质也是选择抢险机械的重要依据。土壤等级分为6类16个等级,一般三类Ⅳ级以下土壤可用机械直接开挖;四类Ⅴ、Ⅵ、Ⅶ级要辅助爆破才能开挖;五类及六类则必须采用爆破才能开挖。

(4)根据地区和气候选择。在低温条件下使用的抢险机械,应考虑

被选机械的有关系统或装置的低温性能;在高温气候条件下使用的抢险机械,应考虑被选机械的散热能力;泥泞区域或雨季应选用湿地式机械,至少应选用履带式机械或越野性能好的轮胎式机械。

（5）根据抢险料场位置选择。如果抢险土料、石料所在地离出险地较近,则可选择推土机作业。如果需要挖掘地面以下料物,应选择反铲挖掘机;挖掘地面以上物料时,一般应选择正铲挖掘机。

4.根据抢险方式和工序选择

防汛抢险作业方式有单机作业、多机联合作业和人、机、爆破综合作业。多机、多工序作业时,应以主要抢险机械的作业能力为基准选择,并保证配套协调。如装载机（挖掘机）与自卸汽车配合,应分别以 2~3 斗或 3~4 斗装满一车为宜。

通过对多年大江大河抢险实践中运用抢险设备的情况分析,经常需要的抢险设备主要有挖掘机、装载机、推土机、自卸汽车、起重机、发电机组等,用于挖、装、运、抛等作业及夜晚抢险提供照明。

（四）抢险设备合理配合案例

20 世纪 90 年代以前,抗洪抢险机械化程度较低,经常影响抢险效率和质量。之后,随着机械化抢险技术的探索和抢险技术水平的提高,机械化抢险愈来愈显示出它的优越性。机械化抛笼较人工抛笼提高几十倍的速度,在合适的场地能够减少大量人工参与,大幅降低了人工劳动强度的同时,能够及时抢护险情。

1.1996 年黄河下游抢险实例

在 1996 年洪水过程中,黄河中下游多处堤坝出现险情,机械设备在防洪抢险中的作用非常突出,如黄河温县大玉兰控导工程坍塌抢险中,出动了 1 台装载机、3 辆自卸汽车、3 辆翻斗车、1 辆平板车投入抢险,险情很快得到控制;武陟县老田庵控导工程 23 号坝出现坍塌险情,出动装载机 1 部,自卸汽车 5 部投入抢险,人机配合抢险的优势得以充分发挥,提高了抢险速度;陶城铺险工 9 号坝出现坍塌险情,动用装载机 3 部,自卸汽车 4 部,拖拉机、三轮车 60 辆投入抢险,抢险用石大部分从其他坝上调运,人工运石不能满足抢险需要,调用地方装载机和自卸汽车后,抛护速度大大提高,为及时控制险情赢得了时间。

2.2003 年黄河蔡集控导工程抢险实例

2003 年,受"华西秋雨"影响,黄河发生了严重秋汛,下游河段经历了长时间的洪水考验。9 月 18 日,河南兰考县谷营黄河滩区生产堤被冲垮,兰考段蔡集控导工程发生重大险情。在蔡集控导工程抢险过程中,机械化抢险的优势得到充分体现,在此加以详细介绍。

1)自卸汽车抛撒石料

在蔡集口门合龙期间,从各地调集大量自卸汽车装满碎石袋和块石,运至口门,分别从口门东西两侧进占合龙,在进占高峰期,平均每半分钟抛卸一车,合龙时间由预计 80 h 缩短至 18 h,极大地提高了抢险效率。

2)机械化抛投铅丝笼

利用大型机械开展快速高效的大型铅丝笼进占,速度快,经济上合理可行,这在没有大型机械时代很难实现。在蔡集抢险堵口的关键阶段,很好地使用了该技术。2003 年 10 月 28 日,抽调 260 多台载重 20 t 的自卸汽车在封堵最后 46 m 口门时,排成两列,依次把大型铅丝笼、石块、沙袋、土方等倾倒在口门边缘,再由大型推土机推进整平。前车卸下,立即开走,后车即时跟进,整个过程井然有序,有条不紊,忙而不乱,效率极高。

挖掘机与自卸汽车配合装抛大铅丝笼,具体做法为:在比较开阔、石料和铅丝网片充足的场地,将大铅丝网片铺在自卸汽车内,挖掘机装石入笼,人工封口,自卸汽车运送至抢险现场抛投。

3)定点抛投小型铅丝笼

在蔡集抢险过程中,由于工程是新修工程,险情又特别严重,如果按照传统的方法一味高强度地抛投石料,不仅石料很难满足需求,而且人工抛投强度也满足不了抢险要求。根据险情的不同位置和现有石料储备量,同时根据河势的变化,采取挖掘机、装载机定点抛投小型铅丝笼定点守护的方法,有效解决了铅丝笼抛不到位、人工抛投慢的缺点,既节省了用石量,又快速控制了险情。利用装载机装抛铅丝石笼,具体做法为:在石料与抢险现场有一定距离的情况下,由人工将铅丝网片铺在装载机铲斗内,装载机铲石入斗,人工封口,装载机运至抢险现场进行抛投;利用挖掘机现场装抛铅丝石笼,具体做法为:在抢险现场铺铅丝网片,挖掘机装石入笼,人工封口,挖掘机抛投。

　　4）机械化运石

　　蔡集 35 号坝抢险刚开始,坝面石料就被迅速用光,联坝道路泥泞不堪,使用架子车人工调石,举步维艰,难以通行。此时,先期进驻蔡集工程的 4 部自卸汽车、2 部挖掘机、1 部装载机发挥了巨大作用。挖掘机往自卸汽车装完石料后,又牵引着满载石料的汽车在没膝深的泥泞中艰难运至出险部位,装载机及时组织抛投。若没有这些大型机械及时调石,35 号坝抢险将无石料可用,抢险的成功率将大幅降低。

第七章　防洪调度

　　水文工作为治河防洪提供了必需的基础数据。防洪调度工作的开展以水文测验、预报数据为依据开展各项工作。

　　防洪调度就是运用防洪系统中各项工程及非工程措施,有计划地控制调节洪水,以尽可能减免洪水灾害为目的,同时适当兼顾其他综合利用要求的一项工作。防洪调度分防洪工程调度措施和非工程调度措施。当流域内产生可能危及人民生命财产安全的降雨时,各级防汛指挥机构应视情况启动相应措施,迎战即将来临的洪水,科学合理地进行防洪调度,发挥防洪系统的最优减灾效果。

第一节　水文测验、拍报与预报

　　随着社会的发展进步,防汛、水资源利用、工程建设等对水文情报预报工作提出了更高的要求。在水文情报预报工作中,逐渐应用新技术、新仪器取代了传统的设备和陈旧的方法,使得水文情报预报的资料质量和时效性得到了大幅度提高。

一、水文测验

　　水文测验是获取第一手资料的手段。测验内容主要包括气象观测、水位观测、流量测验、悬移质泥沙测验和测站考证及位置图测绘等内容。

(一)气象观测

　　气象观测项目主要是气温、降水量、风向、风力等天气的观测。气温、风向、风力主要在水文站和常年观测的水位站随同水位、冰凌观测。降水量观测测次以能测得完整的降雨过程为原则。不同的仪器,观测测次要求不同。气象观测采用北京标准时,以8时为日分界。

(二)水位观测

　　水位观测项目有测定水尺零点高程、观测水位、目测风向风力及水面起伏度,凌汛期观测水温、气温及流冰密度和岸冰等有关冰情。

水位观测测次以能测得洪峰和完整的水位转折变化为原则。按照国标《水位观测标准》(GB/T 50138—2010),洪水期间,水文站、水位站人工观测时,每日观测 12~24 次。

(三)流量测验

流量测验项目包括观测基本水尺水位和水面比降,施测水道断面,在各测速线上测量测点流速,观测记录气象及河流附近情况,最后计算流量测验数据。自 1994 年颁布实施国家标准《河流流量测验规范》(GB 50179—93)以来,要求对实测流量成果估算不确定度。

流量测验次数,以能完整控制流量变化过程,准确推算逐日流量和各项特征值为原则。洪水期,应严密控制洪峰过程,洪峰起涨、峰腰、峰肩、峰顶处都要施测流量,洪峰过程每天测流量不少于一次。当流量大于 2 500 m^3/s 时,每 1~2 天施测流量一次。汛期按五点法施测流量不少于 5 次。

(1)常测法测流。当水面宽 100 m 时,布设 9 条测速垂线;当水面宽 300 m 时,布设 11 条测速垂线;当水面宽 500 m 时,布设 13 条测速垂线;当水面宽大于 500 m 时,测速垂线超过 13 条。滩区按固定起点距标(杆)固定测速垂线。

(2)精测法测流。测速垂线适当加密,水面宽大于 500 m 时,测速垂线为常测法的 2 倍;测深垂线数目,当河面宽大于 300 m 时,每两条测速垂线间增加一条测深垂线。

(四)悬移质泥沙测验

泥沙测验包括断面输沙率测验和单样含沙量测验。输沙率测次以满足建立单样含沙量和断面平均含沙量的关系,由单样准确地推求全年的输沙量为原则。单样含沙量测次以能控制含沙量变化过程,满足推求逐日平均输沙率为原则。汛期的平水期,在水位定时观测时取样一次。洪水期,每次较大洪水,一类站不应少于 8 次,二类站不应少于 5 次,3 类站不应少于 3 次,洪峰重叠、水沙峰不一致或含沙量变化剧烈时,应增加测次,在含沙量变化转折处应分布测次。

(五)测站考证及位置图测绘

按照规范要求,水文测站考证资料凡公历逢 5 年份,需进行重新考

证,编绘位置图。测站考证大致包括如下内容:依据大量水文调查,重新绘制水文站区间主要水利工程分布图,编制主要水利工程基本情况表;重新绘制水文水位站测站位置图,编制相应的测站说明表。上述成果,经审查验收后,汇编成册,作为正式考证资料予以存档,并发至各水文站。

二、水情报汛

各水文、水位、涵闸等测站采集的数据需逐级上报。每年,根据防汛需要,防汛办公室都要在汛前向各站下达报汛任务,明确规定执行水利部2011年4月颁发的《水情信息编码》。

水情信息拍报起止日期在各流域有所不同,按各流域汛期时间适当延长拍报时间。如黄河流域的汛期为6月1日起至10月31日止,报汛时间自6月15日起至11月1日止。遇有特殊情况需提前或延长汛期时,由防汛办公室临时通知。

汛前,测站的管理单位应对水尺校测一次,汛期水尺若有变动,及时进行校测,以保证观测资料的准确性。设有滩区水位站的单位在洪水漫滩时,需加强滩地进水、出水、分流等情况及滩区的水位(水深)观测。蓄滞洪区各分洪闸上、下游水位观测,根据分洪要求,于汛前安装水尺,并做好水位观测的准备工作,一旦分洪,及时测报。

不同的观测项目,拍报要求不同。

(1)降雨量拍报。担负雨情拍报任务的站按雨情拍报规定拍报日、旬、月降雨量。日雨量以8时为日分界,起报标准为1 mm。凡规定拍报旬、月降雨量的水情站,无论旬、月有无降雨,均需拍报。

(2)水位、流量拍报。水情基本站每日定时拍报8时水情。当水位(流量)达到起报或加报标准时,及时按当年报汛规定进行拍报。水位站起报标准按流量控制时,其流量是指距该站最近的上游水文站的同时段流量。洪峰过后各水情站及时把洪峰水位、峰现时间上报至防汛办公室。规定拍报洪水过程的站,及时加报起涨、洪峰、峰腰转折点及落平等特征点,以利掌握完整的洪峰过程。水文站在拍报实测流量时,单独列报。平水时可于次日8时拍报,洪水时随测随报。对于河道冲淤变化大,水位流量关系呈绳套型的水文站,在拍报洪峰时应以最大流量为准。

(3)沙情拍报。规定拍报含沙量的站,汛期每日8时编报一次。当

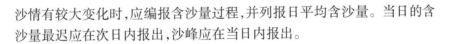

沙情有较大变化时,应编报含沙量过程,并列报日平均含沙量。当日的含沙量最迟应在次日内报出,沙峰应在当日内报出。

三、河道排洪能力分析和水情预报

(一)河道排洪能力分析

冲淤变化较大的河流,在每年汛前,防汛办公室将组织人员对河道内主要控制站的设防水位进行分析。分析过程中,首先,分析各河段典型年洪水和近几年的洪水情况、断面冲淤情况、沙量进出平衡等。其次,依据所处的河道形态,采用不同的方法计算各站的排洪能力。对于水文站,以水力因子法、涨率分析法为主,实测资料分析和冲淤改正等方法进行校正。对于水位站,则采用水位相关、冲淤改正等方法确定其设计水位—流量关系线。最后,用河道水面线计算校核设计线的合理性。

(二)水情预报

当流域内出现强降雨或河段上游站发生洪水过程时,水文部门应当对流域出口或河段下游站的洪水过程进行预报,为防汛工作的开展提供决策依据。工作中,我们常用以下几种方法预报洪水。

(1)相应水位(流量)法。该方法是大流域的中下游河段广泛采用的一种实用方法。它根据天然河道洪水波运动原理,在分析大量实测的河段上、下游断面水位(流量)过程线的同位相水位(流量)之间的定量关系及其传播速度的变化规律的基础上,建立经验相应关系,据此进行预报。该方法适用于无支流河段或支流水量小的有支流河段。

(2)降雨产流量预报。该方法以降雨径流形成理论和坡地产流基本规律为基础,由降雨量来预报流域出口断面径流量。适用于一些洪水汇流时间短的小流域。根据流域的地理、气候等特征的差异,降雨产流过程又分为蓄满产流和超渗产流两种模式。预报作业时,根据当地情况进行选择。

(3)马斯京根分段连续演算法。采用马斯京根分段连续演算法进行洪水流量过程预报时,选定任意河段,确定推演起止时段、计算间隔时段,根据所选河段上游站实时水情,内差洪水推演起止时段内计算间隔时段的流量。根据所选河段,自上游站向下游站演算。

(4)水文模型法。该方法把预报对象的自然水文过程抽象为一个系

统,根据对系统行为物理过程的概化,用一系列数学方程式来描述,进而由系统的输入作出对输出的模拟,完成预报作业。

第二节　防洪工程措施调度

防洪工程措施是指为控制或抵御洪水以减少洪灾损失而修建的各类蓄泄、挡洪工程。主要包括江河堤坝、水库、蓄滞洪区等。当洪水来临时,合理利用干支流水库调蓄洪水,充分利用河道排泄洪水,必要时运用蓄滞洪区分滞洪水,充分发挥防洪工程的作用。在确保防洪安全的前提下,合理调节水沙,兼顾洪水资源利用。

防洪工程措施的调度主要是水库调度和蓄滞洪区的调度。为叙述方便,下面按单座水库防洪调度、水库群防洪调度、蓄滞洪区防洪调度及水库与蓄滞洪区联合运用进行论述。

一、水库的调度

根据泄洪建筑物的形式、是否担负下游防洪任务以及下游防洪地点洪水组成情况等因素考虑采用什么方式的水库调度。

对于没有下游防洪任务的水库,防洪调度方式较简单。水库调洪保证水工建筑物安全即可。水库运行期间,当库水位达到一定高程后,泄洪建筑物便敞开泄洪。

对于承担下游防洪任务的水库,既要确保水库安全,又要满足下游防洪安全。常见的防洪调度方式有固定泄洪调度、防洪补偿调度、防洪预报调度等。当水库有兴利任务时,还要考虑防洪与兴利的联合调度。对于多沙河流的水库,在考虑泄洪时,还须考虑排沙问题。

(一)固定泄洪调度

固定泄洪调度有固定泄量调度和定孔泄流调度两种方式。

固定泄量调度的调度原则是:当来水不超过下游防洪标准洪水时,根据上游来水的大小,水库按不超过下游河道安全泄量固定泄流,大水多泄、小水少泄。当来水超过下游防洪标准后,按下游安全泄量固定泄水。超过安全泄量的部分水量蓄在库内,直到入库流量与安全泄量相等,库水位达到防洪高水位。此后水库水位自然消落,直到防洪限制水位,泄洪停止。这种调度方式适用于水库坝址距防洪控制点较近、区间洪水较小的情况。

在水库实际运行中,为了减少泄洪闸门的频繁启闭,往往采用固定孔数的调度方式,即固定开启闸门的孔数,泄水流量随着上游洪水来水量的多少而增减。这样,下泄流量会随着库水位的涨落有一些变化,但仍以小于或等于下游河道安全泄量为控制条件。由此可见,这种调度方式为固定泄量调度方式的一种便于操作的形式。

当下游有不同重要性的防洪保护对象时,可采用多级固定泄量的调洪方式。一般来讲,重要的防洪保护对象要求采用较高的防洪标准,控制点可通过的河道安全流量较大;重要性次之的防洪对象采用的防洪标准较低,控制点的河道安全泄量相应较小。固定泄量调度时,分级不宜过多,以免造成防洪调度困难。以下游有防洪标准不同的两个保护对象为例,将次要防护对象相应的河道安全泄量作为第一级泄量,重要的防护对象相应的河道安全泄量作为第二级泄量。这种二级固定泄量的调洪方式的规则是,当发生洪水的量级未超过次要防护对象防洪标准时,水库按第一级泄量控泄;直至根据当前水情判断,来水已超过次要防护对象的防洪标准时,水库改按第二级泄量下泄。

在水库运行中,当水库蓄水量达到或接近设计的防洪库容时,就应敞开闸门泄洪。但在水库实际运用调度中,往往不是以库容做判别条件,而是按坝前水位或入库流量来控制泄流,则显得更为简单方便。对于多级控制情况尤为如此。以水位为判别条件的做法,适用于调洪库容较大、调洪结果主要取决于洪水总量的水库;以入库流量为判别条件的做法,一般适用于调洪库容较小、调洪最高水位主要受入库洪峰流量影响的水库。

(二)防洪补偿调度

防洪补偿调度适用于水库坝址至下游防洪控制点之间存在较大区间面积,水库调度需考虑未控区洪水的变化对水库泄流方式的影响。当发生洪水未超过下游防洪标准时,水库根据区间流量的大小控泄,使水库泄量与区间洪水流量的合成流量不超过防洪控制点的河道安全泄量。这种调洪方式即为防洪补偿调度。

假设防洪控制点 A、区间站 B 和水库 C 的平面位置如图 7-1(a)所示,最理想的补偿调节方式是使水库泄量 Q_c 加上区间洪水流量 $Q_区$ 等于下游防洪控制点的安全泄量 $Q_{安}$。图 7-1（b）中 $Q_{区}$—t 为区间洪水过程线，区间流量 $Q_{区}$ 可以用支流控制站 B 的流量代表；Q_c—t 为入库洪水过程线。区间控制站 B 到防洪控制点 A 的洪水传播时间为 t_{BA}，水库泄流到 A 的洪水传播时间为 t_{CA}；设 $t_{BA} \geq t_{CA}$，两者时间差 $\Delta t = t_{BA} - t_{CA}$。亦即 t 时刻的水库泄量 $Q_{c,t}$ 与（$t - \Delta t$）时刻的区间流量 $Q_{区,t-\Delta t}$ 同时到达控制点 A。将 $Q_{区}$—t 后移 Δt 倒置于 $Q_{安}$ 线下，即得水库按防洪补偿调节方式控泄的下泄流量过程 $abcd$。$bcdef$ 所围面积为实施防洪补偿调节而增加的防洪库容 V_b。由图 7-1 可见，实施补偿调节后，水库实际承担的防洪库容为设计防洪库容 V_f 与 V_b 之和。这就意味着下游防洪控制点的安全性提高了，而水库本身的防洪任务却暂时加重了。

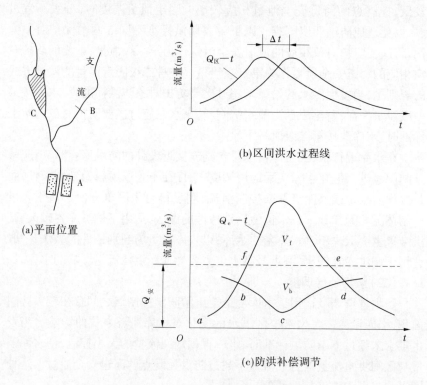

(a)平面位置

(b)区间洪水过程线

(c)防洪补偿调节

图 7-1　水库防洪补偿调节示意图

实现防洪补偿调节的情况有两种：一种情况是水库泄流到达防洪控

制点的传播时间小于或等于区间泄水集流时间,否则无法获得确定水库下泄流量大小相对应的区间流量信息。图 7-1 即为此种情况。另一种情况是具有精度较高的区间水文预报方案(包括产汇流预报、相应水位或相应流量预报等),其预见期要大于水库泄流至防洪控制点的传播时间。必须指出,实施防洪补偿调节的前提条件是区间洪水的洪峰流量必须小于下游防洪控制点的河道安全泄量,否则即使水库完全不泄流,也无法达到下游防洪标准的安全要求。

上述防洪补偿调度是一种理想化的调洪方式。受各种条件限制,常常只能近似地应用防洪补偿调度方式,错峰调度便是其中的一种。错峰调度方式的做法,是在区间洪峰流量可能出现的时段内,水库按最小的流量下泄,甚至关闸停泄,以避免水库泄流与区间洪水组合超过防洪控制点的安全泄量。采用错峰调度方式必须合理地确定错峰期的限泄流量,例如在水库规划设计中,一般取其限泄流量小于或等于下游防洪控制点河道安全泄量与区间洪峰流量的差值,如图 7-1(c)中的 c 点。即在此点前后一段时期(错峰期)内,水库按最小泄流量作为限泄流量泄流。可见错峰调度方式所需的防洪库容较防洪补偿调节方式为大,其结果显然更偏于安全。

(三)保证大坝安全的调度

规划设计中为确保水工建筑物的安全,要求水库在正常运用标准下,即出现入库洪水达到水工建筑等级相应的设计洪水时,库水位不超过设计洪水位;在非常运用标准下,即出现入库洪水达到校核洪水标准时,库水位应不超过校核洪水位。

若水库没有下游防洪任务,从保坝安全出发,水库在条件允许的前提下,应尽可能早泄、快泄。一般规定,当库水位达到某高程后,应采取敞开闸门的自由泄洪方式。实际上有许多因素制约着敞泄方式,有些水库考虑到泄洪闸门及消能建筑物的安全运用条件,而在设计中规定了泄洪闸门的运用条件,如要求在某一库水位时只能运用某些泄洪设施,或可能要求一些泄洪孔要在下游达到一定水位时才能启用等。

对于正常运用标准的设计洪水,水库启用正常泄洪设施。对非常运用标准的校核洪水,除启用正常泄洪设施外,还要调用非常泄洪设施。非常泄洪设施的运用将造成下游的淹没损失或可能冲毁部分水工建筑物,

影响水库效益的发挥,因此应慎重拟定其合理的启用条件。在水库有几处非常泄洪设施或非常溢洪道能分段使用的情况下,可分级启用不同非常泄洪措施的运用方式,以便避免一次启用全部非常泄洪措施。

若水库承担下游防洪任务,保坝安全的水库调洪方式与无下游防洪任务的调洪方式有相似之处,但也有差异。在正常运用标准和非常运用标准下,有下游防洪任务水库的基本做法属于分阶段的复合调洪方式,第一阶段先按下游防洪要求采取相应的控泄方式;一旦据水情信息判断当前洪水量级已超过下游防洪标准时,即进入第二阶段——保坝安全要求的调洪方式。保坝安全调洪方式需考虑的原则及泄洪安排与无下游防洪任务水库的保坝安全的调洪方式基本相同。

(四)防洪预报调度

根据预报进行防洪调度,能充分发挥水库的防洪效益,协调水库防洪与兴利的矛盾。这种调度方式是根据水文气象预报成果,赶在洪水来临之前预泄部分防洪限制水位以下的库容,以迎接即将发生的洪水。对于有兴利任务的水库,其预泄水量的确定,一般以该次洪水过后水库能回蓄到防洪限制水位不致影响兴利效益为原则。

现阶段多依据短期水文气象预报进行预泄。短期预报的预见期一般在 $1 \sim 3$ d 内,其精度可达80%以上。因此,考虑短期水文气象预报进行水库防洪调度具有较高的可靠性。

(五)防洪与兴利联合调度

对于综合利用水库,防洪则要求整个汛期留出防洪库容,以滞蓄洪水,而兴利则希望汛期多蓄水,以确保和提高兴利效益。为了妥善解决防洪与蓄水的矛盾,既确保水库安全并在一定程度上满足下游的防洪要求,又尽量多蓄水兴利,是水库汛期控制运用的一项重要任务。根据实践经验,主要有以下解决途径。

1. 分期设置防洪限制水位

对于洪水在汛期各个时段具有不同规律的河流,可以分时段预设不同的防洪库容,即设置不同的防洪限制水位。这样,既可以满足不同时期所需防洪库容的要求,又可以确保汛末兴利库容能蓄满。例如黄河小浪底水库,根据洪水规律和调洪计算结果分析,将防洪限制水位分别定为前汛期(7月1日~8月31日)为225 m,后汛期(9月1日~10月31日)为

248 m。

汛期各时期的划分,主要根据水文气象规律,从暴雨、洪峰、洪量、洪水出现日期等方面分析研究。分期不宜太多,常以 2～3 期为宜。各分期防洪限制水位的推求与不分期的做法大体相同。

需要指出的是,对于分期设置防洪限制水位的水库,一般要求具有较大的泄洪能力。否则,可能无法保证按时腾出库容,使库水位在限定的时间内降到预定的防洪限制水位。此外,水库泄洪还须考虑到下游河道的承泄能力。

2. 根据短期预报预泄或超蓄

根据短期预报预泄的情况前已介绍。如果水库具有一定的泄洪能力,还可以根据短期洪水预报有意使水库在汛期超蓄些水,即使库水位高于防洪限制水位,以增加兴利效益。赶在洪水来临之前,迅速泄掉超蓄水量,将库水位降至规定的防洪限制水位,当然,泄洪量应以保证下游安全为前提。待该次洪水过后,还可以再次超蓄,等下次洪水到来之前,再次将库水位降至防洪限制水位。这样多次重复利用部分防洪库容,既可以保证防洪需要,又可以提高兴利效益。

3. 适时掌握汛末蓄水时间

汛末何时或从什么水位开始蓄水,在水库运行调度中十分重要。如果蓄水过早,后期来洪可能造成上淹下冲的洪水灾害,大坝也不安全;如果蓄水过迟,洪水尾巴未拦住,水库可能蓄不到设计兴利水位,从而影响供水期的兴利效益。关于汛末关闸蓄水的具体时间,只有通过深入研究和正确掌握水文气象规律,结合中长期水文气象预报,根据水库管理运用经验确定。

(六)水沙联合调度

我国江河泥沙问题突出,特别是在多沙河流上修建水库,更应充分重视因泥沙淤积引起水库库容损失及其带来的负面影响。例如,黄河三门峡水库,原设计时只考虑蓄水而未顾及排沙,以至于在 1960 年 9 月蓄水后一年半时间里,水库淤积达 15.34 亿 t,上游潼关处河床淤高 5 m,支流渭河口形成拦门沙,库区上游出现"翘尾巴"现象,严重威胁到西安市及渭河下游地区的安全。于是从 1963 年开始,被迫改建和改变运用方式,其教训是极其深刻的。

因此,在水库规划设计及运行管理期间,充分重视泥沙的出路,考虑水沙联合调度是十分重要的。即根据水库的具体情况,拟定水沙联合调度运用方式,安排低水位、大流量的泄洪能力,适时利用泄流将大部分泥沙排出库外,从而确保水库能长期保留一定的有效库容。水沙联合调度的方式主要有如下两类。

1. 蓄清排浑方式

这种方式的特点是,在洪水沙多季节,降低库水位甚至空库迎洪排沙,使库区河道尽量接近天然情况,除部分较粗颗粒泥沙淤积外,大部分细颗粒泥沙可以被水流带出库外。待主汛过后再开始蓄水,蓄水时期的淤积量,待次年汛前通过降低库水位冲出库外。这种调度方式为许多水库所采用。例如,改建后的黄河三门峡水库和小浪底水库,减淤效益均十分可观。通过大量计算与模型试验证明,汛期滞洪和汛后蓄水时所淤积的泥沙,大部分可以在当年或次年汛前低水位运行时排往下游。这样除滩库容有少量淤积外,槽库容则可以长期保留下来。

2. 蓄水运用排沙方式

这种方式的特点是,蓄水运行一年或几年后,选择时机放空水库,采用人造洪峰和溯源冲刷方式,清除库内多年的淤积物。一般认为,河床比降较大,滩库容所占比重较小,集中冲沙不严重影响其他任务的水库,均可采用这种调度方式。这类水库在蓄水运行时期,还可利用汛期异重流规律适时排沙。库内滩库容的淤积物,在冲沙期间可采取高渠拉沙等有关辅助措施帮助清除。

二、水库群防洪调度

水库是河流综合开发治理中普遍采取的有效工程措施。流域规划中往往提出在干支流上修建一系列的水库,与其他水利设施相配合,达到综合开发水资源和有效防治洪水灾害的目的。水库群利用其蓄水容积调节径流及调控洪水,为共同承担的兴利和防洪目标,相互配合,统一调度,以达到最佳的联合运用效果。

从流域防洪系统看,水库群是防洪系统的重要组成部分。在研究水库群防洪调度时,需考虑与其他防洪工程措施及非工程措施联合运用和统一调度。本节只着重介绍水库群防洪调度的基本方法。

根据流域防洪系统中干支流水库群空间分布情况的不同可分为三种形式:并联水库群,如图 7-2(a)所示;串联水库群,也称梯级水库,如图 7-2(b)所示;混联水库群,如图 7-2(c)所示,它兼有串、并联的两种联系形式。各图中 F 处为各水库群的防洪保护区的控制点。

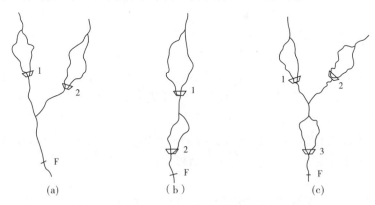

图 7-2　水库群基本形式

水库群防洪调度主要研究水库群承担其下游共同的防洪任务时的洪水调度方法。必须根据下游防护对象的防洪标准及防洪控制点河道安全泄量,研究如何调控水库群中各水库,以达到下游的防洪要求。对于下游防洪标准设计洪水,必须结合干支流水库控制面积的情况,考虑干支流及区间洪水的地区组合,以及相对应的干支流水库调控洪水的方式。不同的地区洪水组合,要求各水库所承担的调控洪水的作用也不相同。

水库群在承担下游防洪任务的洪水调度时,还需从水库群中各水库的相互关系出发,注重水库群整体安全的洪水调度问题。

(一)水库群自身安全的洪水调度

当水库群遭遇设计标准洪水或校核标准洪水时,应保障各水库安全运行。原则上讲,对水库群,特别是并联水库群,考虑各水库安全的调洪方式与前面介绍过的单一水库保大坝安全的调洪方式基本上相同。串联水库由于上下梯级水库存在水力联系,因此在制定各水库保坝安全的洪水调度方式时,应从下列几种情况及上下游水库之间的影响考虑:

(1)当水库上游存在设计标准较低的水库时,研究该水库保坝安全的调洪计算时,应考虑上游水库一旦失事可能造成的影响,并采取相应的

保坝措施。

（2）当水库上游有设计标准较高的水库时,研究该水库设计标准和校核标准的保坝安全的调洪计算时,可分别计入上游水库对其入库洪水的调控作用的有利影响。具体做法是:对于上述设计标准(及校核标准)相应的入库洪水过程线,考虑如下两种洪水的地区组合。一种是上游水库至本水库之间的区间发生与设计标准同频率的洪水,上游水库发生相应的入库洪水;经上游水库调节后的下泄流量过程,与区间洪水过程组合得到下库入库洪水;然后进行下库保坝安全的洪水调节计算。另一种洪水组合是上游水库发生与下库设计标准同频率的入库洪水,上下库区间发生相应洪水;经上库调洪后下泄流量过程与区间相应洪水过程组合成下库入库洪水;进行下库保坝安全的调洪计算。从上述两种洪水地区组合推求的下库保坝安全的调洪计算结果中选取偏于安全的结果,作为下库的设计依据。

（3）若水库下游有防洪标准较低的水库,在研究本水库的调洪方式时,应考虑到在发生超下游水库校核标准洪水时,尽可能减轻对下游水库的不利影响。

（4）若水库下游有设计标准较高的水库,在研究本水库保坝安全的调洪方式时,应防止本水库一旦失事可能对下游水库产生连锁反应的严重后果;有条件时,可按下游水库校核洪水的相应洪水,研究本水库可能采取的保坝安全措施。

综上可见,对于存在水力联系的梯级水库,原则上应尽可能考虑到水库群的整体安全。由于上下游水库水工建筑物等级不同而可能出现不同的安全标准,对于这些可能出现的情况,解决办法总的要求是不能由于上下游水库之间的不利影响而降低任一级水库的安全标准,而是应设法对设计标准较低的水库采取补救措施,尽可能确保标准较高的水库的保坝安全运行条件。

（二）水库群联合调洪方式

水库群共同承担下游防洪保护区的防洪任务时,应研究如何统一调度,充分发挥水库群整体最优的防洪效果。通常是首先按各水库所处的地理位置、控制洪水来源的比重、所设置防洪库容的大小及担任综合利用任务的情况等,分别拟定各水库的调洪方式,然后根据洪水地区可能遭遇

和组合,拟定水库群统一调度方式。

并联式库群一般应采用防洪补偿调节的调洪方式。通常可将调节洪水性能较好(防洪库容与所控制的洪水比值相对较大)、控制洪水来源所占比重较大的水库定为补偿调节水库;调节性能较差,控制洪水来源所占比重较小的水库定为被补偿水库。对于有两个以上的并联库群,可按上述相对指标安排补偿次序。上述指标最差的水库可按本库自身条件(包括考虑支流水库自身下游防洪及其他综合利用要求)拟定单库运行的调洪方式。另外,考虑补偿指标次差的水库的防洪补偿调节的调洪方式,该水库应根据下游河道安全泄量要求,视未控区间洪水流量及被补偿水库下泄流量的组合洪水过程,按水库防洪库容的调控能力适当泄泄。同理,可逐级进行防洪补偿调节,补偿指标最好的水库将作为最后进行防洪补偿调节的水库。这种按补偿次序进行并联水库群联合调洪的方式,适用于各库洪水基本同步、洪水地区分布相对稳定的情况。若各库洪水不同步、洪水地区分布不稳定,则应根据实际洪水发生情况,合理确定各水库之间的相互补偿关系。例如对于图7-2(a)所示的并联水库,若水库1及区间发生与下游防洪标准同频率的洪水,水库2为相应洪水,库群调洪的补偿次序应该由水库1先进行洪水补偿调节,水库2后进行补偿调节。

对于梯级水库,由于上游水库距防洪控制点较远,且其下泄流量可由下级水库再调节,因此若梯级水库各库洪水基本上同步,应先蓄上游水库,后蓄下游水库,以达到防洪库容最充分利用的效果。梯级水库泄洪次序一般与水库蓄洪运用次序相反,并以最下一级水库的泄量加区间流量不大于防洪控制点安全泄量为原则,尽快腾空各水库的防洪库容。若各水库洪水组合遭遇多变,则应根据洪水实际发生情况确定水库的运用次序,例如一般可以根据降雨信息,确定在暴雨中心上游的水库先蓄洪,暴雨中心下游的水库后蓄洪。若暴雨洪水主要发生在梯级水库最下一级至防洪控制点的区间,那么一般可采用先蓄上游水库,后蓄下游水库的运用次序。

混联式水库群防洪统一调度方式的制定,比并联水库、梯级水库的情况更为复杂。原则上讲,可以将水库群中有水力联系的串联水库划分为子系统,对各子系统按上述梯级水库防洪统一调度的方式确定各水库的运用次序和调洪方式。然后将各子系统视为并联形式,按上述并联水库

统一调度的方式协调各子系统的联合调洪方式。按各子系统协调后的联调方式,反馈至各个子系统,并要求各子系统梯级水库的联合调洪方式应做出相适应的调整。

若混联式水库群只有干流梯级及一条支流梯级,且干流梯级最下游水库位于支流梯级汇入点的上游,那么该混联库群可以按上述做法将干支流梯级当成两个并联的子系统。若干流梯级最下游水库位于支流汇入点之下游,则最下游水库同时与干支流梯级存在水力联系。假如该水库具有较好的调节洪水的能力,那么干支流梯级水库下泄流量均可由该水库进行再调节。对于这种情形,一般可以将最下游水库作为单个水库看待,将其上游干支流梯级分别作为并联子系统。研究库群统一调度时,可先对子系统分别按梯级水库联调方式安排各库的运用次序及调洪方式。并联子系统与下游单个水库之间的联调方式可根据洪水组合遭遇及调洪能力的具体情况,参照前述并联水库及梯级水库考虑补偿次序的一般原则,确定合理的联合调洪方式,尽可能充分发挥水库群防洪统一调度的效果。

(三)黄河中下游洪水水库运用方式

黄河下游是黄河防洪的重点河段。经过几千年的治理,黄河下游形成了目前的"上拦下排,两岸分滞"的防洪工程体系。黄河下游防洪工程主要由中游干支流水库、下游堤防、河道整治工程、蓄滞洪区组成。其中水库主要是三门峡水库、小浪底水库、西霞院水库、陆浑水库、故县水库。三门峡水库位于黄河干流上,下距花园口约 260 km。小浪底水库位于黄河干流上,上距三门峡水利枢纽 130 km,下距花园口 128 km。西霞院水库位于小浪底水库下游 16 km,是小浪底水库的配套工程。陆浑水库位于黄河支流伊河的中游。故县水库位于黄河支流洛河的中游。这五个水库形成了混联式水库群,如图 7-3 所示。

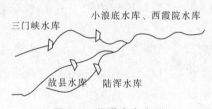

图 7-3　混联式水库群

2013 年,五座水库的运用方式如下。

1. 三门峡水库

汛期发生洪水时按敞泄方式运用。在小浪底水库不能满足防洪要求时,三门峡水库相机控制运用。后汛期,视来水来沙情况加强实时调度。

2. 小浪底水库

1)预报花园口站洪峰流量小于等于 4 000 m³/s 时

水库适时调节水沙,按控制花园口站流量不大于 4 000 m³/s 的原则泄洪。

2)预报花园口站洪峰流量大于 4 000 m³/s、小于等于 8 000 m³/s 时

(1)若中期预报黄河中游有强降雨天气或当潼关站发生含沙量大于等于 200 kg/m³ 的洪水时,原则上按进出库平衡方式运用。

(2)中期预报黄河中游没有强降雨天气且潼关站含沙量小于 200 kg/m³。

小花间来水洪峰流量小于 4 000 m³/s 时,原则上按控制花园口站流量不大于 4 000 m³/s 运用。

小花间来水洪峰流量大于等于 4 000 m³/s 时,在小花间洪峰时段按发电流量下泄,在小花间洪水退水段按控制花园口站流量不大于洪水过程洪峰流量的方式运用。

控制水库最高运用水位不超过 254 m。

3)预报花园口站洪峰流量大于 8 000 m³/s 时

(1)当预报花园口站流量大于 8 000 m³/s、小于等于 10 000 m³/s 时,若入库流量不大于水库相应泄洪能力,原则上按进出库平衡方式运用,否则按敞泄滞洪运用。

(2)当预报花园口站流量大于 10 000 m³/s 时。

若预报小花间流量小于 9 000 m³/s,按控制花园口站流量为 10 000 m³/s 运用。

当预报小花间流量大于等于 9 000 m³/s 时,按发电流量下泄运用。

(3)当预报花园口站流量回落至 10 000 m³/s 以下时,按控制花园口站流量不大于 10 000 m³/s 泄洪,直到小浪底库水位降至汛限水位。

小浪底水库退水次序在故县水库之后。

3. 西霞院水库

西霞院水库汛期配合小浪底水库泄洪排沙。

4. 陆浑水库

1) 预报花园口站洪峰流量小于 12 000 m³/s 时

(1) 当入库流量小于 1 000 m³/s 时,原则上按进出库平衡方式运用;当入库流量大于等于 1 000 m³/s 时,按控制下泄流量 1 000 m³/s 运用。

(2) 当库水位达到 20 年一遇洪水位,则灌溉洞控泄 77 m³/s 流量,其余泄水建筑物全部敞泄排洪;如水位继续上涨,达到 100 年一遇洪水位时,灌溉洞打开,参加泄流。

在退水过程中,按不超过本次洪水实际出现的最大泄量泄洪,直到库水位降至汛限水位。

2) 预报花园口站洪水流量达 12 000 m³/s 且有上涨趋势时

(1) 当水库水位低于 323 m 时,水库按流量不超过 77 m³/s 控泄。

(2) 当水库水位达 323 m 时,若入库流量小于蓄洪限制水位相应的泄流能力,原则上按入库流量泄洪;否则按敞泄运用,直到蓄洪水位回降到蓄洪限制水位。在退水阶段,若预报花园口站流量仍大于等于 10 000 m³/s 时,原则上按进出库平衡方式运用;当预报花园口站流量小于 10 000 m³/s 时,在故县、小浪底水库之前按控制花园口站流量不大于 10 000 m³/s 泄流至汛限水位。

该水库在水库群中首先退水。

5. 故县水库

1) 预报花园口站洪峰流量小于 12 000 m³/s 时

(1) 当入库流量小于 1 000 m³/s 时,原则上按进出库平衡方式运用;当入库流量大于等于 1 000 m³/s 时,按控制下泄流量 1 000 m³/s 运用。

(2) 当库水位达 20 年一遇洪水位时,如入库流量不大于 20 年一遇洪水位相应的泄洪能力,原则上按进出库平衡方式运用;如入库流量大于 20 年一遇洪水位相应的泄洪能力时,按敞泄滞洪运用。

在退水过程中,按不超过本次洪水实际出现的最大泄量泄洪,直到库水位降至汛限水位。

2) 预报花园口站洪水流量达 12 000 m³/s 且有上涨趋势时

(1) 当水库水位低于 548 m 时,水库按发电流量控泄。

（2）当水库水位达 548 m 时，若入库流量小于蓄洪限制水位相应的泄流能力，原则上按进出库平衡方式运用；否则，按敞泄滞洪运用至 548 m。在退水阶段，若预报花园口站流量仍大于等于 10 000 m³/s，原则上按进出库平衡方式运用；当预报花园口站流量小于 10 000 m³/s 时，在小浪底水库之前按控制花园口站流量不大于 10 000 m³/s 泄流至汛限水位。

故县水库退水次序在陆浑水库之后。

三、蓄滞洪区的调度

蓄滞洪区包括有闸控制或临时扒口两类。一般以防护区控制点的保证水位或安全泄量作为蓄滞洪区分洪运用的判别指标，当河道实际水位或流量即将超过判别指标时，首先启用有闸门控制的蓄滞洪区。如仍不能控制河道水位，或流量继续增大，再使用其他分洪道、蓄滞洪区削减超额洪水，以保证重点堤段或防护区的安全。选择临时分洪区要以洪灾总损失最小为原则，尽量先考虑淹没损失小、靠近防护区上游、分洪效果较好的蓄滞洪区，据此安排蓄滞洪区的使用顺序。

根据《中华人民共和国防洪法》规定，依法启用蓄滞洪区，任何单位和个人不得阻拦、拖延；遇到阻拦、拖延时，由有关县级以上地方人民政府强制实施。但因运用蓄滞洪区涉及区内群众的生产、生活和生命财产安全，事先必须做好相关技术准备和动员安置工作。

（一）蓄滞洪区调度运用方式

蓄滞洪区的调度运用方式，根据其规划任务和控制条件不同，主要有以下三种。

1.蓄洪调度运用

为了确保下游重要防护河段的防洪安全，需将上游来水超出下游河道安全泄量的部分水量，引进蓄滞洪区暂时蓄起来，待洪峰过后或汛后再泄出。在调度运用中，既要把握好下游河道的泄流不得超过其安全泄量，又要根据河道上游来水合理确定分洪流量和进洪总量，尽量减少蓄滞洪区的淹没损失。这一般需要选好控制代表站，做好洪水预报，推算河道洪水的传播过程。黄河东平湖蓄滞洪区属于这种防洪调度方式。当黄河孙口站预报洪峰流量超过 10 000 m³/s 时，按照上级下达的分洪命令，开启石洼分洪闸向新湖分洪或开启林辛、十里堡向老湖分洪。完成蓄滞洪区

蓄洪削峰任务后,当黄河孙口站流量减小到 10 000 m^3/s 以下时,相机开启陈山口、清河门出湖闸向黄河排水退洪。

在运用这种调度方式时,应注意一旦河道洪峰流量小于下游安全泄量时,应停止进洪,以保留相当的蓄洪库容,防备再次发生洪峰。

2.滞洪调度运用

在河道两侧蓄洪条件有限时,可以利用滞洪区过水,延续洪水传播时间,使分入滞洪区的洪水缓缓下泄,使其与主河槽洪峰错开后归入原河道。

此外,有的分蓄洪区在蓄水运用后,因上游河道后期来水不减,而采取上吞下吐的调度运用,也起滞洪效果。如长江 1954 年荆江分洪区运用后期,就是在进口进洪的同时,扒开分洪区下游围堤向长江泄洪,取得成功。

3.就地蓄洪降低水位运用

当河流、湖泊水位持续上涨,将超过保证水位,威胁堤防安全时,有计划地开启河流、湖泊周边的蓄洪区,容纳一部分洪水,可以降低当地水位。这种情况称为就地蓄洪降低水位运用方式。如汉江中下游及洞庭湖区的蓄洪垸多属于这种调度运用方式。

(二)蓄滞洪区的运用条件

蓄滞洪区在分洪运用前,必须做好如下工作:

(1)制订蓄滞洪区运用方案。运用方案要明确运用条件、运用指标和运用程序,确定蓄滞洪调度运用权限,并报上级主管部门批准。

(2)编制蓄滞洪区风险图表资料。把进洪后洪水演进过程、危险程度、淹没损失等制成各种图表。风险图表可以通过历史洪水调查和洪水演进模拟及财产损失评估制定。

(3)检查蓄滞洪区避洪设施与分洪准备情况。掌握区内就地避洪和转移人员的具体数字与分布情况。

(4)制订撤退转移方案。对转移人员、转移路径、交通工具,以及转移人员的安置、生活供应、医疗卫生等,都要制订出具体可行的方案。

(5)调试蓄滞洪区的警报发射和接收系统。重要的分蓄洪区,一般应建立有线和无线两套通信、报警系统,汛前要开通调试,确认警报信号的发布和接收正常无误,使警报信号家喻户晓。

（6）做好分洪口门开启的准备工作。有闸控制的分洪口门，要使工作人员熟悉其工作性能、启动程序和过流标准；对于临时扒口的口门，要做好爆破准备和破口后的防护准备。

（7）布置围堤防守及安全区排渍任务。一旦分洪，分洪区及安全区的围堤应派人防守，防守任务及责任要具体落实。安全区是居民生活的重要场所，区内渍水要能及时排出。

四、水库群与蓄滞洪区联合运用

水库与分蓄洪工程是江河防洪系统中重要的防洪工程措施。水库可以利用其蓄水容积对入库洪水起有效的调控作用；蓄滞洪工程可利用蓄滞洪区的容积，适时将超出河道安全泄量的超额洪水分入蓄滞洪区内，并对洪水起蓄、滞作用。水库工程根据其拦河筑坝条件的要求，一般选址于河流干支流上中游；蓄滞洪工程一般利用中下游临近于重点防洪区的有利地形加筑周边围堤及进出洪设施而形成。水库对各种重现期的洪水都有不同程度的调控作用；蓄滞洪区一般只有在发生超常洪水时作为应急措施启用。据此可见，水库群与蓄滞洪工程的联合运用的条件一般是流域出现超常洪水，而且可以认为蓄滞洪工程是在水库群对超常洪水进行联合调控基础上的一种应急防洪手段。水库蓄洪损失相对较小、控制运用灵活。一般先用水库（群）对洪水进行调控，然后适时启用蓄滞洪工程。蓄滞洪工程靠近重点防洪区，适时启用有利于控制防洪区重点堤段水位不超过其安全保证水位。

由上述可见，水库群与蓄滞洪区工程联合运用时，原则上并不改变水库群自身的联合调洪规则，只是在启用蓄滞洪区时，考虑在下游蓄滞洪区分洪及其蓄滞洪水作用条件下，水库群应合理地进行补偿调节。例如在洪峰出现之后的退洪泄水阶段，一般以不超过河道安全泄量为控制条件，先泄蓄滞洪工程的蓄洪量，而水库群按洪水补偿调节方式控制泄量。

第三节 防洪非工程措施调度

各类防洪工程措施在人类抵御洪水的斗争中发挥了巨大作用，但是任何防洪工程的防洪能力总是有限的。在一定的技术经济条件下，工程

措施只能防御一定标准的洪水,不可能抵御超标准的稀遇洪水。因此,在实施防洪工程措施的同时,采取各种可能的非工程措施是必不可少的。

防洪非工程措施是指通过行政、管理、法律、经济和现代化等非工程手段,以达到减少洪灾损失所采取的措施。在防汛抢险过程中,我们涉及的非工程防洪调度措施主要有防汛机构的调度、防汛物资的调度、防汛队伍的调度、通信调度等。

一、防汛机构的调度

(一)当河道发生编号洪峰以下的小洪水时

防汛日常工作由防指办公室负责,当个别滩区发生漫滩或防洪工程出现重大险情时,各级防指副指挥视情到本级防汛指挥中心指挥,防指有关成员单位根据分工做好群众迁安、物资供应、交通保障等工作。各级防办视情成立职能组开展工作,及时向防指和上级防指(总)报告。各级防指视情派出防汛督察组,对防汛抗洪工作进行督察。

(二)当河道发生中常洪水时

各级防指指挥、副指挥视情到本级防汛指挥中心指挥抗洪工作。各级防办充实力量,视情按防御大洪水的机构设置和人员分工开展工作,及时向当地政府和上级防指(总)报告汛情。各级防指派出防汛督察组,对防汛抗洪工作进行督察。

(三)当河道发生较大洪水时

各级防指指挥、副指挥及领导成员在本级防汛指挥中心指挥抗洪工作,及时进行防汛会商,研究部署防汛抗洪工作,组织协调防指各成员单位,按照防汛职责分工开展工作。各级防办进一步加强力量,按防御大洪水的机构设置开展工作,提出迎战洪水和防汛抢险的措施意见,当好各级领导的参谋。必要时抽调防指各成员单位的业务人员,加强防办的力量。各级防指派出防汛督察组、抢险工作组,对防汛抗洪工作进行督察指导。

(四)当河道发生大洪水时

省防总总指挥、副总指挥及领导成员到省防汛指挥中心集体办公,及时进行防汛会商,研究部署防汛工作,对防洪的重大问题作出决策和部署,及时解决防汛抗洪中的问题。由省领导带队,成立一个或多个前线指挥部,赴重点防洪河段,现场指挥抗洪抢险。

各市、县(市、区)党政主要负责同志,立即到位领导抗洪斗争,并按预案抽调人员加强防汛办事机构,严格执行防汛责任制,搞好工程防守。各类防洪工程都要落实领导干部承包责任制,做到分工明确,各负其责。

(五)当河道发生特大洪水时

发生本级洪水时,防汛抗洪成为全省的中心任务,需全党全民齐动员,全力以赴投入抗洪斗争。省委、省政府、大军区、省军区及省直有关部门主要负责同志组成强有力的抗洪指挥中心,及时作出重大决策。由省委、省政府负责同志带队,成立一个或多个前线指挥部,分赴重点防洪河段,现场指挥抗洪抢险。各市、县(市、区)均应以党、政、军主要负责同志为主,组成前、后方两套领导班子,指挥抗洪抢险。

二、防汛队伍的调度

防汛抢险队伍由各防汛指挥部负责调动。根据汛情、工情发展情况,县级防汛指挥部要及时通知各有关单位和乡镇,做好抢险专业队伍和群众抢险队伍的调动准备。当险情发生后,要立即调集到位。如辖区内抢险力量不足,可向上级防汛指挥部申报从外地调集。当出现重大险情时,防指要立即与人民武装部门和当地驻军联系,请求支援。申请部队参加抗洪抢险时,要慎重用兵,把兵力用在真正需要的时刻。黄河防汛队伍和防汛组织较为健全,且出险频繁,其防汛队伍的调度具有典型代表性,以黄河下游山东段防汛队伍调度为例来说明防汛队伍的调度原则和程序。

(一)专业队伍调度

进入汛期,专业队伍按照不同级别洪水时的分工开展工作。当河道发生编号洪峰以下的小洪水时,防指办公室负责防汛日常工作,视汛情可抽调部分人员、有关处室按照各自的职责开展工作。当发生中常洪水时,由防指决定组成综合调度、水情、工情三个职能组,抓好各项防汛工作。视情派出抢险工作组赴重点堤段指导抗洪抢险工作,防汛督察组不定期地督察抗洪抢险及生产安全工作。信息部门保障通信和信息网络畅通。当发生较大洪水、大洪水和超大洪水时,防指决定组成综合调度、水情、工情、物资供应、政治宣传、综合保障、防汛督察、抢险工作组等八个职能组,抓好各项防汛抢险工作。抢险工作组随时做好出发准备,接到命令后,立即奔赴重点堤段,指导抗洪抢险工作。防汛督察组不定期地督察抗洪抢

险及生产安全工作。信息部门保障通信和信息网络畅通。

各级专业队伍参加本辖区内的防洪抢险;跨区域的抢险则由上一级防指进行调度。

防指配备专业机动抢险队的,由专业机动抢险队担负各抢险责任范围内的险情抢护。黄河下游河南、山东省防指均配备有专业机动抢险队。这些队伍平时由所在市河务局管理,接受省级河务局的指令和调配。在本辖区内参加抢险,由所在市黄河防办调动,并报省防办备案;跨市调动,由省黄河防办负责。省内系统外抢险的调遣报黄河防总办公室备案。跨省抢险的调遣,由黄河防总办公室下达调度命令或批准。

进入汛期,专业抢险队做好一切准备,随时投入抢险。一旦出现险情,立即投入抢险。

(二)群众防汛队伍调度

群众防汛队伍按民兵管理模式,参与防汛时就近成建制上防,先上一线,后上二、三线。一线群众防汛队伍上防基干班具体数量应根据工程情况确定。

黄河下游山东段2014年以前,一线群防队伍上防数量按河道的宽度安排了不同的上防人数,见表7-1。以陶城铺险工为界,其上下游河道宽度由宽变窄,群众防汛队伍的上防数量有所不同。群众防汛队伍上堤防守情况要逐级上报省防办备案。群众防汛队伍的调度权限,陶城铺以上河段,每千米不超过3个基干班,由县(市、区)防指确定;每千米不超过8个基干班,由市防指批准,报省防指查;每千米超过8个基干班,由省防指批准;陶城铺以下河段,每千米不超过2个基干班,由县(市、区)防指确定;每千米不超过6个基干班,由市防指批准,报省防指备查;每千米超过6个基干班,由省防指批准。撤防审批权限与上堤防守调度权限相同。

表7-1 一线群防队伍(民兵)上防数量

堤根水深		0.5～2 m	2～3 m	3 m 以上
上防班数 (班/km)	陶城铺以上	2～3	3～8	8～14
	陶城铺以下	1～2	2～6	6～12
批准权限		县(市、区)防指	市防指	省防指

当洪水偎堤或出现重大险情时,防办可根据情况调集部分群众防汛队伍加强防守。当河道发生较大洪水以上流量时,一线群众要按照管理权限上堤防守,带班领导及有关人员立即上岗到位,按照责任制分工,明确责任人和防守堤段,组织巡堤查险和根石探测。出现险情时,群众队伍同时参加抢险运料和工程加固。当一线群众力量不足时,增调二线力量甚至三线力量加强观测和防守。

(三)解放军武警部队调度

一般情况下,不动用中国人民解放军和武装警察部队投入抢险。在紧急情况下,需要动用人民解放军的,由险情所在地防指提出请求,逐级上报至省防指,省防指与省军区或大军区协商,按部队调度程序办理。非常紧急情况下,由险情所在地防指直接向当地驻军求援,按部队紧急调动程序办理,并边行动、边报告。武警部队参加抢险救灾的调度,由险情所在地防指向当地县级以上政府防汛行政首长责任人提出请求,经批准后,按武警部队调动程序办理;跨地区调动的,由当地政府防汛行政首长责任人报上一级政府防汛行政首长责任人批准后,按武警部队调动程序办理。

三、防汛物资的调度

防汛物资一般分为四类:中央级防汛储备物资、国家常备防汛物资、社会团体储备物资和群众备料。为做好防汛抢险的物资供应工作,各级防汛办公室按照管理权限负责所辖范围内防汛物资的调度。各级防汛办公室在汛前都要制订本级防汛物资调度预案,做好防汛物资调度准备工作。

(一)中央级防汛储备物资调用原则和程序

1. 中央级防汛储备物资的调用原则

(1)先近后远。先调用离防汛抢险地点距离最近的防汛储备物资,不足时再调用离抢险地点较近的防汛储备物资。

(2)满足急需。当有多处申请调用防汛储备物资时,若不能同时满足,则先满足急需的单位。

(3)先主后次。当有多处申请调用防汛储备物资时,若不能同时满足,则先满足防汛重点地区、关系重大的防洪工程的抢险。

2. 中央防汛储备物资的调用程序

由流域机构或省级防汛指挥部向国家防汛抗旱总指挥部办公室提出申请,经国家防汛抗旱总指挥部办公室批准同意后,向代储单位(定点仓库)发调拨令。若情况紧急,也可先电话联系报批,然后补办文件手续。申请调用防汛储备物资的内容包括用途、需用物资品名、数量、运往地点、时间要求等。

(二)国家常备防汛物资的调用原则

为了保证防汛抢险的应急物资供应,各防汛机构都设有防汛物资仓库并常年存有一定数量物资。这些物资由防汛机构直接管理,在抗洪抢险中往往首先到达抢险工地,在抢险中发挥应急作用。

国家常备防汛物资的调用坚持"满足急需、先主后次、就近调用、早进先出"的原则进行,各级防汛办公室有权在所辖范围内调整防汛物资,在本级储备物资不能满足时可向上级部门提出调用申请,申请的内容包括防汛物资用途、品名、规格型号、数量、运往地点、时间要求等。若情况紧急,可先电话申请,然后及时补办手续。

(三)社会团体储备物资和群众备料调用原则

社会团体储备物资和群众备料的调用,本着"属地管辖"的原则,由同级防汛抗旱指挥部负责调拨。必要时上级防指(总)可调用下级防指所管辖的防汛物资。

(四)洪水期间各类物资的调用

当发生险情时,抢险物资供应首先以国家常备料物为主,其次由当地防指视情调用社会团体和群众备料。国家常备料物和社会团体和群众备料不能满足需要时,流域机构或省防指(总)向国家防总提出申请,调用中央防汛储备物资;或由经贸部门负责社会防汛物资进行应急生产。

专业机动抢险队配备的设备、料物由省防办统一调度。各级企事业单位和部队上堤执行抗洪抢险任务,所需的交通工具、通信设备、小型工具、爆破器材和生活用品等,原则上自行保障,自身携带不足的部分由当地防汛指挥部协助解决。抢险工具、料物由当地防汛指挥部负责供应。

四、通信调度

为了保障防汛信息传递及时畅通,防汛抗旱指挥机构通常情况下组

建防汛专用通信网。在汛期,利用专网、公网两种手段,实现信息通信的保障。

(一)发生中常洪水时,通信以专网为主、公网为辅

1.防汛专网通信部门的工作

防汛专网通信部门做好如下工作:

(1)各级通信管理部门要确保重要岗位人员到位值班。通信管理部门负责人及时掌握、处理通信网络出现的问题。

(2)加强通信网络的运行维护管理,充分利用现有信息通信设备和条件,及时处理设备故障,尤其是要确保传输干线、计算机网络、重要通信枢纽站、宽带无线接入系统及电力电源系统的正常运行,保证信息传递及时迅速。

(3)各级信息通信管理部门严格执行“局部服从整体,下级服从上级”的原则,努力确保辖区内信息通信电路的正常运行,并协助上级通信管理部门做好全程全网线路调度的有关工作。

(4)掌握上级、本级和下级防汛机构的联系方式,掌握公网通信部门防汛应急联络电话,按照同级防办的指令,在一定范围内公布,并提供查询服务。

2.公网通信部门的工作

公网通信部门做好如下工作:

(1)做好与专网互联互通的线路及设备的监测、测试维护和巡检工作,保证与防汛部门连接的电话中继线、互联网及租用的专用电路运行正常。

(2)与防汛部门建立相应的工作联系和沟通机制,储备防汛通信抢险物资,调整防汛通信备份路由,根据防汛需求做好应急通信的准备工作。

(二)发生防御标准以内较大洪水时,通信实行专网、公网结合,实现不间断的信息通信保障

1.防汛专网通信部门的工作

防汛专网通信部门做好如下工作:

(1)进行全体通信职工总动员,各级通信部门设立通信指挥调度室,通信部门负责人进入现场指挥,实行24 h值班制度,随时掌握信息通信

运行的全面情况,及时处理通信运行中发生的故障及问题。

(2)组织技术维护人员到通信运行现场值班,聘请有关通信技术专家、设备生产厂家的技术人员到通信运行现场巡检。重点加强微波通信、计算机网络、程控交换、宽带无线接入系统及电源供电系统等通信设备的维护,确保通信设备运转正常。

(3)对防汛通信电路进行监测和调试,确保专网电路畅通。同时与公网通信管理部门联合制订防汛保障电路、互联网接入的备份方案和迂回路由的调整方案,确保各级防汛指挥机构通信联络正常。

(4)各级通信管理部门做好抢险的应急通信准备工作,做到人员、器材、车辆、责任四落实,保证在 30 min 内完成各项准备工作,并在指定时间内为防汛抢险现场提供应急通信保障。

(5)掌握上级、本级和下级防汛机构的联系方式,掌握公网通信部门防汛应急联络电话,按照同级防办的指令,在一定范围内公布,并提供查询服务。

(6)各级通信管理部门积极协助各级防汛指挥机构充分利用公网的手机、公用短信平台及语音通知等通信手段完成防汛信息的传递和发布。

2.公网通信部门的工作

公网通信部门做好如下工作:

(1)各级通信公司要对防汛通信专线(电路)实行 24 h 监测,做好巡查、检修工作。一旦发现故障,立即采取措施抢修维护,如在短时间内不能排除故障,应立即启用备用网络或线(电)路,恢复通信。

(2)各级通信公司防汛通信负责人要与防汛部门保持联系,密切关注水、雨情等防汛信息,实时掌握防汛动态,实行 24 h 值班制度,主要领导人和管理人员的手机 24 h 开机,保证联络畅通。

(3)各级通信公司传输、交换、电力等应急通信保障组对所辖有关防汛的通信系统、设施进行全面巡检,确保各防汛指挥中心网络通信畅通。检查、充实备品备件,确保防汛抢险的需要。

(4)监控中心实时监测、分析防汛网络,在必要时合理调配通信资源,优先保障防汛通信的需要。

(5)接到应急通信保障指令后,移动或联通公司立即启动《油机发电调度应急方案》、《工程抢修应急方案》等应急方案,对防汛指挥部进行重

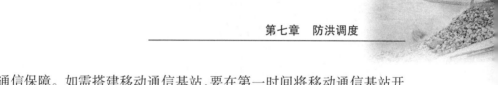

点通信保障。如需搭建移动通信基站,要在第一时间将移动通信基站开赴抢险现场,搭建抢险应急通信平台,紧急调配移动通信终端,确保防汛现场通信畅通。

(三)发生特大洪水时,通信以公网为主,专网、公网相互配合,采取各种应急手段和措施,保障信息通信畅通

1. 防汛专网通信部门的工作

防汛专网通信部门做好如下工作:

(1)进行全体信息通信职工总动员,实行领导带班和重要岗位 24 h 值班制度,随时掌握信息通信运行的全面情况,及时处理通信运行中出现的问题。

(2)组织技术骨干进行现场巡查,聘请有关通信专家现场指导,加强微波通信、计算机网络、宽带无线接入等通信系统的维护,确保各种通信设备运转正常。

(3)各级通信部门与地方通信公司加强信息互通,做好紧急情况下设备抢修及备份电路调整等工作,确保各级防汛指挥机构通信可靠。

(4)当通信专网某一局部发生瘫痪时,应立即启动应急通信保障措施,通信抢险队立刻出动,架设微波、光缆等传输设备,恢复通信联络。必要时调用应急通信车赶赴现场,提供应急通信保障。

(5)做好与地方通信公司的沟通与协调,制订防汛抢险通信解决方案,配合地方通信公司做好防汛通信保障及搭建应急移动通信平台的工作。

(6)掌握公网通信部门防汛应急联络电话,按照同级防办的指令,在一定范围内公布,并提供查询服务;协助各级防汛指挥机构充分利用公网的手机、公用短信平台及语音通知等通信手段完成防汛信息的传递和发布。

2. 公网通信部门的工作

公网通信部门做好如下工作:

(1)各通信公司要紧急启动防汛抢险通信保障预案,通信保障负责人与防汛部门保持联系,实时掌握水、雨情等防汛信息,实行 24 h 值班及领导带班制度。参与通信保障的人员手机 24 h 开机,随时做好抢险准备。

（2）传输、交换、动力等应急通信专业保障组对所辖有关防汛通信设施进行全面巡检，确保系统运行安全。对防汛指挥部所在地的通信设施进行重点检查，确保通信畅通。

（3）对于专网通信部门租用的公网电路设施，各地方通信公司要加强巡视、检查，实行 24 h 监测，确保电路畅通。一旦发现故障，应立即组织人员抢修，必要时开通备用电路，确保防汛通信安全运行。

（4）检查、充实信息通信备品备件，确保备品备件能满足抢修需要，准备必要的防汛抢险网络设备和物资。

（5）接到防汛指令后，紧急启动《油机发电调度应急方案》、《工程抢修应急方案》、《防汛指挥部保障方案》等应急方案，将发电车辆、通信保障车辆及抢险队员派驻到重点保障区域，对防汛指挥中心进行重点通信保障。

（6）险情发生后，地方通信公司应急通信保障组领导坐镇监控中心，对通信网络进行实时监控，及时掌握通信网络的状况，必要时对通信资源的使用进行限制，优先保障重要部门的通信需要。如需搭建移动通信基站，各通信公司接到通信保障指令后，在第一时间将移动通信基站开赴抢险现场，搭建应急通信平台，紧急调配移动通信终端，确保防汛现场通信畅通。

第八章　防汛指挥决策与抢险指挥

进入汛期,防汛指挥机构及其人员进入临战状态,洪水到来前,各类防汛机构必须做好防汛值班,各级防汛办事机构、各级水管部门和单位及其人员,全员坚守岗位,严阵以待。密切关注天气、雨情、水情的发展变化,及时掌握工程运行状况,做好防汛信息的上传下达工作,对前期各项防汛准备工作进行再检查、再落实,为政府和防汛指挥机构提出下一步工作的意见与建议,当发生大的洪水或出现险情灾情,立即按战时状态开展工作。

第一节　防汛会商

由于气象、水文等自然现象随机性很大,在现有技术条件下我们还不可能准确地预报降雨和洪水,所以给防汛指挥带来很大的困难。因此,在防汛指挥决策过程中,必须召集涉及防汛的有关方面的专家,对指挥调度方案进行会商分析,做出准确的决策。防汛会商是防汛指挥机构集体分析研究决策重要洪水调度和防汛抢险措施的手段。

一、会商形式和类型

在多年防汛工作实践中,各级防汛指挥机构逐渐形成了一套会商制度。进入汛期后,各地根据天气和水情变化,不定期地召集水文、气象等部门举行会商会议。进入主汛期后,如果汛情严峻,各级防汛指挥机构定时召开防汛会商会议,通报汛情形势和防汛工作情况,对一些重大问题进行会商决策。

防汛会商一般采用会议方式,多数在防汛会商室召开,特殊情况下也有现场会商,随着信息化的建设和发展,电视电话会商、远程异地会商也采用。

会商类型,按研究内容可分为一般汛情会商、较大汛情会商、特大

185

（非常）汛情会商和防汛专题会商。

（一）一般汛情会商

一般汛情会商是指汛期日常会商，一般量级洪水、凌汛、海浪发生时，对堤防和防洪设施尚不造成较大威胁时，防汛工作处于正常状态。但沿堤涵闸、水管要注意关闭，洲滩人员要及时转移，防汛队员要上堤巡查，防止意外事故发生。

（二）较大汛情会商

较大汛情会商是指较大量级洪水、凌汛、海浪发生时会商，此种情况洪峰流量达河道安全泄量，洪水或海浪高达到堤防设计高程。部分低洼堤防受到威胁，抗洪抢险将处于紧张状态。水库等防洪工程开启运用，需加强防守，科学调度。

（三）特大（非常）汛情会商

特大（非常）汛情会商是指特大（非常）洪水、凌汛、海浪发生时，洪峰流量和洪峰水位或海浪高超过现有安全泄量或保证水位的情况下的会商。此时，防汛指挥部要宣布辖区内进入紧急防汛期，为确保人民生命财产安全，将灾害损失降到最低程度。要加强洪水调度，充分发挥各类防洪工程设施的作用，及时研究蓄滞洪区分洪运用和抢险救生方案。

（四）防汛专题会商

防汛专题会商研究防汛中突出的专题问题，如工程抢险会商，重点研究抢险措施。洪水调度会商，重点研究决定水库、蓄滞洪区的实时调度方式。避险救生会商，重点研究山洪、垮坝、溃垸时救生救灾措施等。

根据所需决策的内容。汇报和讨论发言侧重不同。汛情分析重点汇报气候、水情方面；抢险措施研究，重点汇报工情和险情抢护技术；洪水调度重点研究水库、泄洪道、蓄洪滞洪情况等。

二、会商程序

（一）一般汛情会商

1. 会商会议内容

听取气象、水文、防汛、水利业务部门关于雨水情和气象形势、工程运行情况汇报，研究讨论有关洪水调度问题，部署防汛工作和对策。研究处理其他重要问题。

2. 参加会商的单位和人员

会议主持人为防汛抗旱指挥部副指挥长或防汛抗旱指挥部办公室主任。水行政主管部门,水文、气象部门负责人和测报人员,防汛技术专家组组员,其他有关单位和人员可另行通知。

3. 各部门需办理的事项和界定责任

水文部门及时采集雨情、水情,作出实时水文预报;按规定及时向防汛抗旱指挥部办公室及有关单位、领导报送水情日报和雨水情分析资料,并密切关注天气发展趋势和水情变化。气象部门负责监视天气形势发展趋势,及时作出实时天气预报,并报送防汛抗旱指挥部办公室,提供未来天气形势分析资料。防汛抗旱指挥部办公室负责全面了解各地抗洪抢险动态,及时掌握雨水情、险情、灾情,以及上级防汛工作指示的落实情况;保证防汛信息网络的正常运行;处理防汛日常工作的其他问题。其他部门按需要界定其责任。

4. 会商结果

会商结果由会议主持人决定是否向党委、政府和有关部门及领导报告。

(二)较大汛情会商

1. 会商会议内容

听取雨水情、气象、险情、灾情和防洪工程运行情况汇报,分析未来天气趋势及雨水情变化动态。研究部署辖区面上抗洪抢险工作,研究决策重点险工险点应采取的紧急工程措施,指挥调度重大险情抢护的物资器材,及时组织调配抢险队伍,有必要时可申请调用部队投入抗洪抢险。研究决策各类水库及其他防洪工程的调度运用方案。向同级政府领导和上级有关部门报告汛情和抗洪抢险情况。研究处理其他有关问题。

2. 参加会商的单位和人员

会议主持人为防汛抗旱指挥部指挥长或副指挥长。参加单位和人员有副指挥长、调度专家、水文部门及水情预报专家、气象部门及气象预报专家、部分防汛抗旱指挥部成员单位人员,其他有关单位和人员可视汛情通知。

3. 各部门需办理的事项和界定的责任

水文部门要根据降雨实况及时作出水文预报,依据汛情、雨情和调度

情况的变化作出修正预报,按规定向防汛指挥部办公室和有关单位、领导报送水文预报、水情日报、雨水情加报及雨水情分析资料。气象部门要按照防汛指挥部和有关领导的要求,及时作出短期天气预报以及未来1、3、5日天气预报,并及时向防汛指挥部办公室和有关领导、单位提供日天气预报或时段天气预报、天气形势及实时雨情分析资料。水利部门要全面掌握,并及时提供堤防水库等防洪工程运行状况及险情、排涝及蓄洪区准备情况,并要求做好24小时值班工作,密切监视水利工程运行状况。防汛指挥部办公室要加强值班力量,做好情况综合、后勤服务等,及时组织收集水库、堤垸及其雨水情、工情、险情、灾情和各地抗洪抢险救灾情况,随时准备好汇报材料,密切监视重点防汛工程的运行状况,提供各种供水实时调度方案;做好抗洪抢险物资、器材、抗洪救灾人员等组织调配工作,发布汛情通报,及时编发防汛快讯、简报或情况综合。防汛抗旱指挥部各成员单位按照各自的职责做好本行业的防汛救灾工作,同时视汛情迅速增派人员分赴各自的防汛责任区,指导、协助当地的防汛抗洪、抢险救灾工作。

4.会商结果

会商结果由指挥长或副指挥长决定是否向政府、党委和上级部门及领导汇报。

除召开上述常规防汛会商会议外,指挥长可视汛情决定是否召开指挥部紧急会议。防汛紧急会议由指挥长、副指挥长、技术专家和有关的防汛抗旱指挥部成员单位负责人参加,就当前抗洪抢险工作的指导思想、方针、政策、措施等问题进行研究部署。

(三)特大(非常)汛情会商

1.会商会议内容

听取雨情、水情、气象、工情、险情、灾情等情况汇报,分析洪水发展趋势及未来天气变化情况。研究决策抗洪抢险中的重大问题。研究抗洪抢险救灾人、物、财的调度问题。研究决策有关防洪工程(如水库、蓄洪垸(圩))拦洪和蓄洪的问题。协调各部门抗洪抢险救灾行动。传达、贯彻上级部门和领导关于抗洪抢险的指示精神。发布洪水和物资调度命令及全力以赴投入抗洪抢险动员令。向党委、政府和上级部门和领导报告抗洪抢险工作。

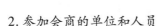

2. 参加会商的单位和人员

会议主持人为指挥长或党委、政府主要领导。参加单位和人员有副指挥长、调度专家、防汛指挥部各成员、水文部门负责人、气象部门负责人、水情预报专家、气象预报专家、防汛指挥部办公室负责人,其他单位可根据需要另行通知。

3. 各部门和单位需办理的事项及界定的责任

水文部门负责制作洪水过程预报,作雨情、水情和洪水特性分析,及时完成有关的分析任务;要及时了解天气变化形势,密切监视雨水情变化,并及时作出修正预报。气象部门负责作时段气象预报、天气形势和天气系统分析,及时完成有关的其他气象分析任务,密切监视天气演变过程,并将有关情况及时报防汛指挥部办公室及有关领导,做好24 h防汛值班工作。水利部门要全面掌握堤防、水库等防洪工程的运行防守情况,及时提供各类险情、分蓄洪区的准备情况,重大险情要及时报告防汛指挥部领导,并提出防洪抢险措施。防汛指挥部办公室进一步加强值班力量,负责收集综合雨情、水情、工情、险情、灾情、堤防、水库等防洪工程运行状况以及抗洪情况,组织、协调各部门防洪抢险工作,及时提出抗洪抢险人员、物资器材调配方案及采取的应急办法,提出利用水库、蓄洪区等防洪工程的拦洪或分蓄洪的各种方案,通过宣传媒体及时发布汛情紧急通报,及时编发防汛快讯、简报或情况综合等。防汛抗旱指挥部各成员单位要派主要负责人及时到各自的防汛责任区指导、协助当地的防汛抗洪和抢险救灾工作,并组织好本行业抗洪抢险工作。社会团体和其他单位要严阵以待,听候防汛指挥部的调遣。

4. 会商结果

会商结果责成有关部门组织落实,由会议主持人决定以何种方式向上级有关部门和领导报告。

第二节　防汛指挥决策

防汛指挥决策属于事前决策、风险决策和群体决策,是一个非常复杂的过程。主要是各级防汛指挥部门的主要领导召集防汛指挥机构各成员和技术人员会商,听取水文、气象情况和工情、险情汇报,研究汛情、险情

的发展趋势,对防洪工程调度、蓄滞洪区运用等重点防洪目标防守,洪水威胁区人员撤离等重大问题进行研究决策,下达防洪调度和指挥抢险的命令,并监督命令的执行情况、效果,根据雨情、水情、工情、灾情的发展变化情况,做出下一步决策。由于洪水的突发性、历史洪水的不重复性和复杂的社会政治经济等条件,还要能按决策者的意图,迅速、灵活、智能地制订出各种可行方案和应急措施,使决策者能有效地应用历史经验降低风险,选出满意方案并组织实施,以达到在保证工程安全的前提下,充分发挥防洪工程效益,尽可能减少洪灾损失。

一、防汛指挥决策的特点

决策是人类的基本活动之一,是人们在行动之前对行动目标与手段的探索、判断与抉择的过程。探索、判断与抉择都是力图得到最优目标和最佳方案,因此也可以说,决策是指人们在改造世界的过程中,寻求并实现某种最优化目标即选择最佳的目标和行动方案而进行的活动。防汛指挥决策是指人们为了达到以最小的代价最大限度地减少洪涝灾害损失而选择的最佳目标和行动方案的活动。防汛指挥决策包括制定方针政策(法律法规)、防御洪水方案(洪水调度方案、群众安全转移方案)和防洪工程抢险措施等。

防汛指挥决策有四个特点:一是防汛指挥决策关系重大。由于防汛抗洪事关人们生命财产安全,事关国民经济发展和社会稳定,是人命关天的大事。正确的决策,可以充分调动全社会的力量,充分发挥防洪工程措施和非工程措施的效益,最大限度地减免洪涝灾害造成的人员伤亡和经济损失。决策失误,不仅会造成人力、物力、财力的浪费,而且会加重洪涝灾害损失,甚至造成大量的人员伤亡。若决策失误使大江大河、水库失事,将会给国家和人民带来惨重的灾难。二是防汛指挥决策难度较大。防汛指挥决策受许多因素影响和制约,涉及天气、洪水预报,各地雨情、水情数据的收集和传递,水库、堤防等水工建筑物的运行管理调度,防汛队伍组织,防汛抢险物资调运等,属于事前决策、风险决策。三是防汛指挥决策适时性强。我国的暴雨洪水一般都来得急,洪水预见期较短,而防汛指挥决策的实施特别是人员撤退转移需要较长时间,防汛指挥决策必须在短时间内作出,才能掌握主动权,否则就有可能贻误良机,造成被动甚至失误。四是防汛指挥决策有一定的风险性。由于当前科学技术水平的限制,防汛指挥决策需要的各类信息尚难及时、迅速地获得,洪水预报的准确程度还不可能十分准确,这就给防汛指挥决策带来了风险。防汛指挥决策的四大特点,对决策者的政治、业务素质提出了较高的要求,即不但要有对人民生命财产高度负责的责任感,而且要有严肃认真的科学态度,还要有运筹帷幄、当机立断的胆略和勇气。

二、防汛指挥决策目标的确定

决策活动包括目标选择和方案(手段)选择两部分。决策正确与否,其标准就是看目标选得对不对和好不好,方案(或手段、措施)选得对不对和好不好。

(一)确定决策目标的原则

1.目标的针对性要强

决策目标的提出应当有的放矢,针对所存在的问题,切中问题的要害,选中解决问题的突破口。没有针对性的目标就成为空洞的目标,针对性错了则是错误的目标。如经国务院批准的黄河、长江、淮河、永定河防御特大洪水方案就是针对新中国成立以来各大江河的防洪能力有了不同程度的提高,但对于特大洪水,现在还不能完全控制的问题而做出的决策。

2.目标要明确具体

这包括目标词义的明确表达,目标实现程度具体衡量标准的确定,以及目标实现的时间和约束条件的具体规定等。决策目标具体明确,才能设计实现该目标的方案(手段),才便于组织实施。如长江防御特大洪水方案就明确长江中下游的防汛任务为:遇到1954年同样严重的洪水,要确保重要堤防的安全,努力减少淹没损失。对于比1954年更大的洪水,仍需依靠临时扒口,努力减轻灾害。黄河防御特大洪水方案明确黄河下游防汛任务为:确保花园口发生22 000 m^3/s 洪水大堤不决口,遇特大洪水,要尽最大努力,采取一切办法缩小灾害。

3.目标要全面、系统

某项决策的直接起因往往不多,只是为了解决一个或少数几个问题,可是,一旦根据这些直接起因而准备作出决策以解决问题时,就不能仅仅局限于这少数几个直接起因,而应当比较全面地考虑各方面的需要,照顾

四面八方的影响,并把这些尽量在决策目标中加以考虑,才不至于作出顾此失彼或因小失大的决策。这就是决策目标的系统性要求,它反映决策的全局观念。如水库防洪调度决策主要是为了解决防洪问题,但在决策时,也应兼顾发电、灌溉、供水等综合经济效益和社会效益。

4.目标要可行

目标要可行指应当存在(或通过努力可以争取到)实现目标所必需的物质条件、信息条件和组织条件。堤防、水库、蓄滞洪区、水文、防汛通信、预警预报系统等防洪工程和非工程设施,以及防汛抗洪所需的人力、物力、财力等是防汛指挥决策的物质条件,气象、水文、防洪工程管理部门提供的雨情、水情、工情等是防汛指挥决策的信息条件,各级防汛指挥部及其办事机构是防汛指挥决策最重要的组织条件。

物质条件是防汛指挥决策的基本和首要条件,是实现决策目标的基础。不具备必要的物质条件的决策目标只能是无源之水,无本之木。1954年长江流域发生20世纪以来的最大洪水,中央提出的确保荆江大堤和武汉市等重点地区防洪安全的防汛抗洪目标,就是建立在长江堤防加固和修建荆江分洪工程的基础之上的。如果没有连续几年对长江堤防的不断加固,如果不是在1953年建成了荆江分洪工程,确保荆江大堤和武汉市等重点地区防洪安全的目标就很难做出和实现。显然,确定决策目标必须以防汛抗洪必需的物质条件为主要依据,决策目标的大小要与这些物质条件相适应,既不能保守,也要留有余地,切忌好高骛远。必须实现的决策目标所需要的物质条件要努力去创造、去争取。信息条件和组织条件是物质条件充分发挥效益的保证,也必须重视和加强。

5.目标要科学、规范

决策目标应当合法、合理,符合科学规律,符合大多数人的根本利益,不允许违反国法、国策,也不能违背道德规范与行为准则,不允许损人利己、损公肥私和以邻为壑。

(二)确定决策方案(手段)的原则

(1)能对症下药地实现所定的决策目标。

(2)有足够充分的调整手段。

(3)实现决策目标所付出的代价最小。代价既包括人力、物力、财力等资源的消耗,也包括实现决策所花的时间。代价大小只能通过不同方

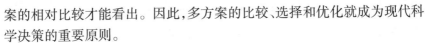

案的相对比较才能看出。因此,多方案的比较、选择和优化就成为现代科学决策的重要原则。

(4)产生的副作用要尽量小。由于事物之间存在联系,实现某个决策目标之后往往会对其他事物产生一些影响,其中有些属于不希望有的不利影响,那就是副作用。如果副作用太大,决策就会变成得不偿失。

三、防汛指挥决策的基本条件

(一)树立正确的指导思想

决策是一种选择,选择是建立在判断的基础之上的。判断则以正确的判断标准和判断目的为前提,判断的标准和目的则同价值观、世界观、认识论、责任心、进取精神等密切相关。只有以马克思主义为指导思想,坚持四项基本原则,秉公办事,实事求是,走群众路线,才能作出符合人民利益的正确的决策。防汛指挥涉及上下游、左右岸的利益,必要时,还要牺牲局部利益,保全大局,绝对不能以邻为壑、损人利己。因此,决策必须以大局为重,有全局观念。

(二)认识决策具体对象的客观规律

知彼知己,百战不殆。对防汛抗洪来说,"彼"指决策的对象洪水,"己"指我们拥有的防御洪水的各种措施、手段,包括各种防洪工程设施、非工程措施、可组织调用的人力、物力、财力等。我国发生的洪水具有长期性、周期性、季节性、区域性、突发性等规律。各种防洪工程设施和非工程措施也具有其自身的特点和运行规律。只有深刻认识这些规律,才能在进行防汛决策时,审时度势,做出符合这些规律的科学决策。

(三)掌握决策所需要的充足信息

做决策必须情况明。科学决策最重要的依据是可靠的统计数据和对其所包含的信息的科学分析和正确判断。不掌握资料、数据和情报,是无法做决策的。从某种意义上说,决策过程本身就是信息的收集、整理和加工的过程。因此,必须全面了解和掌握与决策有关的实际情况,特别是尽可能获得可靠的统计数据。

防汛指挥决策必不可少的信息有雨情(降雨范围、强度、历时等)、水情(江河湖泊水位、流量等)、工情(防洪工程的防洪标准、运行情况等)以及洪水影响范围内的社会经济情况。这些信息是进行防汛指挥决策的最

主要的依据。此外,天气预报,特别是短期天气预报,也是进行防汛指挥决策重要的参考信息。及时掌握这些信息是进行防汛指挥决策的前提。

(四)遵守合理的决策程序,采用科学的决策方法

合理的决策程序和科学的决策方法是决策科学化的一个重要保证。防汛指挥决策由于关系重大,涉及面广,受自然地理、气候、防洪工程、人类活动等诸多因素影响和制约,具有一定的复杂性;实时性很强,常常需要当机立断,才不至于贻误有利时机,具有较强的紧迫性;因天气、洪水预报等信息目前精确度不稳定,具有较大的风险性,因而更需要遵循合理的决策程序和科学的决策方法,才能确保其正确、适时。

四、防汛指挥决策的内容与流程

防汛指挥决策属于事前决策、风险决策和群体决策,是一个非常复杂的过程(见图 8-1)。根据我国各级防汛指挥机构的职能和任务,需要及时、准确地监测、收集所辖区域的雨情、水情、工情和灾情,对防汛形势做出正确分析,对其发展趋势做出预测和预报。一旦预测可能出现灾害性汛情,需要对洪水过程做出预报,根据现有防洪工程情况和调度规则制订调度方案,做出防洪决策,下达防洪调度和指挥抢险的命令,并监督命令的执行情况、效果,根据雨情、水情、工情、灾情的发展变化情况,做出下一步决策。由于洪水的突发性、历史洪水的不重复性和复杂的社会政治经济等条件,还要能按决策者的意图,迅速、灵活、智能地制订出各种可行方案和应急措施,使决策者能有效地应用历史经验减少风险,选出满意方案并组织实施,以达到在保证工程安全的前提下,充分发挥防洪工程效益,尽可能减少洪灾损失。

防汛指挥决策过程可以分为以下几个阶段。

(一)信息收集阶段

信息收集阶段主要进行气象、水情、雨情、险情、灾情监测数据资料,水库、圩堤、分(蓄、滞、行)洪区运用情况和工程安全状况,以及地理、社经信息变化情况等防汛相关情报信息的实时收集、整理和存储管理,并提供方便灵活的信息服务。科学决策最重要的依据是可靠的统计数据和对其所包含的信息的科学分析和正确判断。不掌握资料、数据和情报,是无法做决策的。

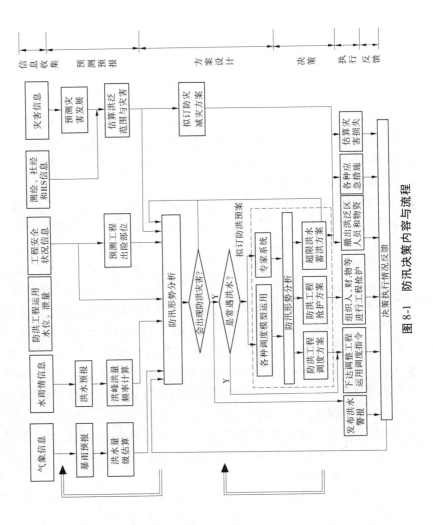

图 8-1　防汛决策内容与流程

195

从某种意义上说,决策过程本身就是信息的收集、整理和加工的过程。因此,必须全面了解和掌握与决策有关的实际情况,特别是尽可能获得可靠的统计数据。

气象、水文是防汛抗洪的耳目,及时准确的雨水情和工情、险情、灾情信息,是防汛指挥决策和组织抗洪抢险救灾的关键条件。各级防汛指挥部门要落实雨水情检测责任体系,确保汛情信息畅通。气象部门每天要定时向当地防汛指挥部门传递天气预报和雨情信息,定期提供中、长期天气趋势预测。遇有重要天气,要及时加密测报,根据情况紧急程度进行分析会商。水文部门完善水文预报方案,做到及时、准确、安全地测报洪水,按照水文预报规定向防汛部门发布洪水预报和水情报汛。当江河洪水达到设防标准时,加密测报。

建立严格的洪涝灾情和工情报告制度。洪涝灾害发生后,各级防汛部门必须在第一时间逐级迅速上报洪涝灾情和工程险情报告。

(二)预测预报阶段

预测预报阶段。根据气象信息进行包括降雨范围和量级的预报,并据此生成流域洪水量级估算;根据水情、雨情进行江河湖库主要控制站的洪水预报,并生成峰、量频率计算成果;根据工程运用情况及相关模型,参考专家判断可能出险类型和部位的意见,进行工程安全状况预测;根据各类汛情和地理、社经资料,综合进行洪灾发生和发展预测,以及灾情的预评估。由于防汛决策属于事前决策,因而在洪水到来之前必须对防洪工程运用、防汛措施选择等做出安排。预测预报是事前决策的基本前提,预测预报的结果是拟订方案和进行调度的基本依据,因而从另一层面上的预测预报是在省级防洪的规划阶段,充分利用历史资料和模型等手段,尽可能地针对各种洪水频率等做出具有针对性的预测,事先存入数据库内供汛期实际防洪决策参考、使用。

在防汛中各级水文情报预报单位都应有一套甚至几套保证一定精度和预见期的作业预报方案。当洪水发生时,洪水作业预报工作大体可分为三个步骤:简易估算、多种方案细算、实时校正。重要预报发布前都要组织会商和根据几种方法推算的预报数据,进行成果的综合分析比较,查找历史上类似的暴雨洪水档案,分析比较将要出现的洪水趋势,然后发布。

工程出险情况预测以及洪灾发展预测是根据洪水预报的洪峰流量预测工程有可能出现的险情、形成的灾情等。

(三)方案设计阶段

技术专家根据实时气象、水文信息和雨情、水情、工情、灾情及其发展趋势的预测预报,通过对防汛形势进行科学的分析、归纳、推理,形成防汛决策的具体内容和目标,然后依据决策目标和可采用的各类工程的及非工程的防汛手段,设计实现决策目标的可行方案,并对每个可行方案的风险及其后果进行评价。

方案制作要就地取材,要尊重科学,不唯书、不唯上,要根据实际情况,避免造成人力、物力浪费。实行动态调整,不能教条主义。技术参谋仅为提供方案,决策为现场指挥,不能强迫实施。

(四)决策确定阶段

防汛决策确定与实施阶段是决策过程中最关键的环节。指挥长召集指挥部有关成员和防汛、气象、水文专家等共同会商,通过会商进行方案调整,选择出适宜方案。总指挥对方案做出评估后,确定是否通过。由于洪水发展趋势和一些不可预见的因素,要充分留有余地,以最不利的情况考虑。

由于防汛决策是根据预报和专家经验做出的决定,带有某种程度的主观性和风险性。因此,在决策前,要进行风险分析,对不同防洪决策方案效益与损失比较后,根据社会经济影响的程度来选择决策方案。

防汛决策的内容包括组织力量防汛抢险,工程调度,可能受淹地区的迁安,防洪物料的运输以及救灾方案等。

(五)决策执行反馈阶段

方案通过后要快速上报上级防汛指挥机构和本级政府,并下达执行。

决策的执行实施往往比制定要难得多,在决策实施中,要建立合理的信息反馈组织系统,使执行信息正确、全面而及时地反馈到决策者和决策实施的领导机关来,以便及时发现实施中出现的与原定决策目标的偏差。当发现有偏差时,就要采取措施纠正、改进或修订决策。

由于在实施防汛抗洪决策的过程中,雨情、水情、防洪工程运行情况等随时都在发生变化,随时根据出现的新情况,不断改进和修订决策实施方法,对于充分发挥防洪工程的防洪效益,最大限度地减少灾害损失尤为重要。

方案设计和决策确定与实施阶段是防汛决策的核心内容。其中决策实施阶段中,还有可能会根据具体需要向上反馈到决策方案设计阶段进行方案的调整或重新设计。方案设计阶段中也会反馈到预测预报阶段重新进行预报。

五、决策实例:1958 年黄河抗洪决策

1958 年 7 月 17 日 24 时,黄河花园口站出现有水文观测以来实测的最大洪峰流量 22 300 m^3/s。确保黄河大堤安全,是指挥决策的主要目标,但要考虑付出的代价最小。由于这场洪水来源于三门峡以下干支流地区,所以,实现这一决策目标的方案只有两个:一是按照预定的防洪措施方案,相机开放石头庄溢洪堰或其他分洪口门向北金堤滞洪区分洪。按当时统计,北金堤滞洪区内有 100 多万人,200 多万亩耕地,运用起来不仅财产损失大,而且由于缺乏安全设施,人员安全也难以保障。二是不使用北金堤滞洪区,依靠堤防工程和人力防守战胜洪水。

7 月 17 日 13 时半,当水情预报花园口站 18 日 2 时将出现 22 000 m^3/s 的洪峰,相应水位 94.44 m 时,黄河防汛总指挥部分析了水情,认为这次洪水与 1933 年洪水相似,是新中国成立以来最大的洪水,情况相当严重,但洪峰较瘦,如果情况不再发展,可全力防守,争取不分洪。所以,提出了立即做好石头庄、张庄闸分洪准备和全力防守,争取不使用北金堤滞洪区分洪的决策意见,通知河南、山东两省防汛指挥部并报中央防总和国务院。

7 月 17 日夜,黄河防总办公室密切注视着雨情变化和洪水向下游推进的情况,酝酿着最后决策的建议。17 日 24 时,花园口站洪水水位达到 94.42 m,当时推算流量为 21 000 m^3/s,洪水是否继续上涨,急待着水文站的报告。18 日晨,花园口站水位开始回落。17 日 24 时出现的最高水位已是洪峰。伊、洛、沁河和三门峡以下干流区间雨势也减弱,和洪水预报的基本相同。黄河防总考虑到花园口站洪水水位低于 1933 年洪峰水位约 0.5 m,洪水总量比 1933 年约少 25 亿 m^3 或 30 亿 m^3(不考虑第二个洪峰水量);花园口站以上水位已普遍下降;伊、洛、沁河至花园口区间当日只有小雨、中阵雨,有的地方无雨。本次后续洪水已不大;黄河花园口

以上大堤险工和闸口经严密防守,均甚平稳;花园口以下大堤经十多年培修加固,抗洪能力有了很大的提高,全力防守,能安全泄洪;黄河原来底水低,汶河水不大,高村以上宽河道和东平湖能够发挥一定的蓄滞洪作用;河南、山东干部群众战斗情绪很高;北金堤分洪区缺乏必需的安全设施,使用起来人口转移难度大,损失大等因素,征得河南、山东两省同意后,向国务院、中央防总提出了不使用北金堤分洪区蓄滞洪水,依靠堤防工程和人力防守战胜洪水的意见。

中央防汛总指挥部接到黄河防总的报告后,立即进行研究,同意将黄河防总的报告上报国务院审批,并发出指示电,要求黄河防总及各级防汛指挥部"必须密切注视雨情、水情的发展。以最高的警惕、最大的决心,坚决保卫人民的生产成果,坚决制止洪涝为患"。同时派李葆华副部长到黄河视察水情,指挥防守,并报告了国务院。当时周恩来总理正在上海开会,接到报告后,立即停止会议,18 日乘专机飞临黄河,首先从空中视察了洪水情况,下午 4 时飞抵郑州。周总理到河南省委后立即听取了汇报,并详细询问了降雨情况和洪峰到达下游的沿程水位。最后批准了不分洪的防洪方案,指示两省加强防守,党政军民全力以赴,战胜洪水,确保安全。

河南、山东两省组织 140 多万人上堤防守,人民解放军出动海、陆、空、炮兵、通信、工兵等部队投入抗洪抢险救灾,全国各地运来大批抢险物资予以支援,先后排除各种险情 1 400 多处次,赢得了抗御这次特大洪水斗争的伟大胜利。

第三节　抢险指挥

抗洪抢险必须贯彻"以防为主,防重于抢"的方针。平时对水工建筑物进行经常和定期的检查、观测、养护修理和除险加固,消除隐患和各种缺陷损坏。为取得抢险主动,汛前要做好思想、组织、物质和工程技术方面的准备,以免出现险情时措手不及。组织上要严格建立责任制,成立各级防汛抢险机构和组织,人员要落实,责任要明确,纪律要严明。防汛抢险应备足必要的料物,可按险工情况和以往经验准备。常用的材料一定要充足并有富余,以应急需。汛期风大浪急,尤其是夜晚抢险,一定要准

备好通信联络、交通工具和可靠的照明。汛前要对工程,特别是堤防及其险工段,进行必要的维修,使之达到一定的防洪标准和防御能力。如有的工程或局部段落汛前无法达到相应的要求标准,则更应具有应付险情发生的各项准备;对所有闸、阀门事先应进行启用操作,避免失灵或临时出现故障。

防洪工程一旦在汛期出险,各级防汛指挥部门必须及时组织抢险。在抢险过程中,必须有坚强的领导,就地指挥。指挥一场防洪抢险活动,无异于指挥一场战争,要精心组织,争分夺秒。在防汛抢险的关键时刻,各级领导要按照分片包干的防汛岗位责任制,按时上岗到位,深入抗洪抢险第一线,现场指挥。

一、抢险的基本原则

险情是在汛期高水位时,水压力、流速和风浪加大,各类水工建筑物均有可能因高度、强度不足,或存在隐患和缺陷而出现危及建筑物安全的现象。抢险是指在高水位期间或退水较快时,水工建筑物突然出现渗漏、滑坡、坍塌、裂缝、淘刷等险情,为避免险情扩大以致工程失事,所进行的紧急抢护工作。防汛与抢险两项工作密不可分,相辅相成。只有在做好防汛工作的基础上,才能不出现险情,或少出现险情,即使出现了险情,也能主动、有效地进行抢护,化险为夷。抢险的主要原则是:

(1)险情成因要判断准确。这就需要了解工程的设计、施工、管理和运用等方面的情况,结合出现的险情,进行认真细致地综合分析,准确判断险情的成因。

(2)抢险方法要得当。根据险情的成因,有针对性地对症下药,拟订正确的抢护方案。

(3)抢护要及时。发现险情,抓紧时机,抢早抢小,防止险情扩大,甚至造成工程失事。

(4)料物要准备充足。抢险需要的料物种类多,数量大,直接影响着抢险工作的进展和成败,要准备足够数量的料物,及时供应。

(5)要因地制宜,就地取材。抢险要争取时间,就近使用当地材料,可及早进行抢护,化险为夷。

(6)要加强领导,统一指挥,组织好抢险队伍,必要时可请部队支援。

（7）抢险过后，要及时安排专人巡查，一方面是了解抢护后的效果，更主要的是，随时准备弥补抢险中的不足，巩固抢护成果。

二、抢险组织

抗洪抢险担负着发动群众、组织社会力量、指挥决策等重大任务，而且要进行多方面的协调联系，因此要建立一个强有力的指挥机构，必要时可以成立前线指挥部。

指挥机构组成人员要包含当地党政军主要领导，并吸收业务专家，对紧急问题要有处置权。成员要分工明确，各负其责，重要问题要随时研究决策。抢险指挥员必须深入抢险现场，亲自指挥抢险，并对不同的部门进行协调，包括物资供应、后勤保障、社会协调等。只有经过多方面的实践锻炼，才能在指挥中科学决策、正确部署。

三、抢险现场指挥应具备的能力

（1）熟悉当地当时的雨情、水情、工情，抢险队伍组建、防汛物资储备情况，以及淹没范围、影响大小、迁安救护道路、避灾措施等。

（2）集思广益，果断决策抢险方案。指挥者要善于观测险情，倾听水利或河务部门技术人员的意见，现场研究指挥措施。识别险情是抢险的首要工作，发生险情要立即进行观测、调查和分析，作出正确的判断，随即按不同险情，制订出有效的抢护方案和措施，组织力量快速排险。抢险属于一种紧急的措施，所用的方法既要科学，又要适用。当几种意见不统一时，既不能主观臆断，又不能犹豫不决，可多方征求意见，并报上级审批，及时决策，切勿延误时机。

（3）分工负责，多方配合，打整体战。一场抢险战斗，在总指挥调度之下分为：第一线为抢险队，这部分人员要有领导、技术人员现场指挥和参战，要有身强力壮、勇于苦干的抢险突击队；第二线为料物运输队；第三线为通信、照明和生活安置后勤保障队；第四线为后备抢险队员，一旦险情在抢护中发生恶化需要大量、快速的投入时，即可随时调用；第五线为后方转移组，当出现危急情况有可能溃坝时，要及时组织群众撤离到安全地带。

（4）组织抢险料物及时到位。按照汛前防汛料物储备分布，合理使

用或临时组织力量应急调用。

（5）特大洪水时，河槽、水库已蓄满，超额洪水可能满溢，指挥者应明确保护重点，对人口集中、影响范围大的堤坝要加强防守观察，及时抢修加固，备足抢险料物，不能因小失大。

（6）做两手准备，当大水即将来临或险情已经发生时，一方面全力抢护，化险为夷；另一方面应视危险程度及时做好可能淹没区的人员和物资的转移，以防万一。

第四节　人员安置和灾后重建

灾害发生后，它给人民的生命财产带来严重损失，抢救灾民和灾后重建家园成为各级政府和有关部门的头等大事。做好人员安置和灾后重建工作，是直接关系到灾区社会稳定的大事，必须放在相当重要的位置切实抓好，采取一系列行之有效的救灾和安置措施。

一、安全转移人员

在帮助受洪水威胁区（包括可能运用的蓄滞洪区、受山洪台风灾害威胁区、受洪水威胁低洼地区等）的人员安全转移过程中，为了避免事到临头乱无序的局面，各级应预先做好安全转移方案，本着就近、迅速、安全、有序的原则进行。先人员，后财产；先老幼病残人员，后其他人员；先转移危险区人员，后转移警戒区人员；各部门各司其职，协调配合，确保安全转移群众。

（一）安全转移方案

安全转移方案一般应包括以下工作内容：

（1）预警程序及信号传递方式。为让群众躲灾、避灾及时，减少洪水灾害损失，在一般情况下，应按县—乡（镇）—村—组的次序进行预警，紧急情况下按组—村—县的次序进行预警。

（2）预警、报警信号设置。预警信号可以是电视、电话、手机短信等。各级防汛抗旱指挥部在接到雨情、水情信息后，通过县电视台、电话通知到各乡（镇），乡（镇）及时通知到各村、组。报警信号一般为口哨、警报器等。如有险情出现，由各报警点和信息员发出警报信号，警报信号的设置

因地而异。

（3）信号发送。在汛期,县、乡(镇)、村三级必须实行 24 小时值班,相互之间均用电话联系。村组必须明确 1~2 名责任心强的信号发送责任人,在接到紧急避灾转移命令或获得严重的监测信息后,信号发送人必须立即按预定信号发布报警信号。

（4）转移安置的原则和责任人。其原则是先人员后财产,先老幼病残后一般人员,先危险区后警戒区。信号发送和转移责任人必须最后离开洪水灾害发生区,并有权对不服从转移命令的人员采取强制转移措施。

（5）人员转移。各区居民接到转移信号后,必须在转移责任人的组织指挥下迅速按预定路线进行安全、有序转移。转移工作采取乡(镇)、村、组干部包片负责的办法,统一指挥,有序转移,安全第一。

（6）安置方法、地点及人数。汛前要做好转移安置计划,应本着就近、安全的原则,落实安置村户地点,做到"村对村、户对户"。洪水灾害发生后,即采取对户安置,如事先未落实转移村户,可临时搭棚安置。搭棚地点应选择在居住附近坡度较缓,没有山体崩塌、滑坡迹象的高地或山头上。

（7）转移安置纪律。洪水灾害一旦发生,转移安置必须服从指挥机构的统一安排、统一指挥,并按预先制定好的严明纪律,井然有序地进行安全转移,确保人民生命安全。

（二）部门职责

安全转移工作要求各级领导必须把它作为一项重大事件来抓。市、县(市、区、农场)、乡、村都必须成立专门的组织指挥机构,积极开展各项工作。由于安全转移工作是社会的一项系统工程,各有关部门必须各负其责,密切配合,协同作战。总的要求是:在遇到需要转移的时候,务必做到组织指挥有力,通信报警准确,转移道路畅通,安置地点落实,物资供应及时。同时,转移后的防病、治病、防火、社会治安、管理设施等都要逐项落实。各有关部门的职责如下:

（1）各级人民政府应当建立由民政、水利、公安、交通、卫生、国土资源等部门参加的滩区、蓄滞洪区群众迁移安置救护组织,制订迁移安置救护方案,落实迁移安置救护措施。摸清救生和转移的人数及贵重财物,特别是要摸清需提前转移安置的老、弱、病、残人数。按照就近转移安置的

原则,合理规划安置地点(含上安全楼、台、上堤、上山和提前转移到安全区、投亲靠友等),务必做到各项救生和转移措施落实到户、到人,使之家喻户晓,人人明白。

(2)交通部门负责并落实转移交通工具和交通主干线的维护,确保转移主干线和通往安全楼、台及大堤、山岗的支干线等交通道路的畅通。

(3)粮食、商业、供销等部门要合理布设生活物资供应网点,定点储备,保证安排好转移群众生活必需的物资供应。

(4)卫生防疫部门要合理布设医疗网点,安排好转移群众的防病、治病工作。

(5)广电、邮电、通信部门要加强广电、通信、报警设施的管理,保证广播电视、通信、报警信息畅通无阻。

(6)公安部门要维护好转移交通秩序。负责防火和社会治安工作,严厉打击犯罪活动。

(7)民政部门要搞好救灾安置工作,使灾民早日重建家园。

二、人员安置

人员安置必须始终坚持"以人为本"的指导思想,千方百计确保人民群众生命财产安全。面对暴雨洪水灾害,各级党委、政府必须高度重视,建立严格的责任制和责任分工,有条不紊地做好人员救护。要坚持救生第一的原则,把暴雨洪水威胁区的群众转移到安全地带。对老、弱、病、残、幼等弱势群体要予以重点保护。公安部门要组织警力,对撤离区实行交通管制和治安戒严,维护灾区社会秩序。

洪泛区人员的安置主要有以下措施。

(一)建安全围(区)(护村堰)

地势较高、人口居住较集中的乡镇,采用建安全围(区)(护村堰)防御洪水。围(区)面积不宜过大,堤顶高程高出洪水位并有一定安全超高。迎水面特别是洪水顶冲部位要有防风浪设施,堤顶有足够的宽度,围(区)内配备排水设施。

(二)筑安全台(避水台、避水村台)

对于蓄洪机遇较多的堤垸,可以沿堤筑安全台,台顶建房,躲避洪灾。安全台顶面高程要高出洪水位,并有一定安全超高。

(三)修安全楼

安全楼是蓄滞洪区内群众躲避洪灾的临时应急措施,有单户、联户和集体安全楼多种形式。随着农村经济的发展,农民修建住房的积极性高,国家给予适当扶持,有计划地指导群众修建避水安全楼,不仅为蓄洪区蓄洪时提供人身安全保障和财产转移的场所,而且改善了蓄滞洪区内群众居住条件。平时楼上楼下均可使用,一旦分洪,群众上楼避洪,重要生活物资和贵重物品也可往楼上转移。蓄滞洪区内的机关、学校、工厂等单位和商店、影院、医院蓄洪设施一般选择较高地形,修建时要考虑到集体避洪安全。

(四)临近安全地区协助安置

预报要发生需分蓄洪的洪水时,将洪泛区人员迁移安置到相邻安全的地势较高地区,由当地政府集体安排到学校或者村民家里。有些洪灾区淹水时间长,或者恢复居住时间长,灾民临时住棚条件差,就地安置后需第二次转移到安全乡镇。

(五)修建人员转移道路

按照防御洪水方案和洪水调度方案规定,江河洪水接近和达到分洪标准水位,且上游仍有降雨、水位继续上涨时,应提前转移蓄滞洪区和低洼地区的群众。由于转移人数多,汛前应安排修建撤退转移道路。

三、救灾防疫

从1994年起,我国实行"政府领导,部门负责,分级管理,分级负担"的救灾工作体制。救灾工作坚持"自力更生,依靠群众,依靠集体,生产自救,互助互济"的方针,救灾工作涉及面广,安置灾民重建家园、恢复工农业生产、恢复基础设施的任务十分繁重,各级党委和政府须顾全大局,突出重点,统筹安排。在救灾资金、物资都十分有限的情况下,要把支持重点放在自救能力弱的重灾区、重灾户上。要充分发挥社会主义制度的优越性,广泛发动群众,开展亲邻相帮、互帮互济活动,城市支援农村、机关支援基层、非灾区支援灾区、轻灾区支援重灾区,帮助灾区迅速恢复生产,重建家园。

救灾安置和防疫应做好如下工作。

（一）切实加强对救灾工作的领导

严格实行救灾工作分级负责制。灾区建立救灾工作专门班子，明确领导，确定专人负责抓救灾工作。主要领导深入灾区调查研究，摸实情，报实数，重实效，帮助灾区群众解决生产生活的实际困难，并注意做好灾区群众的思想政治工作，稳定群众情绪。对重灾区，市（州、县）和乡（镇）要确定领导分级分片负责，并组织工作队到村、到组、到户，要严格救灾纪律，管好、用好救灾款物。

（二）千方百计安置稳定好灾民

首先要尽一切努力，抢救被洪水围困的群众，保证他们的生命安全。对已经转移的灾民，要做好安置工作，核心是要解决好灾民的吃、住、医的问题，保证不因灾饿死一个人，不出现成批的外流逃荒，不出现大的疫情。对房屋全倒户，要通过各种途径逐步安置，保证灾民有住的地方。各级党委、政府要切实安排好灾民生活，严格坚持灾民救助管理制度，确保把灾民急需的物品发放到位。一是要解决灾民的吃饭问题，可以按照"实物救灾、救济到户"的要求，及时发放救灾粮供应证，确保灾民最基本的口粮，同时按照灾民口粮供应资金的一定比例发给救灾款，用于购买油盐酱醋等生活必需品。二是要确保灾民有衣穿。除在救灾储备仓库和其他代储点紧急调拨外，主要通过社会募捐方法解决。三是保证有房住。要坚持分散安置与集中安置相结合的原则，鼓励群众投亲靠友、提倡邻里相帮，政府组织对口安置。灾民的吃饭、饮水、穿衣、住房、治病等基本生活要得到保障。要特别做好粮、油、肉、菜、糖、盐等生活必需品的供应，加强灾区市场的监督检查，坚决打击囤积居奇、哄抬物价、趁机牟取暴利的不法行为，确保市场物价的基本稳定。

（三）确保大灾无大疫

洪灾过后，水质受到污染，极有可能出现疫病流行。大水之后出现大疫，有时造成的人员死亡比洪水直接造成的死亡还严重。党和政府应高度重视救灾防病工作，要层层建立救灾防病工作行政首长防汛负责制，明确规定由各级党政主要领导亲自抓，卫生防疫部门更是把救灾防病工作摆在首要位置，成立救灾防病领导小组和办公室。灾情发生后，领导分层包干，率领医疗队到灾区防病治病，检查监督救灾防病工作。及时派出医疗队救治伤病员，同时，积极进行灾后传染病预防控制，开展有关宣传，指导灾民搞好饮用水消毒和环境清理、消毒,及时处理局部发生的传染病疫点,有效地控制传染病的发生和扩散蔓延,保证灾民的身心健康。

(四)迅速恢复灾区工农业生产

灾区要尽可能减少灾害损失,尽快搞好生产自救,恢复生产。努力做到上季损失下季补,早稻损失晚稻补,水稻损失旱粮补,农业损失工副业补,受灾的工矿企业和乡镇企业要尽快搞好设备检修,恢复生产。

四、水毁基础设施修复

垮坝、溃垸或者暴雨山洪灾害以后,水淹、水冲毁坏生产生活设施,给灾区群众生产生活带来很大困难。大灾之后,各级党委、政府必须不失时机地开展灾后重建工作。

(一)急需恢复的设施

(1)通信设施。灾害发生后,应首先恢复通信设施,设法与灾区取得联系,弄清灾情和抢险救灾需求。

(2)交通设施。一般在溃灾或山洪以后,公路被淹或毁坏,要设法快速修复公路,使救灾人员和物资能运进,在蓄滞洪区也可用船或水陆两用快艇运输物资。

(3)供水供电设施。供水供电管道线路被毁坏,一定要快速修复,及时供水供电。

(二)基础设施修复

首先调查设施毁坏原因,作出修复规划。修复的标准和质量应高于原水平,新修方案不能仅仅只是单纯地在原有地方重建,而应结合灾害成因,科学规划和设计,有些可另选地址。一般需要尽快修复的基础设施有:①公路;②通信线路、供水供电系统;③水库、渠道等水利工程;④河道和边岸工程;⑤堤防堵口复堤;⑥主要房屋公共设施。

修复工作主要由当地政府组织群众进行,上级政府适当给予资金、物资支援,国家和当地有关单位,如交通、工商、文教、农林水等部门,应优先安排落实灾区公用设施水毁修复经费。

蓄滞洪区由于经常蓄滞洪水,遭受洪灾,生产水平低而不稳,经济发展迟缓,因此应对蓄滞洪区实行特殊优惠政策,使区内群众逐步致富,增加承灾能力,减少国家负担。这方面的优惠政策有制定蓄滞洪区补偿救

灾政策,享受扶贫各项优惠政策,优先供给农业生产资料,实行无息农业贷款,搞好农田水利建设和排水工程,农村交通、文化教育、医疗卫生事业优先安排经费等。蓄滞洪区依照法令承担分洪,财产受到损失,生产生活困难,政府应按《蓄滞洪区运用补偿暂行办法》,尽快落实补偿资金,保证灾民能解决温饱。

五、生产自救

洪水灾害一般受灾面广,损失严重,灾民生产生活的恢复特别是当年的温饱和社会安定主要靠生产自救,有关的工作有:

(1)要坚持"自力更生为主、国家补助为辅"的救灾工作方针,正确引导受灾群众克服等、靠、要的思想,自觉发扬自力更生、艰苦奋斗精神,积极开展生产自救。

(2)迅速排除险情,让灾民尽快回到自己原有的家园和生产岗位,让灾民发挥自救能力。

(3)恢复生产条件,采取调整农业产业结构等非常规措施,补种有关农作物,夏季受灾应组织秋种,秋季受灾应组织冬种,弥补灾害给农业生产造成的损失。

(4)用"以工代赈"的办法,组织灾民恢复水利、交通等急需设施。

(5)积极创造条件,组织劳力从事多种经营或组织劳力输出,帮助受灾群众开展劳务增收。

(6)总结受灾教训,重新规划灾区的基本建设,重建后新设施的抗灾能力和环境条件要高于和优于原条件。

第五节　防汛总结

在抗洪抢险过程中,有许多成功的经验,也可能会出现一些问题。每年汛期结束后,都应及时收集、调查、总结当年的防汛情况,做好暴雨洪水调查和防汛抢险的总结工作。对发生的重大事件,要实地调查研究,掌握第一手资料,总结经验教训,为今后的防汛抢险工作积累经验。总结主要包括汛情、灾情调查,洪水调度总结,减灾效益分析。这些工作主要由各级防汛部门负责完成。

一、汛情、灾情调查

暴雨洪水发生有很大的随机性,由于气象雨量观测站点和水文站点不可能覆盖所有暴雨洪水区域,雨洪分区和暴雨洪水特征往往难以全面掌握,汛后各级防汛指挥机构要对汛情进行调查。

汛情调查的主要目的是掌握暴雨洪水实际情况,对暴雨洪水特征进行分析总结,为防汛抗旱和水利建设积累基础资料,并进一步完善暴雨洪水监测网络。在调查中要坚持做到以下几点:

(1)要抽调水文气象部门的专家组成专门调查班子,专题开展本项工作。

(2)在调查中要通过现场勘察、走访群众、查阅资料、座谈交流等方法,收集最真实可靠的第一手资料。

(3)要对调查的资料进行全面分析论证,核定雨情和洪水情况。

灾情调查既是为了核实灾情,也是为及时向各级政府实施生产自救和指导经济工作提供较为科学的依据。因此,必须对农作物受灾面积、成灾面积,倒塌损坏房屋以及农牧林渔、工矿企业、交通、通信、水利等基础设施毁坏等受灾情况进行实地调查,并做好调查分析。民政、水利、农业、交通、国土等部门要组织联合调查组深入基层,深入灾区一线,收集、核实受灾基本情况,各部门要在深入调查的基础上,分析成灾原因,提出防灾、减灾、救灾措施的调查报告,为灾区提供重建家园、水毁修复等指导性意见和建议。

二、减灾效益评估

防洪减灾效益从广义上讲,是指当人们在一定时间(短期、长期)和空间内付出的劳力、物力、财力等综合因素所减免的洪灾损失,包括工程措施(如防洪工程)和非工程措施(如防汛指挥信息系统)的减灾效益。在水利方面,防洪属于除害,不属于兴利,与水力发电、供电、灌溉等不同,不直接创造财富,只能减免洪灾所造成的经济损失和一切不利影响。从某种程度上说,它的效益不仅仅是经济效益,还可减免人员伤亡、维护社会稳定,具有重大的社会效益。但是,防洪工程的防洪效益的年际变化具有很大的随机性和不确定性,在一般年份防洪减灾经济效益较小或几乎

没有效益,但遇到大洪水特别是达到设计标准洪水时则能产生巨大的效益。近些年来,非工程措施在防洪中的作用越来越大,产生的减灾效益越来越明显。因此,全面、正确地估算防洪减灾效益,为决策部门提供决策依据,增加社会公众防洪意识,对促进防洪事业的发展都具有重要的现实价值和深远意义。

做好减灾效益分析是衡量防汛抗洪工作效果的一项重要工作。各级防汛部门必须形成工作制度,每年要对整个年度和有关重大防汛抗洪工作效果进行综合评价,分析总结防汛减灾效益。防汛减灾效益分析工作一般采用以下基本步骤。

(一)全面摸清灾区的基本情况

在调查前,要全面收集掌握灾区社会经济状况、防洪设施现状等有关的情况,包括:①人口、土地、企事业单位分布情况,工农业产值等社会经济情况;②流域内河流、水系自然地理特征,雨水情测报和江河堤防、水库工程、蓄滞洪区和其他防洪工程设施现状;③历史上本区域洪涝灾害情况,本次洪水灾害情况;④防汛抢险指挥过程,抗洪抢险的主要措施。

(二)洪涝灾害损失情况调查

由于洪涝灾情的范围很大,一般情况下洪涝灾害损失情况的调查采取以点推面的方法进行。

1.划分灾害调查损失标准

根据掌握的洪涝受灾情况,一般要按流域或行政区划把灾区分成若干个区域,在每个区域范围内按照特重、重、轻灾标准,选择有关的乡镇作为调查基础单位。

特重、重、轻灾标准的划分,大体上按照两个条件掌握。一是根据农作物的损失率划分,特重、重、轻灾的损失率分别为70%、50% ~ 70%、30% ~ 50%;二是根据淹没水深划分,特重、重、轻灾的淹没水深分别为大于1.0 m、0.5 ~ 1.0 m、小于0.5 m。有的时候,还可根据淹没历时作为淹没灾害程度标准。

2.进行灾害情况调查

调查工作开始之前,要统一制定调查统计表格,以便于调查内容的一致和汇总计算工作。主要表格有以下几个:①洪灾典型乡镇农户、居民家庭财产损失调查表;②洪灾典型乡镇农、林业等损失调查表;③洪灾典型乡镇工业、企业、电力损失调查表;④洪灾典型乡镇交通运输损失调查表;⑤洪灾典型乡镇公益事业损失调查表;⑥洪灾典型乡镇水利设施损失调查表;⑦洪灾典型乡镇商业损失调查表;⑧洪灾典型乡镇防汛抢险费用调查表。

3.汇总调查统计成果

对调查项目的内容进行汇总计算。

(1)汇总成典型乡镇各项损失调查成果。内容要反映分行政区典型乡镇的灾前财产、损失情况。

(2)根据各典型乡镇各项损失汇总表,推算不同特重、重、轻灾不同损失率灾情损失表。内容要反映出典型乡镇特重、重、轻灾的灾前财产、损失、损失率等。

(3)计算折算系数。根据受灾地区的灾情年度人均纯收入或人均工农业社会产值与典型乡镇的比值,对调查结果进行折算。

(4)确定特重、重、轻灾单位面积损失值和抗洪抢险投入值。

4.洪涝灾害总损失情况推算

调查汇总不同程度灾害的面积,再根据调查汇总成果分析确定的特重、重、轻灾的单位面积损失值,计算出洪涝灾害损失。

(三)进行洪水还原计算和灾害损失分析

按照洪水计算的有关方法,对本次洪水进行还原计算。要做的工作主要有两项:

(1)把本次实际洪水过程还原到某一比较年防洪工程状况下的受灾范围和成灾面积,按照特重、重、轻灾单位面积损失值,计算灾害损失。

(2)按照不考虑洪水调度的错峰、蓄洪、滞洪等手段发挥的减小洪峰流量、避免启用蓄滞洪区等作用,把本次洪水还原原始状态的受灾面积,按照特重、重、轻灾单位面积损失值,计算灾害损失。

(四)防洪效益计算

防洪减灾经济效益是指防洪体系所减免的洪涝灾害直接经济损失。2004年国家防总办公室颁布了《防洪减灾经济效益计算办法(试行)》,已印发各地执行。

三、防汛抗洪总结

每年汛期结束后,应及时收集、调查、总结当年防汛抗洪方面的经验、教训和发生的重大事件,组织有关人员编写防汛抗洪总结。

防汛抗洪总结应包括以下内容:

(1)雨水情。区域内汛期雨情、水情及特征值,与历史特征值的比较,影响汛期的主要天气系统及其典型降雨过程,主要河流湖泊的水情特征值,各类水库的水情特征值及泄洪情况。

(2)灾、险情。区域内汛情总的灾、险情,主要降雨过程中的灾、险情及其典型。

(3)防汛抗灾措施。从工程措施和非工程措施两方面总结在汛前准备、抢险救灾中的重大部署、抗灾消耗、抗灾成就。

(4)今后的防汛抗灾工作建议。针对当前防汛抗灾中暴露的突出问题、薄弱环节以及防汛抗灾的发展趋势,对今后的防汛抗灾工作提出建议。

防汛抗洪总结应根据实际情况,还要着重分析总结以下内容:

(1)汛期降雨过程,汛期主要江河、湖泊控制站点水情特征值。

(2)中小河流特大暴雨总结。

(3)重大险情抢险过程(若干)。

(4)洪水调度(水库洪水调度、江河洪水调度)过程及效益分析。

(5)洪涝灾害统计分析。

总结报告属密件,应严格控制发送范围,一般只发送给防汛抗旱指挥部领导、部分成员单位以及相关的技术人员,防止泛滥发送。

附　录

附录一

黄河防汛总指挥部防洪指挥调度规程

一、总则

（1）为确保黄河防洪安全,依据《中华人民共和国防洪法》、国家防汛抗旱总指挥部(简称国家防总)有关文件、黄河防汛总指挥部(简称黄河防总)洪水调度责任制、《黄河防汛工作管理规定》《黄河防洪工程抢险责任制》、黄河水利委员会《黄河汛期水文、气象情报预报工作责任制》等法律和法规,制定本调度规程。

（2）黄河下游防洪任务:确保花园口站发生 22 000 m³/s 洪水大堤不决口;遇超标准洪水,尽最大努力,采取一切办法减小灾害。

（3）黄河下游洪水处理原则:科学利用水库调蓄洪水,尽量利用河道排泄洪水,相机运用分滞洪区分滞洪水。在确保防洪安全的前提下,努力实现洪水泥沙资源化;尽快恢复下游河道主槽过洪能力;尽量减少小浪底库区淤积;逐步实现从控制洪水向洪水管理转变。

（4）黄河防洪指挥调度包括水库、蓄滞洪区的工程调度,防守力量调度,防汛物资调度等。滩区和滞洪区群众的迁移安置、灾民救济、卫生防疫的指挥调度由各省防指另行规定。

（5）黄河防洪指挥调度遵循各类防洪预案原则,按照三级洪水预报(警报预报、参考预报、正式预报)、汛期三种工作机制(黄河防汛总指挥部办公室成员单位工作机制、调水调沙工作组机制、洪水期职能组工作机制)、中下游两个河段不同洪水级别分级进行指挥调度。

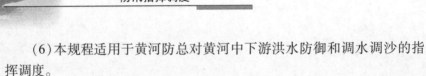
（6）本规程适用于黄河防总对黄河中下游洪水防御和调水调沙的指挥调度。

二、指挥调度权限与组织实施

（一）防洪工程

（1）三门峡水库由黄河防总负责调度,三门峡水利枢纽管理局负责组织实施。

（2）小浪底水库由黄河防总负责调度,小浪底水利枢纽建设管理局负责组织实施。

（3）故县水库由黄河防总负责调度,故县水利枢纽管理局组织实施。

（4）陆浑水库由黄河防总负责调度,陆浑水库灌区管理局负责组织实施。

（5）东平湖滞洪区运用:

①当黄河发生洪水,需要东平湖分洪运用时,由黄河防总商山东省人民政府决定,山东省防汛抗旱指挥部(简称山东省防指)负责组织实施。司垓退水闸的运用,由黄河防总提出运用意见,报请国家防总批准后,通知山东省防指组织实施。

②当汶河发生洪水,东平湖老湖水位低于警戒水位时,东平湖的日常调度工作由山东黄河河务局负责;老湖水位达到或超过警戒水位,而低于设计防洪运用水位时,东平湖的日常调度工作由山东省防汛抗旱指挥部黄河防汛办公室(简称山东省黄河防办)提出调度运用意见,报黄河防汛总指挥部办公室(简称黄防总办)同意后,由山东省黄河防办组织实施;东平湖老湖水位达到或超过防洪运用水位,由山东省防指提出调度运用意见,报黄河防总批准后,由山东省防指组织实施。老湖因防洪工程原因达不到设计防洪水位运用条件时,当年防洪最高运用水位由黄河防总确定。

（6）北金堤滞洪区的运用,由黄河防总提出运用意见,报请国家防总呈国务院批准后,通知河南省防汛抗旱指挥部(简称河南省防指)组织实施。

（二）防汛队伍

（1）黄河防汛队伍主要由黄河防汛专业队伍(含机动抢险队)、群众

防汛队伍、解放军和武警部队三支力量组成。

（2）黄河防汛专业队伍调度：各级黄河防办负责本辖区黄河防汛专业队伍的调度，跨行政区划调度由上一级黄河防办负责。黄委所属机动抢险队由所在省的省级黄河防办负责辖区内的抢险调度，跨省抢险调度由黄防总办负责。

（3）群众防汛队伍由沿黄群众和基干民兵组成，按与黄河的相对位置分为一、二、三线。各级防指根据《黄河防汛管理工作规定》和《黄河防洪工程抢险责任制》负责本辖区内群众防汛队伍调度，跨乡、县、市群众队伍的调度由上一级防指负责。

各地一线队伍要以基干民兵为主，基干民兵队伍建设管理要按照县级武装部的建制标准，指挥调度由县武装部按照县级以上人民政府防汛指挥部的命令组织执行。

（4）解放军和武警部队主要承担急、难、险、重的防汛抢险任务。解放军参加抗洪抢险调度由险情所在地防指提出请求，逐级报至省防指，由省防指向省军区请调，按部队调动程序办理。紧急情况下由所在地防指直接向当地驻军求援，按部队紧急调动程序办理，并边行动、边报告。

武警部队参加抗洪抢险调度由险情所在地防指向当地县级以上政府防汛行政首长责任人提出请求，经批准后，按武警部队调动程序办理；跨地区调动，由当地政府防汛行政首长责任人报上一级政府防汛行政首长责任人批准后，按武警部队调动程序办理。

（三）防汛料物

（1）黄河防汛料物包括国家储备料物、社会团体储备料物和群众备料三部分。

（2）国家储备料物包括中央防汛物资储备和黄河防汛物资储备。国家防总储存在黄河上的中央防汛物资，由国家防办负责调度。黄河防汛储备物资由各级黄河防办负责调度，跨地区调度由上一级黄河防办负责。

（3）社会团体储备料物指企业、商业和政府机关、社会团体所生产、经营及所能掌握的可用于防汛的物资。县级以上防指根据抢险需要，负责本辖区的料物调度。

（4）群众备料指沿黄群众根据防汛部署储备的防汛物资。县级以上防指根据抢险需要，负责本辖区的料物调度。

(5)除上述正常防汛料物调度管理外,在紧急状态时,需要临时迅速筹集的防汛料物,由当地黄河防办提出需求,由前线防汛抢险行政首长负责组织实施。

（四）滩区、蓄滞洪区群众迁安救护

各级河务部门负责提供水情信息,各级防指负责发布预警,制订滩区、蓄滞洪区群众迁安救护方案并负责组织实施。

三、黄河下游防洪指挥调度

(1)花园口站三级洪水预报:①警报预报,预见期不少于30 h;②参考预报,预见期不少于14 h;③正式预报,预见期不少于8 h。

(2)三种工作机制:①警戒水位以下,按黄防总办成员单位工作机制运行,由黄河防总办公室负责;②警戒水位以上,且不进行调水调沙运用,按汛期各职能组工作机制运行,由黄防总办负责;③需要进行调水调沙时,按调水调沙各工作组工作机制运行;④在警戒水位以下,如遇串沟进水造成顺堤行洪等特殊情况,按汛期各职能组工作机制运行,由黄防总办负责。

(3)黄河下游洪水分为五级: ①花园口站 4 000 m³/s 以下。②花园口站 4 000 ~ 8 000 m³/s。③花园口站 8 000 ~ 15 000 m³/s。④花园口站 15 000 ~ 22 000 m³/s。⑤发生超标准洪水。以上①~④级洪水按上限流量部署防汛工作。

（一）花园口站发生 4 000 m³/s 以下洪水

当花园口站发生 2 000 m³/s 以下洪水时,黄河防汛处于一般戒备状态;当花园口站发生 2 000 ~ 4 000 m³/s 洪水时,黄河防汛处于高度戒备状态。

指挥调度重点是:防汛工作部署、河道整治工程抢险、河势观测等。

(1)当下游沿程各站水位处于警戒水位以下时,按黄防总办成员单位工作机制运行。

(2)由黄防总办主任或副主任主持召开会商会,研究确定洪水处理原则,部署防汛工作。

(3)黄防总办向常务副总指挥报告汛情及会商结果。

(4)当警报预报花园口站流量大于 3 000 m³/s 时,水文部门要密切监视天气形势变化,沿河各级防汛部门要密切关注河势变化,对有局部漫滩可能的河段,要预先通知县级以上防指做好应对局部滩区漫滩的各项准备,按照滩区迁安救护预案,做好受淹群众的撤退和安置准备工作。沿河各级防汛部门要做好河道工程的查险、抢险工作。

(5)当预报来水满足调水调沙条件时,黄防总办发出通知,要求按调水调沙工作机制运行,调水调沙各工作组按分工立即启动。

(6)当预报花园口站流量大于 3 000 m³/s 时,河南、山东省防指按照《黄河下游浮桥建设管理办法》,在接到通知后于 24 h 内拆除河道内浮桥。

(7)当下游沿程各站接近警戒水位时:

①黄防总办发出通知,启动汛期职能组工作机制,要求各职能组按汛期分工上岗到位。

②通信保障组确保通信、网络畅通,并按规定增发防汛手机"重大信息"。

③河南、山东省按《黄河防洪工程抢险责任制》的要求做好堤防查险、报险、组织动员等准备工作。

④要求河南、山东省黄河防办每周上报险情、用料统计情况。

(8)如果出现大范围漫滩和堤防偎水,黄河防汛进入严重状态,参照执行 4 000~8 000 m³/s 量级调度规程。

(二)花园口站发生 4 000~8 000 m³/s 洪水

此级洪水,黄河防汛处于严重状态。

指挥调度重点是:确定按防洪运用或按调水调沙运用,中游水库群运用决策、堤防与河道整治工程的查险和抢险部署决策、滩区迁安救护等。

1. 预报花园口站发生 4 000~8 000 m³/s 洪水时

1)接到警报预报

(1)黄防总办主任或副主任主持召开防汛会商会议。根据来水和水库蓄水情况,分析天气形势及降雨变化趋势,会商防汛有关情况。

(2)黄防总办主任向常务副总指挥报告汛情和建议调度意见,常务副总指挥召开指挥部会议,研究部署防汛抗洪工作。

(3)如果决定进行调水调沙,按调水调沙工作机制运行,黄防总办通知调水调沙各工作组启动,人员上岗到位。

（4）如果进行防洪运用，按汛期工作机制运行，黄防总办通知各职能组启动，人员上岗到位。

（5）黄防总办主任向常务副总指挥报告洪水漫滩情况和未来防洪形势，常务副总指挥召开指挥部会议，部署滩区人员迁安救护工作。

（6）滚动发布洪水预报通告。

（7）通知河南、山东省防指复查河道内加油站、化学品仓库等防护措施，严防造成重大水污染。

（8）滚动预报黑石关、武陟、花园口等站流量和洪水位及洪水演进情况。

（9）水文部门密切关注三门峡以上来水来沙的变化情况，按要求滚动预报测报龙门、潼关、华县等站流量和含沙量。

2）接到参考预报

（1）黄防总办主任提请常务副总指挥召开防汛会商会议，进一步审定防洪运用或调水调沙运用方案。对水库调度、工程防守、迁安救护等进行工作部署。如果预报发生高含沙（潼关站含沙量大于 $200 \ kg/m^3$，下同）或可能大漫滩的洪水，会商结果报黄河防总总指挥批准后实施。

（2）黄防总办向副总指挥通报汛情会商结果。

（3）黄河防总常务副总指挥坐镇黄防总办指挥抗洪抢险工作。

（4）向国家防办报告汛情。

（5）滚动发布洪水预报通告。

（6）按规定增发防汛手机"重大信息"。

（7）启动三门峡、小浪底、故县、陆浑水库联调和预报调度耦合系统及相关模型，滚动修订水库调度方案。黄防总办按确定的调度方案下达水库调度指令。

3）接到正式预报

（1）黄河防总常务副总指挥主持防汛会商会议。如果预报发生高含沙或大漫滩洪水，会商结果报总指挥批准后实施。

（2）黄河防总常务副总指挥提请黄河防总总指挥听取汛情汇报，指导抗洪抢险工作；有关省黄河防总副总指挥在本省听取汛情汇报，指挥抗洪抢险工作；黄防总办和黄河防总各位副总指挥保持联系。

（3）向国家防办报告黄河防汛情况。

（4）黄河防总宣布黄河防汛进入严重状态。

（5）滚动发布洪水预报通告。

（6）河南、山东省防指视水情适时撤离控导工程防守人员，重点加强黄河大堤防守。

（7）根据河南、山东防指所报的重大险情，及时分析并派出专家组赴现场指导抢险。

（8）通知河南、山东省防指按《黄河防洪工程抢险责任制》《滩区迁安救护方案》的要求，安排好查险、报险、抢险工作及滩区救护工作，并每24 h滚动上报抢险部署及滩区迁安等情况。

（9）通知河南、山东黄河防办每日18时前将辖区河段工情、险情、灾情、人员防守等综合情况报黄防总办。

（10）加强水库实施调度工作。

2. 当花园口站出现洪峰时

（1）黄河防总常务副总指挥主持会议，听取黄防总办对防汛工作落实的汇报，研究水库运用和对重大险情、灾情采取对策等情况。

（2）有关省黄河防总副总指挥在本省听取汛情汇报。

（3）黄河防总办及时分析花园口站流量过程，跟踪天气形势，分析后期来水变化；分析防洪形势变化趋势并提出对策建议。

（4）编发编号洪水通报，黄防总办主任签发。

（5）向国家防总和黄河防总正、副总指挥报告防洪情况。

（6）按责任制要求，黄河防总派出工作组分赴下游进行检查督促。

（7）视沁河来水情况，通知河南省防指做好沁河的防洪部署工作。

（8）如果汶河、大清河来水较大，通知山东省防指做好汶河、大清河及东平湖的防洪部署工作。

3. 花园口站流量由8 000 m³/s降至4 000 m³/s时

（1）继续分析黄河下游诸站的水文情势。

（2）通知两省防指注意孙口以上河段落水期出险，孙口以下堤段加强防守。

（3）通知山东省防指注意落水期险情抢护，并加强河口地区北大堤和防洪堤防守，做好油田迁安防护工作。

4.利津站流量降至4 000 m³/s以下时

(1)通知河南、山东省防指及时修复水毁工程、补充防汛料物,并做好滩区群众的安置和生产自救工作。

(2)通知各省防指及时统计上报险情、灾情。

(3)按规定取消发布防汛手机"重大信息",恢复发布防汛手机"日常信息"。

(4)向国家防总和本部总指挥、常务副总指挥、副总指挥报告洪水情况。

(5)通知各地加强卫生防疫工作。

(6)宣布撤销黄河防汛严重状态。

(三)花园口站发生8 000～15 000 m³/s洪水

此级洪水黄河防汛处于紧急状态。

指挥调度重点是:防汛工作部署、水库防洪调度、东平湖滞洪区分洪调度;堤防工程抢险;滞洪区、滩区迁安救护。

1.花园口站已发生4 000～8 000 m³/s洪水,且有上涨趋势。预报花园口站流量8 000～15 000 m³/s时

1)接到警报预报

(1)黄防总办主任提请黄河防总常务副总指挥召开防汛会商会议,对防汛工作部署和灾情预估等进行会商,研究小浪底等水库调度方案。

(2)向国家防总报告汛情及会商结果。

(3)常务副总指挥向总指挥、副总指挥通报汛情和会商结果。

(4)通知通信信息组按规定增发防汛手机"特大信息"。

(5)通知山东省防指人员做好东平湖分洪运用准备。

2)接到参考预报

(1)黄河防总常务副总指挥主持召开防汛会商会议,黄河防总总指挥在黄防总办听取汛情汇报。有关副总指挥坐镇本省黄河防办指挥抗洪抢险工作。

(2)黄防总办对工程防守和灾情预估、三门峡和小浪底运用等情况进行会商,黄防总办主任提出抗洪抢险工作建议。

(3)按确定的方案下达小浪底水库控泄调令。

(4)下达故县水库关闸运用准备工作。

（5）通知河南省防指注意做好沁河、伊洛河超标准洪水防御准备。

（6）通知河南、山东省防指进一步做好滩区群众迁安工作。

（7）黄河防总增派督察组赴一线进行防汛督察。

（8）根据水情情况，黄河防总常务副总指挥提请总指挥主持召开防汛会商会议，正式会商东平湖分洪意见。

（9）通知山东省防指做好东平湖湖区内群众迁安准备工作并上报黄河防总。

3）接到正式预报

（1）黄河防总总指挥主持召开防汛会商会议，重点研究确定东平湖分洪意见。

（2）黄河防总商山东省人民政府确定东平湖分洪运用意见。山东省人民政府于2 h内答复。

（3）向国家防总报告汛情及会商结果。

（4）黄河防总常务副总指挥向各副总指挥通报汛情和会商结果。

（5）通知河南、山东省防指加强重点堤段防守，严密注视河势变化，做好"滚河"防护准备。

（6）山东省防指对东平湖湖区群众迁安工作部署情况进行复查，保证按方案分洪。

（7）宣布黄河防汛进入紧急状态。

（8）通知河南、山东两省防指要求油田采取自保和撤离危险区的措施。

2. 花园口站出现洪峰时

（1）分析花园口站流量过程，跟踪天气形势，分析后期来水变化。

（2）预报夹河滩站洪峰流量、洪峰水位，并预估高村、孙口站的洪峰流量和大于10 000 m³/s的水量。

（3）编发编号洪水通报，黄河防总常务副总指挥核准后发布。

（4）黄防总办向国家防总和黄河防总正、副总指挥报告防洪情况及可能运用东平湖的分洪方案。

（5）检查山东省防指东平湖分洪运用准备工作。

（6）黄河防总派工作组赴东平湖指导抗洪抢险。

（7）通知加强堤防、险工、涵闸、虹吸及穿堤建筑物的防守。

3. 花园口站流量呈下降趋势,洪峰到达高村站时

(1)分析花园口站的落水过程,并预报孙口站洪峰流量、洪水位和大于 10 000 m³/s 的水量。

(2)黄河防总确定东平湖运用方案,黄河防总总指挥签发,向山东省防指下达分洪预令,要求复查分洪前的各项准备工作,分洪闸前围堰适时破除,对老湖进行清湖。

(3)黄防总办向国家防总及陕西、山西、河南、山东省防指通报情况。

(4)通知水库开闸泄水,顺序为陆浑、故县、小浪底水库,控制花园口不超过 10 000 m³/s。

(5)夹河滩以上河段落水,堤防工程易发生险情,通知河南省防指加强左右岸郑州—柳园口等河段重点堤段防守。

4. 当孙口站流量至 10 000 m³/s,并继续上涨时

(1)做出孙口站洪水过程预报。

(2)山东省防指下达东平湖分洪开闸命令。

(3)黄防总办主任向总指挥、常务副总指挥、副总指挥报告东平湖分洪情况。

(4)黄河防总向国家防总报告东平湖分洪情况。

(5)山东省防指每 2 h 向黄河防总报告东平湖分洪以及防守、迁安等情况。

5. 孙口站流量落至 10 000 ~ 4 000 m³/s 时

(1)水情部门继续做好艾山以下河段的水情预报。

(2)东平湖水库停止分洪,通知山东省防指加强围堤防守。

(3)通知山东省防指视大河落水情况,安排东平湖退水,退水时控制艾山站流量不超过 10 000 m³/s。

(4)山东省防指如提出司垓闸向南四湖退水意见,黄河防总请示国家防总同意后,通知山东省防指执行。

(5)通知山东省防指加强孙口以下堤段防守力量。

6. 当孙口站流量落至 4 000 m³/s 以下时

(1)视大河落水情况和东平湖水情,适时通知山东省防指停止向黄河和司垓闸向南四湖退水。

(2)通知山东省防指注意落水期险情抢护,并加强河口地区北大堤

防洪堤防守和迁安工作。

（3）宣布取消黄河防汛紧急状态。

（4）通信信息组按规定取消发布防汛手机"特大信息"。

7. 当利津站流量落至 4 000 m³/s 以下时

（1）通知河南、山东省防指及时修复水毁工程、补充防汛料物，并做好滩区群众的安置和生产自救工作。

（2）通知各省防指及时统计、上报险情、灾情。

（3）按规定取消发布防汛手机"重大信息"，恢复发布防汛手机"日常信息"。

（4）向国家防总和本部总指挥、常务副总指挥、副总指挥报告洪水情况。

（5）通知各地加强卫生防疫工作。

（四）花园口站发生 15 000～22 000 m³/s 洪水

此级洪水黄河防汛处于十分紧急状态。各省要进行区域性全民动员，军民联防，全力抗洪抢险，确保防洪安全。

指挥调度重点是：防汛工作部署、黄河大堤防守；水库防洪调度、东平湖滞洪区分洪调度；滩区、蓄滞洪区迁安救护工作。

1. 花园口站已发生 8 000～15 000 m³/s 洪水，且有上涨趋势。预报花园口站流量 15 000～22 000 m³/s

1）接到警报预报

（1）黄河防总常务副总指挥提请总指挥主持防汛会商，研究发布紧急动员令、请求国家防总派员到黄河指导抗洪抢险、詹店铁路闸关闭等问题。

（2）黄河防总向国家防总报告汛情和会商结果。

（3）黄河防总常务副总指挥每天定时主持召开防汛会商会。

2）接到参考预报

（1）向河南、山东两省发布紧急动员令。

（2）通知河南省防指做好京广线詹店铁路闸下闸有关工作。

（3）通知山东省防指继续组织老湖区群众撤迁，新湖做好迁安准备，进展情况每 2 h 报黄河防总一次，遇紧急情况及时上报。

（4）及时补充调整防汛队伍的力量部署，进一步加强重点堤段、险点

223

的防守力量。

(5)黄防总办主任向总指挥、常务副总指挥、副总指挥报告汛情。

3)接到正式预报

(1)黄河防总总指挥宣布黄河下游进入紧急防汛期。

(2)黄河防总总指挥坐镇黄防总办,副总指挥(河南、山东省副省长)坐镇河南、山东黄河防办,陕西、山西省黄河防总副总指挥与黄河防总总指挥保持联系。

(3)水情部门继续做好花园口站洪峰、洪水位、大于 10 000 m³/s 的水量预报。

2. 当花园口站出现洪峰时

(1)分析花园口站流量过程,跟踪天气形势来分析后期来水变化。

(2)预报夹河滩站洪峰流量、洪峰水位,并预估高村、孙口站的洪峰流量和大于 10 000 m³/s 的水量。

(3)编发编号洪水通报,黄河防总常务副总指挥核准后发布。

(4)通知河南、山东省防指按照黄河洪水调度责任制要求实行军民联防,严防死守,确保黄河大堤和东平湖围堤安全。

(5)河南、山东省防指对重要险情堤段的防守、抢护等情况,每 6 h 向黄河防总汇报一次。

(6)部署小浪底大坝安全监测工作,要求小浪底建管局每 24 h 上报一次大坝安全监测及评估报告。

(7)黄防总办主任向总指挥、常务副总指挥、副总指挥报告汛情。

3. 夹河滩站出现洪峰时

(1)预报高村站洪峰流量和洪峰水位,并预估孙口站洪峰流量和洪峰水位,预估孙口站流量超过 10 000 m³/s 的时间和洪量。

(2)黄河防总向山东省防指下达东平湖分洪预令。

(3)向国家防总报告汛情。

(4)黄防总办主任向总指挥、常务副总指挥、副总指挥报告汛情。

(5)当花园口站流量降至 10 000 m³/s 以下时,通知三门峡、故县、小浪底水库开闸,控制花园口站流量不超过 10 000 m³/s。

(6)通知河南省防指视水情实施詹店铁路闸恢复通车工作。

4. 高村站出现洪峰时

（1）分析高村站流量过程、预报孙口站洪峰流量和洪峰水位，并预估大于 10 000 m^3/s 的水量。

（2）山东省防指负责组织破除东平湖分洪闸前围堰。

（3）孙口站流量达到 10 000 m^3/s 时，山东省防指下达东平湖开始分洪命令。

（4）向国家防总、本部总指挥、常务副总指挥、副总指挥报告东平湖分洪情况。

（5）山东省防指每 4 h 向黄河防总报告东平湖分洪以及防守、迁安等情况。

（6）通知山东省防指加强孙口以下堤段防守力量。

5. 孙口站流量落至 10 000 m^3/s 以下时

（1）继续做好艾山以下河段的水情预报。

（2）东平湖水库停止分洪，通知山东省防指注意加强围堤防守。

（3）通知山东省视大河落水情况，安排东平湖退水，退水时大河流量控泄艾山站不超过 10 000 m^3/s。

（4）山东省防指如提出司垓闸向南四湖退水意见，由黄河防总请示国家防总批准后，通知山东省防指执行。

（5）黄防总办主任向总指挥、常务副总指挥、副总指挥报告汛情。

6. 当孙口站流量落至 4 000 m^3/s 以下时

（1）视大河落水情况和东平湖水情，通知山东省防指停止向黄河及南四湖退水。

（2）继续进行险工和孙口以下堤防的防护。

（3）通知各省防指组织滩区救护及排水工作。

（4）通知山东省防指注意落水期险情抢护，并加强河口地区北大堤、防洪堤防守和迁安工作。

（5）黄防总办主任向总指挥、常务副总指挥、副总指挥报告汛情。

（6）宣布黄河防汛取消紧急状态。

（7）按规定取消发布防汛手机"特大信息"。

7. 当利津站流量落至 4 000 m^3/s 以下时

（1）通知河南、山东省防指及时修复水毁工程、补充防汛料物，并做

好滩区群众的安置和生产自救工作。

（2）通知各省防指及时统计上报险情、灾情。

（3）按规定取消发布防汛手机"重大信息"，恢复发布防汛手机"日常信息"。

（4）向国家防总和本部总指挥、常务副总指挥、副总指挥报告洪水情况。

（5）通知各地加强卫生防疫工作。

（五）发生超标准洪水

1. 黄河下游发生超标准洪水

此级洪水黄河防汛处于非常状态。河南、山东省要进行全民紧急动员，不惜一切代价，采取一切措施，确保下游左岸沁河口至原阳黄河大堤和右岸东坝头以上黄河大堤不决口。

指挥调度重点是：防汛工作部署、黄河大堤防守；水库防洪调度、北金堤滞洪区、东平湖滞洪区分洪调度；滩区、蓄滞洪区迁安救护工作。

黄河下游发生超标准洪水，要请求国家防总领导到黄河坐镇指挥。

2. 沁河、汶河发生超标准洪水

沁河防洪标准为武陟站 $4\,000\ \text{m}^3/\text{s}$，汶河防洪标准为戴村坝站 $7\,000\ \text{m}^3/\text{s}$。一旦沁河、汶河发生超标准洪水，应按照"保左岸，不保右岸"的原则，由省防指负责全力抢护。

四、黄河中游防洪指挥调度

黄河中游干流洪水分为四级：①龙门站 $5\,000\ \text{m}^3/\text{s}$ 以下。②龙门站 $5\,000 \sim 10\,000\ \text{m}^3/\text{s}$。③龙门站 $10\,000 \sim 20\,000\ \text{m}^3/\text{s}$。④龙门站发生超标准洪水。以上①～③级洪水按上限流量部署防汛工作。

（一）龙门站发生 $5\,000\ \text{m}^3/\text{s}$ 以下洪水

此级洪水黄河防汛处于戒备状态。

指挥调度重点是：防汛工作部署、巡坝查险和抢险等。

（1）黄防总办掌握水情、工情、险情信息，安排部署该河段防洪工作。

（2）黄委信息中心保障通信网络畅通，按规定发布防汛手机"日常信息"。

（3）黄委陕西、山西小北干流河务局全体工作人员进入戒备工作状态。

（4）黄委陕西、山西小北干流河务局向当地防指通报汛情,提请撤出滩区低洼、夹槽和串沟内所有人员。

（5）陕西、山西小北干流河务局加强工程查险,密切注视河势、工情变化。

（6）做好"揭河底"冲刷观测和工程抢险工作。

（7）预报龙门站流量接近 5 000 m^3/s 时,黄防总办主任或副主任主持召开防汛会商会议,研究部署防汛抗洪工作。根据来水、来沙及小浪底水库蓄水情况,确定黄河下游防洪调度或调水调沙运用。

（8）根据来水来沙情况,安排小北干流放淤试验工作。

（9）当潼关站洪水达到 1 500 m^3/s 时,黄防总办下达三门峡水库降低水位排沙调令。

（二）龙门站发生 5 000～10 000 m^3/s 洪水

此级洪水黄河防汛处于严重状态。

指挥调度重点是:防汛工作部署、防洪工程抢险、滩区迁安救护、水库防洪调度等。

1. 预报龙门站出现 5 000～10 000 m^3/s 时

（1）黄防总办主任主持召开防汛会商会议,分析天气形势;研究部署防汛抗洪工作。根据来水和水库蓄水情况,给出按防洪调度运用或按调水调沙调度运用的意见。

（2）黄防总办主任向总指挥、常务副总指挥、副总指挥报告汛情和会商结果。

（3）黄河防总宣布中游黄河防汛处于严重状态。

（4）若按防洪运用调度,通知启动汛期工作机制,要求各职能组按汛期分工做好启动准备工作。若按调水调沙调度,通知启动调水调沙工作机制。

（5）密切注视天气、雨情、水情变化;滚动预报龙门等站洪峰流量、洪水位及洪水演进情况。

（6）滚动发布洪水通告,按规定增发防汛手机"重大信息"。

（7）黄防总办主任每天定时组织会商会,对水库调度、工程防守和灾情预估等进行会商,提出工作部署意见。

（8）通知陕西、山西省防指做好黄河防汛抢险工作。

（9）通知陕西、山西省防指立即组织对黄河滩区内可能被淹没的所有人员及居住在村台以下的群众全部撤离。

（10）通知陕西省防指做好三门峡库区移民迁移工作。

（11）向国家防总报告防汛工作部署情况。

（12）做好"揭河底"冲刷观测和重大险情的抢险工作。

（13）陕西、山西小北干流河务局、三门峡库区管理局加强工程查险，密切注视河势、工情变化。

（14）黄河防总派出中游防汛工作组指导防汛和抢险工作。

（15）当潼关站洪水达到 1 500 m^3/s 时，黄防总办下达三门峡水库降低水位排沙调令。

2. 龙门站出现洪峰时

（1）黄防总办主任提请黄河防总常务副总指挥召开会商会，对水库运用和各类工情、险情、灾情等情况分析汇总报告，进行洪水调度、防洪指挥调度决策。

（2）黄河防总常务副总指挥向总指挥、副总指挥通报汛情和会商结果。

（3）分析龙门站流量过程，跟踪天气形势，分析后期来水变化；预报潼关站洪峰流量、水位。

（4）编发编号洪水通报，黄防总办主任核准后发布。

（5）通知各地防指加强防汛抢险和重点工程防守。

3. 龙门站洪水回落至 5 000 m^3/s 以下时

（1）通知陕西、山西省防指注意落水期险情抢护。

（2）通知各省防指及时统计上报险情、灾情，通信信息组按规定取消发布防汛手机"重大信息"，按规定发布防汛手机"日常信息"。

（3）向国家防总和本部总指挥、常务副总指挥、副总指挥报告洪水情况。

（三）龙门站发生 10 000~20 000 m^3/s 洪水

此级洪水黄河防汛处于紧急状态。

指挥调度重点是：防汛工作部署、防洪工程抢险、滩区迁安救护、水库防洪调度等。

1. 龙门站已发生 5 000~10 000 m^3/s 洪水,且有上涨趋势。预报龙门站出现 10 000~20 000 m^3/s 洪水时

(1)黄防总办主任提请黄河防总常务副总指挥召开会商会,研究工程防守、灾情预估及三门峡、小浪底水库调度意见。

(2)黄防总常务副总指挥向总指挥、副总指挥通报汛情和会商结果。

(3)通知陕西、山西、河南省防指按黄河洪水调度责任制要求加强防汛指挥力量,有关领导亲临一线指导抗洪。

(4)通知陕西、山西省小北干流河务局每 6 h 上报一次防汛情况。

(5)按照预案规定,黄河防总办通知下游豫鲁两省防指做好防御洪水部署工作。

(6)分析龙门站流量过程,预报潼关站洪峰流量,估算不同流量级的洪水总量、泥沙总量等。

(7)各级防指指挥人员组织抢险队伍全线防守,并及时安排受灾群众撤离淹没区。

(8)陕西、山西小北干流河务局做好"揭河底"冲刷的观测工作。

(9)对于发生险情的工程,陕西、山西小北干流河务局做好抢护工作;对于将要发生漫溢的工程,做好人员撤离的准备工作。

(10)通知陕西、山西两省防指对重要设施和重点防洪工程做好抢险准备。

2. 龙门站出现洪峰时

(1)水情组分析龙门站流量过程,跟踪天气形势,分析后期来水变化。

(2)龙门站出现洪峰后,预报潼关站洪峰流量、洪量。

(3)编发编号洪水通报,黄河防总常务副总指挥核准后发布。

(4)通知各地防指加强防汛抢险和重点工程防守。

(5)黄河防总常务副总指挥向总指挥、副总指挥通报汛情。

3. 龙门站洪水回落至 10 000 m^3/s 时

(1)通知加强工程险情观测,密切注意河势变化。

(2)通知陕西、山西省防指对于护岸工程要注意查险,并做好抢险准备。

4.龙门站洪水回落至 5 000 m³/s 时

(1)通知各地防指组织滩区救护及排水。

(2)通知陕西、山西防指注意落水期险情抢护。

(3)通知各省防指及时统计上报险情、灾情,信息组按规定恢复发布防汛手机"日常信息"。

(4)向国家防总和本部总指挥、常务副总指挥、副总指挥报告洪水情况。

(5)通知各地加强卫生防疫工作。

(四)龙门站发生超标准洪水

此级洪水黄河中游防汛处于十分紧急状态。山西、陕西省要进行区域性全民动员,军民联防,全力抗洪抢险,尽量减少滩区、库区人员伤亡。

指挥调度重点是:防汛工作部署、防洪工程抢险、滩区迁安救护、水库防洪调度等。

黄河中游支流渭河洪水分为三级:①华县站 3 000 m³/s 以下;②华县站 3 000 ~ 5 000 m³/s;③华县站 5 000 m³/s 以上洪水。

(五)华县站 3 000 m³/s 以下洪水

此级洪水渭河下游防汛处于戒备状态。

指挥调度重点是:部署渭河下游防汛工作。

(1)黄河防总提请陕西防指密切关注渭河下游水情、工情、险情变化,安排部署该河段防洪工作。

(2)陕西三门峡库区管理局全体工作人员进入戒备工作状态。

(3)陕西河务局向当地防指通报汛情,提请撤出滩区低洼、夹槽和串沟内所有人员。

(4)加强工程查险,密切注视河势、工情变化。

(5)预报华县站流量接近 3 000 m³/s 时,黄防总办主任或副主任主持召开防汛会商会议,研究部署下游防汛抗洪工作。根据花园口站以上来水、来沙及小浪底水库蓄水情况,确定黄河下游防洪调度或调水调沙运用。

(6)水文部门预报、监测华县、潼关站流量、含沙量。

(六)华县站发生 3 000 ~ 5 000 m³/s 洪水

此级洪水渭河防汛处于严重状态。

指挥调度重点是:防汛工作部署、防洪工程抢险、滩区迁安救护、水库防洪调度等。

华县站已发生 3 000 m^3/s 洪水,且有上涨趋势。

1.预报华县站出现 3 000~5 000 m^3/s 时

(1)黄防总办主任提请黄河防总常务副总指挥召开防汛会商会议,分析天气形势;研究部署渭河和黄河下游防汛抗洪工作。根据来水和水库蓄水情况,确定按防洪调度运用或按调水调沙调度运用。

(2)黄河防总常务副总指挥向总指挥、副总指挥通报汛情和会商结果。提请陕西防指宣布渭河防汛处于严重状态。

(3)若按防洪运用调度,通知启动汛期工作机制,要求各职能组按汛期分工做好启动准备工作。若按调水调沙调度,通知启动调水调沙工作机制。

(4)密切注视天气、雨情、水情变化;滚动预报华县、潼关站洪峰流量、含沙量和洪水位及洪水演进情况。

(5)滚动发布洪水通告,按规定增发防汛手机"重大信息"。

(6)黄防总办主任每天定时组织会商会,对水库调度、工程防守、抢险料物调度和灾情预估等进行会商,提出工作部署意见。

(7)通知陕西省防指做好渭河防汛抢险工作。

(8)通知河南、山东两省防指做好黄河下游滩区内可能被淹没的人员及居住在村台以下的群众撤离准备工作。

(9)通知陕西省防指做好三门峡库区的移民迁移工作。

(10)向国家防总报告防汛工作部署情况。

(11)陕西黄河河务局、三门峡库区管理局加强工程查险,密切注视河势、工情变化。

(12)通知小浪底、三门峡水库管理单位做好水库运用准备工作。

(13)黄河防总派出中游防汛工作组指导防汛和抢险工作。

(14)当潼关站洪水达到 1 500 m^3/s 时,黄防总办下达三门峡水库降低水位排沙调令。

2.华县站出现洪峰时

(1)黄河防总常务副总指挥主持黄河防总会商会,对渭河下游、三门峡、水浪底水库运用、黄河下游等防洪形势进行分析,提出指挥调度决策意见。

(2)黄河防总常务副总指挥向总指挥、副总指挥通报汛情和会商结果。

(3)分析龙门、华县、潼关站流量、含沙量变化过程,跟踪天气形势,分析后期来水变化;预报华县、潼关站流量、含沙量。

(4)通知各防指加强防汛抢险和重点工程防守。

(5)加强小浪底水库实施调度工作。

3. 华县站洪水回落至 3 000 m³/s 以下时

(1)通知陕西省防指注意落水期险情抢护,及时统计上报险情、灾情。

(2)向国家防总和本部总指挥、常务副总指挥、副总指挥报告洪水情况。

(七)华县站发生 5 000 m³/s 以上洪水

此级洪水渭河下游防汛处于十分紧急状态。陕西省防指要进行全民动员,军民联防,全力抗洪抢险,尽量减少渭河滩区、库区人员伤亡。同时,提请河南、山东两省防指部署黄河下游防汛工作。

指挥调度重点是:防汛工作部署、防洪工程抢险、渭河滩区、三门峡库区迁安救护、水库防洪调度、黄河下游防汛工作部署等。

五、黄河调水调沙调度

黄防总办根据实际河道水情、未来几天来水预报和水库蓄水情况,研究是否进行调水调沙运用。若满足,即进行调水调沙,按以下调水调沙工作程序运行:

(1)接到花园口站 4 000 m³/s 以下或 4 000 ~ 8 000 m³/s 的参考预报时,黄防总办主任提请常务副总指挥召开会商会议,根据来水和水库蓄水情况,确定调水调沙时机、部署调水调沙工作。

(2)黄防总办向调水调沙各工作组及有关单位发出通知,进入调水调沙工作运行机制,各工作组负责人及相关人员立即上岗到位。

(3)下达小浪底水库调水调沙命令。

(4)小浪底建管局根据调令要求下泄流量和出库含沙量,进行孔洞组合配水配沙。

（5）每天定时召开会商会议,听取各工作组汇报,根据每天的水沙变化情况,研究调整意见。

（6）预测小浪底库区产生异重流或浑水水库等重大情况时,提请调水调沙总指挥部召开临时会商会议,对异重流或浑水水库等重大问题进行决策。

（7）做好调水调沙观测、分析和后评估工作。

六、东平湖滞洪区调度

利用东平湖分滞黄河洪水,取决于黄河洪水量级、汶河来水量。

根据黄河下游洪水调度预案,花园口站发生 13 000 ~ 15 000 m^3/s 洪水,相应孙口站洪峰流量为 10 500 ~ 13 000 m^3/s,需运用东平湖老湖分滞黄河洪水;花园口站发生超过 15 000 m^3/s 洪水,相应孙口站洪峰可能超过 13 000 m^3/s 的洪水,需运用东平湖新湖或全湖分滞黄河洪水。

分洪后控制艾山流量不大于 10 000 m^3/s。当黄庄站水位低于东平湖水位时,东平湖开始退水入黄,控制艾山流量不大于 10 000 m^3/s,或相机运用司垓闸向南四湖退水。

（一）花园口站 10 000 ~ 15 000 m^3/s **量级洪水**

1. *接到花园口站警报预报*

（1）黄防总办主任提请黄河防总常务副总指挥召开防汛会商会议,会商东平湖运用意见。

（2）通知山东省防指做好东平湖分洪运用准备。

2. *接到花园口站参考预报*

（1）黄防总办主任提请黄河防总常务副总指挥主持召开防汛会商会议,确定东平湖分洪意见。黄河防总总指挥在黄防总办听取汛情汇报。

（2）通知山东省防指做好东平湖老湖分洪运用准备和群众迁移安置工作,并上报黄河防总。

3. *接到花园口站正式预报*

（1）黄河防总总指挥主持召开防汛会商会议,重点研究确定东平湖分洪意见。

（2）黄河防总和山东省人民政府确定东平湖分洪运用意见。山东省人民政府接到黄河防总意见后 2 h 内回复。运用东平湖分洪决定后,黄

河防总向山东省防指下达准备运用东平湖的通知。山东省防指开始实施东平湖运用的各项准备工作,40 h内完成老湖撤迁任务;24 h内做好闸门操作运用准备;24 h内做好金山坝等行洪障碍破口准备工作。

(3)山东省防指组织防守队伍,做好林辛、十里堡分洪闸前围堰破除前的防守工作,并做好破除的准备工作。

(4)山东省防指对东平湖湖区群众迁安工作部署情况进行复查,保证按方案分洪。

4.高村站出现洪峰时

(1)山东省黄防办根据黄河防总下达的东平湖分洪预令,研究确定东平湖运用实施方案。及时向黄河防总报告东平湖抗洪工作。

(2)山东省防指下达破除林辛、十里堡分洪闸前围堰的命令,东平湖防指按山东省防指要求在6 h内完成闸前围堰破除工作。

5.预报2 h后孙口站流量将超过10 000 m³/s时

(1)山东省防指下达开启林辛闸分洪的命令,并提出分洪控制运用指标。

(2)山东省防指将进湖闸的闸门开启情况、过闸流量、各观测站的水位、闸后流态、分洪闸运行状态等情况上报黄河防总。

(3)做好孙口至艾山间的洪水测报工作,并根据黄庄站水位,逐时分析分洪后黄庄站流量,为控制艾山站下泄流量不超过控制指标提供依据。

6.预报2 h后孙口站流量将超过11 500 m³/s时

山东省防指下达开启十里堡闸分洪的命令,并提出分洪控制运用指标,东平湖防指组织实施。

7.孙口站出现13 500 m³/s的流量时

林辛、十里堡两闸分洪流量将达到设计指标,东平湖防指要加强分洪闸运行情况观测,确保分洪正确及运用安全。

8.孙口站流量降至11 500 m³/s时

山东省防指下达关闭十里堡闸停止分洪的命令,东平湖防指按要求完成关闸任务。

9.孙口站流量降至10 000 m³/s时

山东省防指下达关闭林辛闸停止分洪的命令,东平湖防指按要求完成关闸任务。

10. 当艾山站流量降至 10 000 m³/s 以下时

（1）通知山东省防指根据孙口站、艾山站流量,确定陈山口、清河门出湖闸的退水时机及控制运用指标及时开闸退水。

（2）各出湖、退水闸的运用情况,及时上报黄防总办。

11. 当东平湖水位回落至警戒水位以下时

东平湖分洪调度运用结束。

（二）花园口站发生 15 000～22 000 m³/s 量级洪水

1. 接到花园口站警报预报

（1）黄河防总常务副总指挥提请黄河防总总指挥召开防汛会商会议,会商东平湖运用意见。

（2）通知山东省防指做好东平湖分洪运用准备。

2. 接到花园口站参考预报

通知山东省防指做好东平湖分洪运用准备和群众迁移安置工作,并按规定时间上报黄河防总。

3. 接到花园口站正式预报

（1）黄河防总总指挥主持召开防汛会商会议,研究确定东平湖分洪意见。

（2）黄河防总商山东省人民政府确定东平湖分洪运用意见。山东省人民政府接到黄河防总意见后 2 h 内回复。运用东平湖分洪决定后,黄河防总向山东省防指下达准备运用东平湖的通知。山东省防指开始实施东平湖运用的各项准备工作,40 h 内完成新、老湖撤迁任务;24 h 内做好闸门操作运用准备;24 h 内做好金山坝等行洪障碍破口准备工作。

（3）山东省防指组织防守队伍,做好石洼、林辛、十里堡分洪闸前围堰破除前的防守工作,并做好破除的准备工作。

（4）山东省防指对东平湖湖区群众迁安工作部署情况进行复查,保证按方案分洪。

4. 高村站出现洪峰时

山东省黄防办根据黄河防总下达的东平湖分洪预令,研究确定东平湖运用实施方案。及时向黄河防总报告东平湖抗洪工作。

5. 孙口站流量上涨到 8 000 m³/s 时

山东省防指下达破除石洼分洪闸闸前围堰的命令,要求在 6 h 内完

成破除工作;东平湖湖区撤迁限 10 h 完成;6 h 内完成金山坝等行洪障碍的破口工作。

6. 预报 2 h 后孙口站流量将超过 10 000 m³/s 时

(1)山东省防指下达石洼闸开闸分洪命令。

(2)山东省防指下达破除林辛、十里堡分洪闸闸前围堰的命令,要求在 6 h 内完成破除工作。

(3)山东省防指将进湖闸的闸门开启情况、过闸流量、各观测站的水位、闸后流态、分洪闸运行状态等情况,上报黄防总办。

(4)做好孙口至艾山间的洪水测报工作,并根据黄庄站水位,逐时分析分洪后黄庄站流量,为控制艾山站下泄流量不超过控制指标提供依据。

(5)预报 2 h 后孙口站流量将超过 15 000 m³/s 时,山东省防指下达开启林辛闸分洪的命令,并提出分洪控制运用指标,东平湖防指组织实施。

7. 预报孙口站流量 2 h 后将超过 16 500 m³/s 时

(1)山东省防指下达开启十里堡闸分洪的命令,并提出分洪控制运用指标,东平湖防指组织实施。

(2)山东省防指根据确定的运用方案,视情下达二级湖堤破口或二级湖堤八里湾闸开闸命令,东平湖防指组织实施。

8. 孙口站流量降至 16 500 m³/s 时

山东省防指下达关闭十里堡闸的命令。

9. 孙口站流量降至 15 000 m³/s 时

山东省防指下达关闭林辛闸的命令。

10. 孙口站流量降至 10 000 m³/s 时

山东省防指下达关闭石洼分洪闸停止分洪的命令。

11. 当艾山站流量降至 10 000 m³/s 以下时

(1)黄河防总通知山东省防指根据孙口、艾山站流量,确定陈山口、清河门出湖闸的退水时机及控制运用指标,及时开闸退水;下达开启司垓闸向南四湖退水的命令。

(2)各出湖、退水闸的运用情况,上报黄防总办。

(3)通知山东省防指加强湖水位回落期间的工程防守与抢险。

12. 当东平湖水位回落至警戒水位以下时

东平湖分洪调度运用结束。东平湖防指继续做好堤坝的防守抢险。

七、附则

（1）本调度规程是根据已知的典型洪水过程分析而拟定的，由于黄河中下游来水、来沙的复杂性和多变性，在洪水期间需要根据调度规程，加强实时调度。

（2）本规程由黄河防汛总办公室负责解释。

（3）本规程自发布之日执行。

附录二

山东省黄河洪水调度规程

一、总则

（1）为使各单位在洪水调度中分工明确、责任落实、程序规范、科学合理，做到工作不错、不误、不漏，临危不乱，确保黄河防洪安全，根据上级有关规定和要求，结合山东省黄河防汛的实际情况，特制定本调度规程。

（2）根据《中华人民共和国防洪法》的规定精神，黄河防洪实行流域管理与区域管理相结合。本调度程序服从国务院批转原水利电力部《关于黄河、长江、淮河、永定河防御特大洪水方案的报告》。

（3）本规程的制定遵循一般洪水的规律，特殊情况需加强实时调度。当黄河发生高含沙洪水，有可能出现异常高水位时，可视水位情况，提高洪水调度运用档次。

（4）本规程是山东省抗御黄河洪水指挥决策的依据，各级防指应熟练掌握并认真执行。

二、黄河下游洪水来源

黄河下游洪水来源主要有五个地区，即上游的兰州以上地区，中游的河口镇至龙门区间、龙门至三门峡区间、三门峡至花园口区间（分别简称河龙间、龙三间、三花间），以及下游的汶河流域。其中，中游的三个地区是最主要的洪水来源区，但一般不同时遭遇，来水主要有以下三种情况：一是三门峡以上来水为主形成的大洪水，简称上大型洪水，如1933年洪水。它的特点是洪峰高、洪量大、含沙量也大，对黄河下游威胁严重。二是三花间来水为主形成的大洪水，简称下大型洪水，如1958年洪水。它的特点是洪水涨势猛、洪峰高、含沙量小、预见期短，对黄河下游防洪威胁最为严重。三是以三门峡以上的龙三间和三门峡以下的三花间共同来水形成的大洪水,简称上下较大型洪水,如 1957 年、1964 年洪水。它的特点是洪峰较低,历时较长,对黄河下游防洪也有相当威胁。上游地区的洪水洪峰小、历时长、含沙量小,与黄河中游和下游的大洪水均不遭遇。汶河大洪水与黄河大洪水一般不会相遇,但黄河的大洪水与汶河的中等洪水有遭遇的可能。汶河洪峰形状尖瘦、含沙量小,除威胁大清河及东平湖堤防安全外,当与黄河洪水相遇时,影响东平湖对黄河洪水的分滞洪量,从而增加了山东黄河窄河段的防洪压力。

三、山东省黄河防洪任务与各级洪水的处理原则

(一)山东省黄河防洪任务

国务院规定山东省黄河防洪任务为:防御花园口站 22 000 m³/s 洪水,经东平湖分洪,控制艾山站下泄流量不超过 10 000 m³/s,确保堤防安全,遇超标准洪水,尽最大努力缩小灾害。东平湖蓄洪水位为保证 44.0 m,争取 44.5 m,大清河防御尚流泽站 7 000 m³/s,确保南堤安全。

(二)各级洪水处理原则

山东黄河洪水的处理原则是:对防御标准内的洪水,首先要充分利用河道排泄,对超过河道排洪能力的部分,据情运用东平湖水库分滞洪水;对超标准洪水,除采取以上措施和运用北金堤滞洪区等工程分滞洪水外,还需据情运用北展宽区分滞洪水,牺牲局部,保全大局,尽量减少洪水灾害。

大清河及东平湖洪水的处理原则是:大清河防御标准以内的洪水,充分利用河道汇入东平湖老湖。东平湖水库分滞黄、汶河洪水时,应充分发挥老湖的调蓄能力,尽量不用新湖;当老湖确不能满足分滞洪要求,需新老湖并用时,应先用新湖分滞黄河洪水,以减少老湖淤积。具体分以下几种情况。

(1)花园口站发生小于 10 000 m³/s 的洪水,利用河道排泄入海。

(2)当花园口站发生 10 000 ~ 15 000 m³/s 的洪峰,相应孙口站洪峰流量 7 500 ~ 12 300 m³/s,除充分利用河道排泄外,需视孙口站洪峰和汶河来水情况,确定东平湖运用方式,控制艾山站下泄流量不超过 10 000 m³/s。

①若洪峰较瘦,孙口站洪峰流量不超过 10 000 m³/s,充分利用河道排泄入海。

②如孙口站大于 10 000 m³/s 以上水量较小,且汶河来水也较小,只用老湖分滞黄河来水。

③如洪峰较胖、孙口站大于 10 000 m³/s 以上水量较多,且汶河来水量也较大,仅用老湖不能满足分滞洪需要时,为了减少老湖淤积,采用老湖蓄汶河来水,新湖蓄黄河洪水或全湖运用(破二级湖堤)的方式。

(3)当花园口站发生 15 000 ~ 22 000 m³/s 的洪峰,相应孙口站洪峰流量 12 300 ~ 17 500 m³/s 时,需视孙口站洪峰流量大于 10 000 m³/s 以上的水量及汶河来水情况,确定东平湖运用方式,控制艾山站下泄流量不超过 10 000 m³/s。

①如孙口站洪峰流量小于 13 500 m³/s,且 10 000 m³/s 以上水量和汶河来水仅老湖就能满足滞洪要求时,可只用老湖分滞黄河洪水。

②如孙口站洪峰流量小于 13 500 m³/s,但 10 000 m³/s 以上的水量和汶河来水老湖不能满足滞洪要求时,可采用老湖滞蓄汶河来水,新湖滞蓄黄河来水或全湖运用(破二级湖堤)。

③如孙口站洪峰流量为 13 500 ~ 15 000 m³/s,且 10 000 m³/s 以上的水量仅新湖就能满足滞洪要求时,可只用新湖分滞黄河洪水,老湖滞蓄汶河来水或全湖运用(破二级湖堤)。

④如孙口站洪峰流量为 15 000 ~ 17 500 m³/s,采用新、老湖并用或全湖运用(破二级湖堤)。

(4)当花园口站发生 22 000 m³/s 以上的超标准洪水时,除采取东平湖全湖运用及充分利用河道排泄外,在运用北金堤滞洪区的前提下,还需根据艾山站的洪水情况,确定北展宽区的分洪运用方式,控制泺口站下泄流量。

①若运用东平湖水库、北金堤滞洪区、大功分洪区后,艾山站洪峰流量超过 10 000 m³/s,但 10 000 m³/s 以上洪量小于 4.7 亿 m³,采取"临时滞洪、峰后排水"的运用方式。

②若艾山站 10 000 m³/s 以上的洪量大于 4.7 亿 m³,采用"边分洪,边泄流"的运用方式,适时开启大吴闸向徒骇河泄洪,以保证八里庄水位

240

不超过 31.58 m。

（5）当汶河发生较大洪水，黄河孙口站洪水流量小于 10 000 m³/s 时，根据汶河洪水洪量及出湖能力，确定只用老湖或全湖运用。

四、分滞洪工程调度的批准权限与组织实施

（1）东平湖水库分洪运用由黄河防总商山东省人民政府确定。分洪运用命令和泄洪命令，由黄河防总总指挥或常务副总指挥签发，具体调度由山东省防指组织实施。利用司垓闸向南四湖退水，由黄河防总提出运用意见，报经国家防总批准，由黄河防总总指挥或常务副总指挥签发，山东省防指负责组织实施。东平湖水库分、泄洪闸的控制运用，闸前围堰和二级湖堤的爆破，由东平湖防指具体负责。

（2）北金堤滞洪区分洪运用，由黄河防总提出运用意见，报国务院批准后，河南省防指负责实施。分洪运用命令和张庄闸泄洪命令，由黄河防总总指挥签发。

（3）北展宽区分洪运用由黄河防总商山东省人民政府确定。由黄河防总总指挥签发分洪命令，山东省防指组织实施。通过大吴泄洪闸向徒骇河泄洪，由省防指下达命令，济南市防指负责实施。齐济河西堤和邢家渡干渠西堤的抢修、防守分别由德州、济南市防指负责。北展宽堤铁路缺口闸的堵复和徒骇河南堤缺口的爆破由济南市防指负责。

五、防汛队伍、料物的调度

（一）防汛队伍的使用原则和权限

黄河防汛队伍的使用，原则上以各辖区自我防守抢护为主，按民兵管理模式，就近成建制上防，先上一线，后上二、三线；对于重点河段、重要工程、险点险段及抢大险时，可加强防守抢护力量或组成强大预备队跨地区支援。基干班上堤数量根据堤根水深、水位、后续洪水和堤防强度而定，并经过上级防指批准（见附表2-1）。抢险队、护闸队、照明班等其他群众防汛队伍，根据洪水偎堤及出险情况上堤参加防守抢险。群众防汛队伍上堤情况要逐级上报省黄河防汛办公室备案。防汛队伍撤防的审批权限与上防审批权限相同。

附表 2-1　基干班上防标准及批准权限

堤根水深(m)		0.5~2	2~3	3 以上
上防班数(班/km)	陶城铺以上	2~3	3~8	8~14
	陶城铺以下	1~2	2~6	6~12
批准权限	县(市、区)防指	市(地)防指	省防指	

省属黄河专业机动抢险队由省黄河防汛办公室调动。一般情况下,抢险队负责各自抢险责任范围内的险情抢护,特殊情况,可在全省范围内调动。

请求解放军支援的程序:由所在地防汛抗旱指挥部提出请求,逐级上报至省防指,由省防指与省军区和济南军区协商,由济南军区调动。

(二)防汛抢险物料的储备与使用

黄河防汛物资的储备由三部分组成,即黄河部门防汛常备物资储备、机关团体防汛物资储备和群众防汛物资储备。

防汛常备物资是防洪工程抢险和直接为防汛抢险服务所需的物资,动用时必须按照审批权限办理。一般险情,按批准的抢险电报动用;遇重大紧急险情,可边用料、边报告。坝岸工程一次抢险用石 150 m^3 以上或一次投资 3 万元以上的,报省黄河防汛办公室批准。根据洪水和出险情况,预计抢险用料超过储备数量时,要提前向上级报告,申请补充,由省防指负责申请动用全省和中央防汛物资储备。省属专业机动抢险队配备的设备、物料和省黄河河务局物资储备中心储备的物资及全地形特种抢险车,由省黄河防汛办公室统一调度。

机关团体及群众备料,由各级政府防汛抗旱指挥部根据需要调用。

六、省防指成员单位及有关部门的黄河防汛职责、任务

省河务局:负责全省黄河防汛抢险的日常工作。

来大洪水时,分成 7 个职能组开展工作。综合组及时掌握防汛情况,根据汛情变化适时提出防洪部署意见;水情组根据黄河防总的水情预报和花园口站流量,预测山东省黄河各站水情,根据上游站洪峰流量,预测下游站水情,发布水情通报,并根据黄河水量情况提出东平湖水库是否运

用的初步意见;工情组及时掌握河势、工情的发展变化,预估防洪工程可能发生的险情,并提出相应的对策,及时处理工程抢险的有关问题;财物供应组及时组织物料调拨,补充库存,批复物料申请电报,需要地方调拨物资时,提出方案由副指挥签发调拨;灾情组及时分析预估漫滩形势,掌握漫滩、受灾情况,做好漫滩受灾统计工作;后勤保障组负责局机关抗洪的后勤保障;政宣组负责搞好防汛宣传发动。同时将根据汛情派出抢险工作组到现场指导抢险。山东黄河水文水资源局(简称水文局)负责山东黄河河道各水文(位)站的水情测报。

省水利厅:了解黄河防汛情况,发生大洪水时,及时给予支援。山东省水文水资源局负责汶河戴村坝站的水情测报和洪水预报。

省建设厅:负责黄河滩区、蓄滞洪区群众灾后重建工作。

省气象局:负责暴雨、台风和异常天气的监测,及时向省政府、省防指和省黄河防办提供长期、中期、短期气象预报和天气公报。

省电力局:负责保证防汛机构防洪工程和防洪抢险所需电力供应。

省电信局:负责为防汛部门提供优先通话和邮发水情电报的条件,在黄河专用通信网不能满足要求时,根据省防指的要求时限,提供通信保障,保证通信畅通。

省物资集团总公司、省商业集团总公司、省供销社:负责防汛抢险物资的筹集和供应。

省交通厅、济南铁路局、省民航局:负责为抢险和撤离人员提供所需的车辆、船舶、飞机等运输工具,汛期保证优先运送防汛抢险人员和物料。省交通厅还应保障防汛专用车辆交通畅通。

省民政厅:负责黄河滩区、蓄滞洪区等区域的群众灾后救济工作,及时统计灾情,向防汛抗旱指挥部及黄河防汛办公室报告、通报情况。

省卫生厅:负责组织灾区卫生防疫和医疗救护工作。

省公安厅:负责抗洪抢险的治安管理和安全保卫工作。对破坏防洪工程、水文测报和通信设施以及盗窃防汛物资的案件,及时侦破,依法严惩。在紧急防汛期间,维护水事和交通秩序,保证防汛车辆优先通行。

省广播电视厅、大众日报社:负责做好防汛宣传和重要天气形势、汛情及防汛指令的发布工作。

胜利石油管理局:负责所辖油田及工程设施、职工的防洪保安工作。

解放军驻鲁部队和省武警总队:担负黄河防洪抢险、营救群众、转移物资等"急、难、险、重"的抗洪任务。

其他成员单位和有关部门都要积极主动做好相应工作。

七、防御花园口站各级洪水实施步骤

山东省防御黄河洪水的处理实施步骤,按洪水大小分为六级:①花园口站4 000 m³/s以下;②花园口站4 000～6 000 m³/s;③花园口站6 000～10 000 m³/s;④花园口站10 000～15 000 m³/s;⑤花园口站15 000～22 000 m³/s;⑥花园口站22 000 m³/s以上超标准洪水。对每级洪水,都要明确防汛调度责任分工,采取相应的调度措施及实施步骤。

(一)花园口站发生4 000 m³/s以下洪水

花园口站4 000 m³/s以下洪水,山东省河道除少量低滩区可能串水外,洪水通过河槽排泄,防汛处于正常状态。日常防汛工作由山东黄河河务局(简称省河务局)负责,即由省黄河防汛办公室(简称省黄防办)成员单位(部门)负责。

(二)花园口站发生4 000～6 000 m³/s洪水

此级洪水进入山东省河道流量一般2 000～4 000 m³/s,如流量较大,山东省部分滩区漫滩,部分堤根偎水,大部河段超过警戒水位,防汛处于警戒状态。防洪调度主要由省河务局负责。

1.防汛调度责任分工

(1)调度责任人:省河务局局长(省防指副指挥)、分管副局长(省黄防办主任)。主持召开防洪会商会议,研究部署防汛工作;签发各种调度命令;向黄河防总、省委、省政府报告黄河防汛情况。

(2)汇报责任人:省河务局防办主任。接到花园口站洪水预报后,防办2 h内提出防洪部署意见,提交会商会议讨论。

(3)会商地点:省河务局防洪指挥中心。

(4)参加人员:省河务局各局长、总工;省黄防办成员单位主要负责人;其他人员另行通知。

(5)汇报内容:防汛办公室提供雨情、水情,洪水预报,防洪部署意见;工管处提供出险、抢险的情况,预估可能出现的险情及对策;财经处提出料物供应及安排意见;水文局提出洪水测报意见;通信处准备通信保障意见。省黄防办其他成员单位按照各自的防汛职责,准备相应的防汛工作意见。

会商结果按调度责任人指示办理。

2.调度措施及实施步骤

1)花园口站出现 4 000 m³/s 洪水,预报花园口出现 6 000 m³/s 洪峰时

(1)省河务局负责防洪调度,防汛办公室、工管处、工务处、财经处和移民办公室夜间安排专人在本处(室)值班。防汛办公室根据黄委水文局雨情、水情预报,分析洪水到达山东省河道的表现及漫滩范围预估,及时向局长报告,发布水情通报。

(2)各市(地)防指做好防洪抢险准备,复查清障情况,落实滩区群众迁安救护措施。

(3)各级黄防办领导坚守岗位,县级黄河河务部门加强工程检查、河势工情观测,专业抢险队做好抢险准备。

(4)各级黄防办密切联系,及时通告情况,处理有关防汛问题。

2)花园口站出现 6 000 m³/s 洪峰时

(1)省河务局组成综合、水情、工情、灾情四个职能组,负责防汛工作。财经处做好料物供应,夜间两人以上值班,办公室、机关服务处安排人昼夜值班。水情组根据花园口站水情预测山东省各站水情,发布水情通报,其他各职能组按照各自的职责,及时分析、掌握情况,预估可能出现的问题,提出相应的措施意见,部署防汛工作。

(2)各市、地防指常务副指挥坐镇本级黄防办指挥。县级防指负责组织好滩区群众迁安救护工作。东平湖防指适时采取措施,防止东平湖水库入黄河道的淤积。

(3)群众防汛队伍做好上堤防守准备,根据水情适时上防,上防人数和审批权限按《山东省黄河防汛管理规定》执行。驻守险工、控导工程的人员严守岗位,及时查险。机动抢险队做好随时抢险的准备。

3)高村站出现洪峰时

(1)水情组及时做出高村以下各站流量、水位、峰现时间预估,发布水情通报。其他各职能组按照各自的职责,及时分析、掌握情况,预估可能出现的问题,提出相应的措施意见,部署防汛工作。

(2)各市(地)防指根据洪水情况,及时组织群众队伍上防。对可能漫顶的控导(护滩)工程做好防护工作,人员适时撤离。胜利石油管理局落实可能漫水油井的防护措施,人员撤离。

(3)各级黄防办逐级保持密切联系,及时通报防汛情况,省黄防办汇总报黄防总办和省政府。

(三)花园口站发生 6 000~10 000 m³/s 洪水

此级洪水到达山东省高村站一般为 5 000~8 000 m³/s,山东省滩区将大部分漫滩,高水位持续时间长,防汛处于紧张状态。

1.防汛调度责任分工

(1)调度责任人:省防指常务副指挥(副省长)、副指挥(省河务局局长)。主持召开防洪会商会议;处理有关抗洪抢险事宜;签发防洪调度命令;向黄河防总、省委、省政府报告抗洪抢险工作情况。

(2)汇报责任人:省黄防办主任。接到花园口站水情预报后,省黄河防办 2 h 内提出水工情分析、滩区群众搬迁、工程防守抢险、物资供应等方面的意见,提交会商会议讨论。

(3)会商地点:省河务局防洪指挥中心。

(4)参加人员:省防指各副指挥、部分防指成员单位负责人;省河务局各局长、总工、各职能组负责人;其他单位和人员另行通知。

(5)汇报内容:水情组准备雨情、水情及洪水演进、峰现时间预测;工情组准备河势、工情、险情预测,计算抢险用料及对可能出现险情的防御措施;财务物资组准备防汛物料储备分布情况及筹集运送意见;灾情组准备滩区漫滩受灾预估;综合组准备防守、抢险、救灾等全面情况。

会商结果由调度责任人决定是否向黄河防总、省委、省政府报告。

2.调度措施及实施步骤

1)花园口站出现 4 000 m³/s 洪水,预报花园口站出现 6 000 m³/s 以上洪峰时

调度措施及实施步骤同花园口站 4 000~6 000 m³/s 洪水 1)。

2)花园口站出现 6 000 m³/s 洪水,预报花园口站出现 10 000 m³/s 洪水时

(1)省河务局按照防御大洪水机关人员安排成立综合组、水情组、工情组、灾情组、财物供应组、政宣组、后勤供应组开展工作。各职能组按照

分工,密切注视水情、河势、工情的发展变化,预估可能发生的问题,及时采取相应对策。

(2)各市、地防指常务副指挥坐镇本级黄防办指挥。县级防指负责组织好滩区群众迁安救护工作。东平湖防指适时做好东平湖水库入黄河道防淤措施。

(3)群众防汛队伍做好上堤防守准备,根据水情适时上防,上防人数和审批权限按《山东省黄河防汛管理规定》执行。驻守险工、控导工程的人员严守岗位,及时查险。机动抢险队随时做好抢险准备。

(4)各级黄防办逐级保持密切联系,及时通报防汛情况,全省黄河防汛情况由省黄防办汇总报黄河防总办和省政府。

3)花园口站出现 10 000 m^3/s 洪水时

(1)省防指常务副指挥坐镇省黄防办办公,随时与黄河防总保持密切联系。市(地)、县级防指指挥到本级黄防办坐镇指挥。省防指适时向防洪重点地区派出工作组指导抗洪抢险工作。

(2)省河务局水情组根据花园口站实际洪峰流量及黄河防总水情预报,及时预估山东省高村以下各站的洪峰流量、水位及峰现时间。其他各职能组按照各自的职责,密切注视河势、工情的发展变化,预估可能发生的问题,及时采取相应对策。

(3)省防指成员单位和有关部门按照各自的黄河防汛职责,做好所负责的防汛工作,保证抗洪抢险顺利进行。

(4)各市(地)防指要安排好工程的防守和物资调运。加强工程巡查和防守,尤其是加强险点险段的观测,必要时对重点险点险段进行加固。对可能漫顶的控导(护滩)工程,采取一定防护措施。对常备料物不足的,适时调集群众和社会团体筹备的料物。

(5)菏泽地区防指密切注视河势变化,做好防御横河、斜河、滚河的准备。东平湖防指密切注意汶河流域雨情、水情,做好大清河、东平湖工程防守工作,并采取措施,防止东平湖水库入黄河道淤积。

(6)各级黄防办逐级保持密切联系,及时通报防汛情况,全省黄河防汛情况由省黄防办汇总报黄河防总办和省政府。

4)高村站出现洪峰后

(1)省河务局水情组及时做出高村以下各站流量、水位、峰现时间预

估,发布水情通报。其他各职能组按照各自的职责,密切注视河势、工情的发展变化,预估可能发生的问题,及时采取相应对策。

(2)省防指成员单位按照各自的防汛职责,做好所负责的防汛工作,保证抗洪抢险顺利进行。

(3)各市(地)防指要安排好工程的防守和物资调运。加强水情测报,河势溜向观测,加强工程巡查和防守,尤其是加强险点险段的观测,必要时对重点险点险段进行加固。对可能漫顶的控导(护滩)工程,采取一定防护措施。对常备料物不足的,适时调集群众和社会团体筹备的料物。

(4)胜利石油管理局做好滩区油田的防守和人员撤离工作。预报泺口站流量超过 6 000 m^3/s 时,济南市防指采取措施,防止洪水通过腊山分洪道倒灌济南市区。

(5)各河段落水时,综合组提出加强各河段落水时的险情抢护、适时撤防的意见。

(四)花园口站发生 10 000 ~ 15 000 m^3/s 洪水

此级洪水山东省滩区全部漫滩,堤防全部偎水,防洪处于严重状态,为控制艾山站流量不超过 10 000 m^3/s,除充分利用河道排洪外,将根据洪水情况确定是否运用东平湖水库。

1. **防汛调度责任分工**

(1)调度责任人:省防指指挥、常务副指挥。主持召开防汛会商会议;部署抗洪抢险工作;研究东平湖水库是否运用及运用方式;签发各种调度命令、指示;向国家防总、黄河防总报告黄河抗洪抢险工作等。

(2)汇报责任人:副指挥(省河务局局长)、省黄防办主任。接到花园口站洪水预报后,省黄防办 2 h 内提出防洪部署初步意见,适时提出东平湖水库是否运用的意见,提交会商会议讨论。

(3)会商地点:省河务局防洪指挥中心。

(4)参加人员:省防指各副指挥、领导成员;省河务局各位局长、总工;省河务局机关各职能组负责人及主要水情预测人员;水文局、省河务局通信处负责人;其他人员另行通知。

(5)汇报内容:省黄防办准备雨情、水情及洪水预测,东平湖水库是否运用的建议方案;准备工情、险情、计算抢险用料及防御的主要措施;准备防汛物料储备分布情况及筹集运送意见;准备全面防汛情况及防汛部

署意见;省防指成员单位按照各自的防汛职责,准备防洪保障措施。

会商结果由调度责任人决定是否向上级报告。

2.调度措施及实施步骤

1)当花园口站出现 4 000 m³/s 洪水,预报花园口站出现 10 000 m³/s 以上洪水时

(1)省河务局按照防御大洪水机关人员安排成立综合组、水情组、工情组、灾情组、财物供应组、政宣组、后勤供应组开展工作。各职能组按照分工,密切注视水情、河势、工情的发展变化,预估可能发生的问题,及时采取相应对策,并及时通报情况。

(2)各市、地防指常务副指挥坐镇本级黄防办指挥,做好防洪抢险准备,复查清障情况,落实滩区安保措施。县级防指负责组织好滩区群众迁安救护工作,县级以上防指根据上级指示和水情,通过电视、广播和预警反馈系统发布预警警报,滩区群众做好迁安准备。东平湖防指适时做好东平湖水库入黄河道防淤措施。

(3)群众防汛队伍做好上堤防守准备,根据水情适时上防,上防人数和审批权限按《山东省黄河防汛管理规定》执行。驻守险工、控导工程的人员严守岗位,及时查险。机动抢险队随时做好抢险准备。

(4)各级黄防办逐级保持密切联系,及时通报防汛情况,全省防汛情况由省黄防办汇总报黄防总办和省政府。

2)花园口站出现 10 000 m³/s 洪水,洪水继续上涨时

(1)省防指常务副指挥在省黄防办办公,省防指指挥在省黄防办办公或不离开济南市,随时与黄河防总保持密切联系。省防指适时向防洪重点地区派出工作组,指导抗洪抢险。

(2)省河务局按照防御大洪水机关人员安排成立综合组、水情组、工情组、灾情组、财物供应组、政宣组、后勤供应组开展工作。水情组根据黄河防总的水情预报,预测山东省黄河水情,发布水情通报,提出东平湖水库是否运用的初步意见。其他各职能组按照分工,密切注视河势、工情、灾情的发展变化,预估可能发生的问题,及时采取相应措施,并及时通报情况。省防指成员单位和有关部门做好所负责的防汛工作,保证防汛抢险工作顺利实施。

(3)市(地)防指指挥在本级黄防办指挥抗洪斗争的同时,抽调 1~2

名副指挥赴一线指挥,并与指挥中心保持密切联系。县级政府全力做好滩区群众救护工作,泰安、济宁两市政府要做好东平湖区群众迁安准备。漫滩、人员迁安、灾情等要逐级报告省黄防办。济南市防指按方案组织腊山分洪道抢堵工作。胜利石油管理局对滩区油井要采取防守措施和做好紧急撤离的准备。

(4)及时调集群众防汛队伍上堤防守。加强险点险段的观测防守,必要时对重点险点险段及东平湖围坝进行加固。对可能漫顶的控导(护滩)工程采取防护措施。落实防汛料物储备地点和运输工具,对常备料物不足的,适时调集群众和社会团体筹备的料物。

(5)各级黄防办逐级保持密切联系,及时通报防汛情况,省黄防办汇总报黄防总办和省政府。

3)花园口站出现 15 000 m³/s 洪峰时

(1)省防指指挥、常务副指挥坐镇省黄防办指挥抗洪,济南军区、省军区分管防汛的领导亦在省黄防办办公。省防指组织若干工作组,由省级领导同志带队,分赴东明、东平湖、济南和河口地区,指挥分洪、抗洪工作。

(2)省河务局水情组根据花园口站洪峰流量和黄河防总水情预报,预估山东省各水文站的洪峰流量、水位及峰现时间,推算花园口站 10 000 m³/s 以上水量,提出东平湖水库分洪实施运用初步方案意见。综合组起草"山东省黄河抗洪抢险紧急动员令",由指挥签发。其他各职能组认真做好各自的工作。

(3)省防指成员单位和有关部门按照各自的职责,负责做好天气预报、物资供应、通信保障、电力供应、群众迁安救护、医疗卫生、交通运输等工作,保障防汛抢险工作的顺利实施。

(4)与黄河防总协商运用东平湖分洪及运用方式等有关问题,如运用东平湖分洪,泰安、济宁两市防指在 48 h 内做好一切分洪准备。

(5)按《山东省黄河防汛管理规定》落实群众防汛队伍的上防人数,落实堤段负责人;防汛值班部队第一梯队上堤防守,二、三梯队做好上防准备。加强对堤防、险工、涵闸等工程的防守,东明县防指做好防御滚河的准备。及时调集群众和社会团体筹备的料物,保证防汛抢险需要。

(6)各级黄防办加强汛情联系,紧急情况随时上报。省防指及时向

国家防总、黄河防总报告抗洪情况。

4）高村站出现洪峰后

（1）省河务局水情组根据高村站实际洪峰和黄河防总水情预报，推算出孙口站的洪峰流量和峰现时间及 10 000 m³/s 以上洪量，提出东平湖分洪运用方案。其他各职能组认真做好防御洪水的各项工作。

（2）省防指按省政府与黄河防总商定的东平湖分洪运用意见，通知东平湖防指破除闸前围埝。

（3）按需要增加上防队伍，上堤防守人员全力以赴，认真巡堤查险，及时抢护出现的各种险情，确保防洪工程安全。及时调集防汛料物，保证防汛抢险急需。

5）孙口站上涨至 10 000 m³/s 时

（1）孙口站流量大于 10 000 m³/s，需分洪时，省河务局水情组在 0.5 h 内提出分洪流量、分洪时机等，省防指下达命令，东平湖防指组织实施，并按要求及时上报分洪情况。东平湖水库调度决策程序、步骤见《东平湖水库分洪运用调度规程》。

（2）水文局负责做好孙口到艾山间的洪水测报工作，确保满足分洪运用和控制艾山站下泄流量的要求。根据孙口站的实际洪水过程、黄庄站水位等，省河务局水情组随时提出调整分洪流量的意见。

（3）各级防指加强工程的巡查和防守，及时抢护出现的各种险情，调集足够的防汛料物，保证抢险需要。东平湖水库防指安排足够的力量加强湖堤的防守，及时抢护出现的险情，确保湖堤安全。

（4）各级防指和黄防办加强汛情联系，紧急情况随时上报。省防指及时向国家防总、黄河防总报告分洪、抗洪情况。

6）孙口站流量回落到 10 000 m³/s 以下时

省河务局水情组适时提出东平湖停止分洪的意见，省防指下达命令，东平湖防指负责实施。水情组据情提出东平湖出湖闸开闸放水以凑泄艾山站下泄流量不超过 10 000 m³/s 的意见。其他各职能组做好所负责的工作。

7）当各河段流量回落时

省河务局综合组提出洪水回落期间各河段部署安排意见。各级防指仍需加强工程的巡查和防守，及时抢护落水时出现的坍塌、垮坝等险情，

及时修复水毁工程。

（五）花园口站发生 15 000 ~ 22 000 m³/s **洪水**

此级洪水到达山东省高村站流量可达 13 000 ~ 20 000 m³/s。为控制艾山站下泄流量不超过 10 000 m³/s，确定东平湖水库分洪时机及运用方式。防洪处于紧急状态。

1. 防汛调度责任分工

（1）调度责任人：省防指指挥、常务副指挥。主持召开防汛会商会议；部署抗洪抢险工作；研究东平湖水库运用及运用方式；签发各种调度命令、指示；向国家防总、黄河防总报告黄河抗洪抢险工作等。

（2）汇报责任人：省防指副指挥（省河务局局长）、省黄防办主任。接到花园口站洪水预报后，省黄河防办 2 h 内提出防洪部署初步意见、东平湖水库运用建议意见，提交会商会议讨论。

（3）会商地点：省河务局防洪指挥中心。

（4）参加人员：省防指各副指挥、领导成员。省河务局各位局长、总工；省河务局机关各职能组负责人及主要水情预测人员；水文局、省河务局通信处负责人；其他人员另行通知。

（5）汇报内容：省黄防办准备雨情、水情及洪水预测，东平湖水库运用的建议方案；准备工情、险情、计算抢险用料及防御的主要措施；准备防汛物料储备分布情况及筹集运送意见；准备全面防汛情况及防汛部署意见。省防指成员单位按照各自的防汛职责，准备防洪保障措施。会商结果由调度责任人决定是否向上级报告。

2. 调度措施及实施步骤

1）花园口站出现 4 000 m³/s 洪水，预报花园口出现 10 000 m³/s 以上洪水时

调度措施及实施步骤同花园口站 10 000 ~ 15 000 m³/s 洪水时 1）。

2）花园口站出现 10 000 m³/s 洪水，洪水继续上涨时

调度措施及实施步骤同花园口站 10 000 ~ 15 000 m³/s 洪水时 2）。

3）花园口站出现 15 000 m³/s 洪水，预报花园口站将发生 22 000 m³/s 洪水时

（1）省防指指挥坐镇省黄防办指挥抗洪，省防指常务副指挥、济南军区、省军区分管防汛的领导亦在省黄防办办公。省防指组织若干工作组，

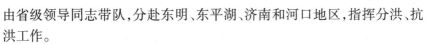

由省级领导同志带队,分赴东明、东平湖、济南和河口地区,指挥分洪、抗洪工作。

(2)省河务局按照防御大洪水机关人员安排成立综合组、水情组、工情组、灾情组、财物供应组、政宣组、后勤供应组开展工作。水情组根据黄河防总的水情预报,预测山东省黄河水情,发布水情通报,提出东平湖水库是否运用的初步意见。综合组起草"山东省黄河抗洪抢险紧急动员令",由省防指指挥签发。其他各职能组按照分工,密切注视河势、工情、灾情的发展变化,预估可能发生的问题,及时采取相应措施,并及时通报情况。

(3)省防指成员单位和有关部门按照各自的职责,负责做好天气预报、物资供应、通信保障、电力供应、群众迁安救护、医疗卫生、交通运输等工作,保障防汛抢险工作的顺利实施。

(4)与黄河防总协商东平湖水库分洪运用方式等有关问题,并根据确定的运用方式,及时组织库区群众搬迁,搬迁情况每4 h向省防指报告一次。

(5)市(地)防指指挥在本级黄防办指挥抗洪斗争的同时,抽调1～2名副指挥赴一线指挥,并与指挥中心保持密切联系。县级政府全力做好滩区群众救护工作。漫滩、人员迁安、灾情等要逐级报告省黄防办。济南市防指按方案组织腊山分洪道抢堵工作。胜利石油管理局对滩区油井要采取防守措施和做好紧急撤离的准备。

(6)及时调集一线群众防汛队伍上堤防守,落实堤段负责人,二、三线防汛队伍做好防汛抢险的准备。解放军防汛值班部队上堤防守,二、三梯队做好上防准备。加强对堤防、险工、涵闸和险点险段的观测防守,对重点险点险段及东平湖围坝进行加固,对可能漫顶的控导(护滩)工程采取防护措施。东明县防指做好防滚河的准备,鄄城、章丘、高青等县(市)做好防顺堤行洪的准备。加强防汛料物筹集和运输,保证防汛抢险需要,防汛石料、砂石料等用量大、不易运输的料物提前增加筹备。

(7)各级防指和黄河防办加强汛情联系,紧急情况随时上报。省防指及时向国家防总、黄河防总和省委、省政府报告抗洪情况。

4)花园口站出现22 000 m³/s洪峰时

(1)省委、省政府、济南军区、省军区主要领导同志到省黄防办指挥

抗洪斗争,并随时保持与国家防总、黄河防总的联系。

（2）二、三线群众防汛队伍做好上堤防守准备或根据命令上堤防守,解放军担负黄河防汛任务的第二梯队上堤执行抗洪抢险任务。

（3）省河务局水情组根据花园口站洪峰流量和黄河防总洪水预报,预估山东省各主要站洪峰流量、水位及峰现时间,提出确定东平湖运用分洪方案意见。进一步部署洪水测报工作,及时发布水情通报。工情组全面掌握河势工情变化,及时处理各种抢险问题。重要险情的抢险情况每2 h上报黄河防总一次。综合组全面掌握防汛情况,及时提出防洪部署意见,按要求及时上报防汛动态。财物供应组全面掌握抗洪抢险物资消耗及库存情况,及时提出抗洪抢险所需资金、物资的调运供应方案。灾情组及时掌握漫滩、受灾情况,做好漫滩受灾统计工作。宣传报道组做好政治思想和宣传发动工作,及时报道抗洪抢险先进集体、个人的事迹。

（4）省防指成员单位和有关部门按照各自的职责,负责做好物资供应、通信保障、电力供应、群众迁安救护、医疗卫生、交通运输等工作,保障防汛抢险工作的顺利实施。

（5）进一步加强工程的观测和防守,增加险工根石探摸次数,缺石严重的及时抛石、抛铅丝笼加固。做好东平湖区群众紧急迁移安置工作,东明等有关县继续做好防御滚河或顺堤行洪的准备。对出现的各种险情,要迅速、及时地加以抢护。

5）高村站出现洪峰时

（1）省河务局水情组根据高村站洪峰流量和黄河防总水情预报、推算出孙口站洪水过程和10 000 m^3/s以上洪量,进一步计算东平湖分洪运用方案。

（2）按省政府与黄河防总商定的东平湖分洪运用意见,破除闸前围埝,做好分洪前的一切准备。同时做好利用司垓闸向南四湖泄水的准备。

（3）一、二、三线群防队伍及解放军第三梯队依令上堤防守,确保工程安全。

6）孙口站流量涨至10 000 m^3/s时

（1）省黄河防办根据孙口站洪水过程,逐时提出东平湖新、老湖分洪流量,控制艾山站流量不超过10 000 m^3/s,起草开闸分洪命令,由省防指指挥或常务副指挥签发,东平湖防指组织实施。东平湖水库调度决策程序、步骤,按《东平湖水库防洪运用调度规程》执行。同时,及时向省委、省政府、黄河防总报告东平湖分洪情况。

(2)各级防指进一步加强工程的巡查和防守,及时抢护出现的各种险情,调集足够的防汛料物,保证抢险需要。东平湖水库防指安排足够的力量加强湖堤的防守。解放军驻鲁部队派出更多的兵力,支援东平湖水库的防守抢险。

(3)水文局负责做好孙口到艾山间的洪水测报工作,确保满足分洪运用和控制艾山站下泄流量的要求。根据孙口站的实际洪水过程、黄庄站水位等,省河务局水情组随时提出调整分洪流量的意见。

(4)公安、武警做好分洪实施过程的治安保卫工作,确保分洪顺利进行。其他有关单位和部门做好所负责的防汛工作。

(5)根据国家防总和黄河防总的指示,通知东平湖防指开启司垓闸向南四湖泄水,确保东平湖围堤安全。

(6)各级防指和黄防办加强汛情联系,紧急情况随时上报。省防指及时向国家防总、黄河防总报告分洪、抗洪情况。防守、迁安情况综合组每 2 h 向黄河防总报告一次。

7)孙口站流量回落到 10 000 m^3/s 以下时

(1)省河务局水情组适时提出东平湖停止分洪的意见,省防指领导审批后下达命令,东平湖防指负责实施。据情提出东平湖出湖闸开闸放水以凑泄艾山站下泄流量不超过 10 000 m^3/s 的意见。

(2)加强落水时工程的防守与抢险。孙口站以上堤线据情调整防守力量。

8)洪水全线回落时

省河务局综合组提出洪水回落期间各河段部署安排意见。各级防指仍需加强工程的巡查和防守,及时抢护落水时出现的坍塌、垮坝等险情,及时修复水毁工程。利津站流量回落至 5 000 m^3/s 以下时,防汛队伍视堤根偎水情况适时逐步撤防。

(六)花园口站发生 22 000 m^3/s 以上洪水

此级洪水超过现有防洪标准,山东省黄河防洪处于危急状态,需全民动员,决一死战。除运用东平湖分洪外,将根据水情确定是否运用北金堤滞洪区和北展宽区分滞洪水。

1.防汛调度责任分工

（1）调度责任人：省委书记、省长。主持召开防汛会商会议，部署抗洪抢险工作；研究东平湖水库运用及运用方式；研究确定北展宽区运用；签发各种调度命令、指示；向国家防总、黄河防总报告黄河抗洪抢险工作等。

（2）汇报责任人：省防指副指挥（省河务局局长）、省黄防办主任。接到洪水预报后，省黄河防办 2 h 内提出防洪部署初步意见、东平湖水库、北展宽区运用建议、意见，提交会商会议讨论。

（3）会商地点：省河务局防洪指挥中心。

（4）参加人员：省防指各副指挥、领导成员；省河务局各位局长、总工；省河务局机关各职能组负责人及主要水情预测人员；水文局、省河务局通信处负责人；其他人员另行通知。

（5）汇报内容：省黄防办准备雨情、水情及洪水预测，东平湖水库运用的建议方案；准备工情、险情、计算抢险用料及防御的主要措施；准备防汛物料储备分布情况及筹集运送意见；准备全面防汛情况及防汛部署意见；省防指成员单位按照各自的防汛职责，准备防洪保障措施。

会商结果由调度责任人决定是否向上级报告。

2.调度措施及实施步骤

1）花园口站出现 4 000 m^3/s 洪水，预报花园口站出现 10 000 m^3/s 以上洪水时

调度措施及实施步骤同花园口站 10 000 ~ 15 000 m^3/s 洪水时 1）。

2）花园口站出现 10 000 m^3/s 洪水，洪水继续上涨时

调度措施及实施步骤同花园口站 10 000 ~ 15 000 m^3/s 洪水时 2）。

3）花园口站出现 15 000 m^3/s 洪水，预报花园口站出现 22 000 m^3/s 以上洪水时

调度措施及实施步骤同花园口站 15 000 ~ 22 000 m^3/s 洪水时 3）。

4）花园口站出现 22 000 m^3/s 洪水，后续洪水继续上涨时

（1）黄河防汛抗洪斗争成为全省压倒一切的中心任务，省委、省政府、济南军区、省军区主要领导同志到省黄防办指挥抗洪斗争，全党全民齐动员，并随时保持与国家防总、黄河防总的联系。

（2）二、三线防汛队伍依令上堤防守，解放军担负黄河防汛任务的

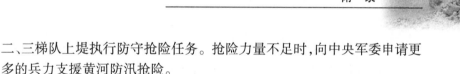

二、三梯队上堤执行防守抢险任务。抢险力量不足时,向中央军委申请更多的兵力支援黄河防汛抢险。

(3)省河务局水情组根据黄河防总洪水预报,提出东平湖分洪运用方案。预估山东省各主要站峰现时间、水位,进一步部署洪水测报工作,及时发布水情通报。工情组全面掌握河势工情变化,及时处理各种抢险问题。重要险情的抢险情况每2 h上报黄河防总一次。灾情组及时掌握漫滩受灾及群众迁安救护情况。综合组全面掌握防汛情况,及时提出防洪部署意见,按要求及时上报防汛动态。财物供应组全面掌握抗洪抢险物资消耗及库存情况,及时提出抗洪抢险所需资金、物资的调运方案。宣传报道组做好政治思想和宣传发动工作,及时报道抗洪抢险先进集体、个人的事迹。

(4)省防指成员单位和有关部门按照各自的职责,负责做好天气预报、物资供应、通信保障、电力供应、群众迁安救护、医疗卫生、交通运输等工作,保障防汛抢险工作的顺利实施。

(5)加强对堤防、险工、涵闸和险点险段的观测防守,做好抢大险的充分准备。东明、鄄城、章丘、高青等县防指继续做好防滚河和防顺堤行洪的准备。加强防汛料物筹集和运输,保证防汛抢险需要。

(6)东平湖防指做好东平湖运用的一切准备,紧急迁移、安置东平湖库区内的群众。聊城市防指做好北金堤滞洪区内群众搬迁安置的准备工作。

5)花园口站出现30 000 m³/s左右的洪峰时

(1)省河务局水情组根据黄河防总的预报和花园口站洪峰过程,预估山东各站流量及大于10 000 m³/s以上的洪量。工情组及时批复抢险电报。

(2)做好东平湖闸前围堰爆破的准备。聊城市防指负责将北金堤滞洪区内山东省群众8 h内全部搬迁到滞洪区外,同时负责安置河南省北金堤内40万名群众。

(3)进一步加强防守力量,群众防汛队伍及担负防汛任务的部队全部上堤防守,并根据需要,申请更多的部队支援。增加防汛料物储备,做到要人有人,要物有物。在加强工程巡查防守的同时,抓紧加固薄弱工程,提高工程抗洪强度。

（4）各级防指和黄防办加强汛情联系，紧急情况随时上报。省防指及时向国家防总、黄河防总和省委、省政府报告抗洪情况。

6）高村站涨至 16 000 m³/s 以上时

（1）通知聊城市防指部署北金堤防守。

（2）按省政府与黄河防总协商的东平湖分洪运用意见，破除闸前围埝及金山坝，东平湖区群众的搬迁任务必须在 10 h 内完成。

（3）上堤防守抢险人员全力以赴，确保防洪工程安全。

7）孙口站流量涨至 10 000 m³/s 以上时

调度措施及实施步骤同花园口站 15 000～22 000 m³/s 洪水时 6）。

同时加强陶城铺以下堤线的防守。

8）孙口站流量回落到 10 000 m³/s 以下时

（1）省河务局水情组适时提出东平湖停止分洪的意见，省防指领导批审后下达命令，东平湖防指负责实施。据情提出东平湖出湖闸开闸放水以凑泄艾山站下泄流量不超过 10 000 m³/s 的意见。

（2）加强落水时工程的防守与抢险。孙口站以上堤线据情调整防守力量。

9）洪水全线回落时

省河务局综合组提出洪水回落期间各河段部署安排意见。各级防指仍需加强工程的巡查和防守，及时抢护落水时出现的坍塌、垮坝等险情，及时修复水毁工程。利津站流量回落至 5 000 m³/s 以下时，防汛队伍视堤根偎水情况适时逐步撤防。

参 考 文 献

[1] 魏文秋,赵英林.水文气象与遥感[M].武汉:湖北科学技术出版社,2000.

[2] 陈雪英,毛振培.长江流域重大自然灾害及防治对策[M].武汉:湖北人民出版社,1999.

[3] 罗庆君.防汛抢险技术[M].郑州:黄河水利出版社,2000.

[4] 赵会强.浅谈对新时期防汛抗旱工作思路的认识[C]//全国首届水问题研究学术研讨会论文集.武汉:湖北科学技术出版社,2003.

[5] 郭业友.荆江分蓄洪区要确保安全运用[J].中国水利,2003(7):71-72.

[6] 陈述彭,黄绚.洪水灾情遥感监测与评估信息系统[J].自然科学进展,国家重点实验室通讯,1991(2):97-101.

[7] 国家防汛抗旱总指挥部,水利部南京水文水资源研究所.中国水旱灾害[M].北京:中国水利水电出版社,1997.

[8] 骆承政,乐嘉祥.中国大洪水—灾害性洪水述要[M].北京:中国书店,1996.

[9] 淮河水利委员会.2003年淮河防汛抗洪总结.2003.

[10] 钱敏.2007年淮河洪水和防汛调度[R].中国水利学会2007年学术年会特邀报告,2007.

[11] 水利部水利管理司,中国水利学会水利管理专业委员会.防汛与抢险[M].北京:中国水利水电出版社,2009.

[12] 牛云光.防汛与抢险[M].北京:中国水利水电出版社,2003.

[13] 熊治平.江河防洪概论[M].武汉:武汉大学出版社,2009.

[14] 刘洁.新中国防洪抗旱法律法规建设[J].中国防汛抗旱,2009(S1):11-14.

[15] 程涛.实施《国家防汛抗旱应急预案》的意义[J].中国防汛抗旱,2006(2):12-13.

[16] 黄朝忠.防汛抗旱应急组织指挥体系[J].中国防汛抗旱,2006(2):17-20.

[17] 富曾慈.突发性水旱灾害的预防与预警[J].中国防汛抗旱,2006(2):21-22.

[18] 程晓陶.国家防汛抗旱四级响应机制[J].中国防汛抗旱,2006(2):23-25.

[19] 李宪文.防汛抗旱应急保障和善后工作[J].中国防汛抗旱,2006(2):26-28.